石油高等院校特色规划教材

储层伤害控制基础

(富媒体)

郑力会 金 龙 聂帅帅 编著

石油工业出版社

内 容 提 要

本书以储层伤害控制发展简史、重要性、关注内容为基础，阐述了储层伤害因素、储层伤害控制方法和工艺。储层伤害因素包括潜在伤害因素和外来伤害因素。储层伤害控制方法包括诊断方法、预防方法、评价方法和治理方法。储层伤害控制工艺涵盖钻井、完井、采油、修井、酸化、压裂和提高采收率等过程中预防和治理产能受到伤害采取的措施。本书从入门的角度介绍储层伤害控制基本概念、原理、方法、计算和应用，为实现学生综合分析储层伤害因素、设计储层伤害控制施工方案的培养目标，打下坚实的专业基础。

本书可作为石油工程专业、应用化学专业本科生教学用书，也可作为从事油气开采工作人员的入门培训用书。

图书在版编目（CIP）数据

储层伤害控制基础：富媒体／郑力会，金龙，聂帅帅编著. -- 北京：石油工业出版社，2024.8. --（石油高等院校特色规划教材）. -- ISBN 978-7-5183-6777-1

Ⅰ．P618.130.2

中国国家版本馆 CIP 数据核字第 2024264RC8 号

出版发行：石油工业出版社

（北京市朝阳区安华里二区 1 号　100011）

网　　址：www.petropub.com

编辑部：（010）64251610

图书营销中心：（010）64523633

经　　销：全国新华书店

排　　版：三河市聚拓图文制作有限公司

印　　刷：北京中石油彩色印刷有限责任公司

2024 年 8 月第 1 版　2024 年 8 月第 1 次印刷
787 毫米×1092 毫米　开本：1/16　印张：14
字数：240 千字

定价：36.00 元
（如出现印装质量问题，我社图书营销中心负责调换）

版权所有，翻印必究

前言

目前，许多学校开设"油气井产能保护"（即"保护油气层"）课程，该课程可串联整个石油工程专业知识。授课教师通常根据自己的实践经验和专业理解讲述油气储层伤害相关知识，但往往与自己的科研项目结合较强，基础知识一带而过，不太适合没有现场工作经验的高校学生学习使用。另外，随着油气勘探向非常规储层发展，储层伤害研究和应用重点由原来的建井过程向油气井增产过程转变，储层伤害评价从储层渗透率单种评价因素向产能、产量等多种评价因素发展，储层伤害由储层变化扩展到井筒内能量变化。涉及的领域不断扩大，科学认识和技术发展不断加快，更需要传授基础知识助力学生走出校门后适应新领域研究应用。为此，本书与现有储层伤害、钻完井工作流体等相关教材或专著相比，有四个特点：

（1）更基础。现有教材或专著所述的内容强调储层伤害控制技术不强调科普，本书则刚好相反，因此更适合没有现场经验的学生学习抽象的科学知识。

（2）更系统。现有教材或专著强调解决生产或者科学需求中难题采用的有效技术，本书深入浅出，从基础理论讲起，直到技术应用，体现逻辑性，使学生学习更成体系。

（3）更完整。本书涉及钻完井、采油、酸化、压裂等各个开采过程中储层伤害相关研究成果及适用范围，更利于学生工作后利用基础知识解决实际问题，并不断深入研究促进科技进步。

（4）更便捷。本书创新性地加入了"课堂随笔"版块，有助于学生加深对学习内容的理解，对后续的复习，巩固重点、难点问题起到了很好的提示、引导作用。

本书为中国石油大学（北京）石油工程专业、应用化学专业本科生油气井工作流体系列教材之一。全书按绪论、储层伤害因素、储层伤害控制方法和工艺构建，共 4 章，授课 28 个学时，实验课程 4 个学时。其中，绪论 6 个学时，储层伤害因素 6 个学时，储层伤害控制方法 8 个学时，储层伤害控制工艺 8 个学时。实验课的内容也体现在教材中，并录制实际操作视频。实验中模拟技术应用实际，特别是绿色智能的储层伤害诊断、预防和评价、治理等环节，让同学们在扩大知识面的同时，串联石油工程各作业环节知识，学会如何控制油井产能伤害，提高油井产量，保证油田效益。

由于储层伤害目标不同，适用的方法不同，同样的问题，解决问题的途径可能很多，所以思考题没有标准答案，是开放式的。读者可以查阅教材、文献等获得自己认为适合的答案，便于开拓视野，增强文献检索能力，培养学习兴趣。

全书由中国石油大学（北京）郑力会策划起草，中国教育科学研究院金龙博士设计制作操作视频，河北石油职业技术大学聂帅帅整理修订工艺应用相关内容。本书编写过程中，得到了中国石油大学（北京）教务处和石油工程学院的大力支持，叶艳、贺垠博等同行在专业上提出了建设性意见，黄小伟完成了富媒体视频中的实验操作，赵淇俊修正了全书的计算公式，翟晓鹏、刘楠楠和陶秀娟等老师全面细致地审查全书，寿乐鹏、郭秦试读了教材，在此一并感谢！

由于水平有限，再加上储层伤害控制本身就十分复杂，总结提炼工作量十分繁重，书中有许多不妥甚至是错误之处，敬请批评指正。也欢迎石油相关院校将本教材作为专业教材和参考书籍，并在应用中提出宝贵意见和修订建议。

编著者
2024 年 3 月

目录

1 绪论 ··· 001
   1.1 储层伤害概述 ··· 001
   1.2 储层伤害控制发展简史 ·· 004
   1.3 储层伤害控制重要性 ··· 016
   1.4 储层伤害控制关注内容 ·· 037
   1.5 储层伤害控制前景——绿色智能未来 ······················ 062
   思政内容 ··· 063
   思考题 ·· 063

2 储层伤害因素 ·· 064
   2.1 储层潜在伤害因素 ·· 065
   2.2 储层外来伤害因素 ·· 099
   思政内容 ··· 105
   思考题 ·· 105

3 储层伤害控制方法 ·· 106
   3.1 储层伤害诊断方法 ·· 106
   3.2 储层伤害预防方法 ·· 130
   3.3 储层伤害评价方法 ·· 138
   3.4 储层伤害治理方法 ·· 161
   思政内容 ··· 170
   思考题 ·· 170

4 储层伤害控制工艺 ·· 171
   4.1 钻井过程中储层伤害控制 ································ 173
   4.2 完井过程中储层伤害控制 ································ 185
   4.3 采油过程中储层伤害控制 ································ 199
   4.4 修井过程中储层伤害控制 ································ 201
   4.5 酸化过程中储层伤害控制 ································ 204
   4.6 压裂过程中储层伤害控制 ································ 207
   4.7 提高采收率过程中储层伤害控制 ·························· 209
   思政内容 ··· 216
   思考题 ·· 216

参考文献 ··· 217

1 绪论

钻完井的最终目的在于打开储层并形成油气流动的通道，给油气井建立良好的生产条件。然而钻完井、井下作业及油气田开发全过程中，任何措施都可能造成储层渗透率变化，因此需要控制储层的物理性质、流体性质以及储层与流体相互作用时流体的流动能力，使其尽可能不发生负面改变并向需要的方向改善。

1.1 储层伤害概述

造成储层渗透率变化的现象统称为储层伤害。伤害有的造成储层渗透率下降，称为正伤害，即通常说的储层伤害。还有的造成储层渗透率提高，称为负伤害，也就是通常说的改善。

储层伤害这一名词，译自英文 formation damage。不同的专业对这一词的理解不同，formation damage 可译为地层伤害、储层伤害或地层损害、储层损害。现场经常说储层污染或者油气层污染，也是这个意思。但是，这里的"污染"与人们常说的环境污染（pollution）、钻井流体受到外来物影响造成的污染（contamination）所表达的意思差距很大。至于储层污染治理，现场大多意为解堵，与堵塞对应。广义上，任何改变流体从井眼周围流入井眼能力的现象，均可认为是储层伤害。狭义上，储层伤害的实质是绝对渗透率或相对渗透率改变。由于一口井从建井到弃井，在长达几十年的生命周期内，内外部环境改变很多，因此，储层伤害的种类很多，依据不同的分类方法，有不同的结果。

（1）按不同油气的赋存机制，可以把储层伤害分为渗透率变化、解吸率变化和扩散率变化等三种。

（2）按伤害的方式，储层伤害可分为堵塞、钻井流体固相堵塞、微粒运移、二次沉积/桥堵、黏土水化膨胀、乳状液堵塞/水锁和润湿性改变等造成的绝对渗透率下降，以及有机垢（沥青质/石蜡）沉积、无机垢沉积、注入水微粒堵塞、二次矿物沉淀、矿物转换、细菌堵塞和出砂等相对渗透率变化。

（3）按相互作用方式，储层伤害可分为作业流体与岩石的不兼容、作业流体间的不兼容、作业流体与地层流体间不兼容、作业流体与作业工艺或储层条件不兼容等。兼容性也称配伍性（compatibility），是指流体中各成分间或流体与环境间不发生影响使用性能的化学变化和（或）相变化的性质。

（4）按作用方式，储层伤害可分为化学伤害、物理伤害和物理化学伤害等。

（5）按储层岩性，储层伤害可分为砂岩储层伤害、煤岩储层伤害、页岩储层伤害和碳酸盐岩储层伤害等。

（6）按储层均匀程度，储层伤害可分为破碎性储层伤害和完整性储层伤害等。破碎性储层进一步再分为疏松砂岩储层、煤岩储层等天然破碎性储层和经过储层改造后的致密油气储层、页岩油气储层等人工破碎性储层两大类。此分类方法是郑力会等根据非常规储层的多种各向异性特点总结分类的。

（7）在实际工作中，常常按照作业环节的不同，把储层伤害分为建井储层伤害和开采储层伤害。建井储层伤害是指为油田开发所采取的工程措施造成的储层伤害，因此进一步分为钻井储层伤害、完井储层伤害、开采前或开采中的修井储层伤害和增产改造储层伤害。开采储层伤害又分为测试储层伤害、一次采油储层伤害和注液开采储层伤害。每个环节储层伤害的类型不同，某石油公司对这两个环节的伤害类型及伤害程度做了统计，如图1.1所示。

按作业环节不同，可进一步分为钻开储层、完井、压裂、酸化、采油和提高采收率等作业过程中的储层伤害，与之相对应的是各类工作流体伤害储层的分类，即钻井流体储层伤害、完井流体储层伤害等。

钻开储层作业过程中的储层伤害主要有：钻井流体与储层不兼容，滤液可引起黏土膨胀、水锁和乳化，固相造成渗流通道堵塞等；钻井流体的液柱压差控制不当，加剧钻井流体固相及滤液进入储层程度，伤害储层；浸泡时间过长，增大滤液侵入量，加剧储层伤害；钻井流体流速梯度过大，冲蚀井壁破坏滤饼，不仅使滤液加速进入产层，而且易造成井眼扩大，影响固井质量；快速起下钻，抽汲效应可破坏滤饼，快速下钻的冲击可增大压差，使钻井流体侵入储层量增

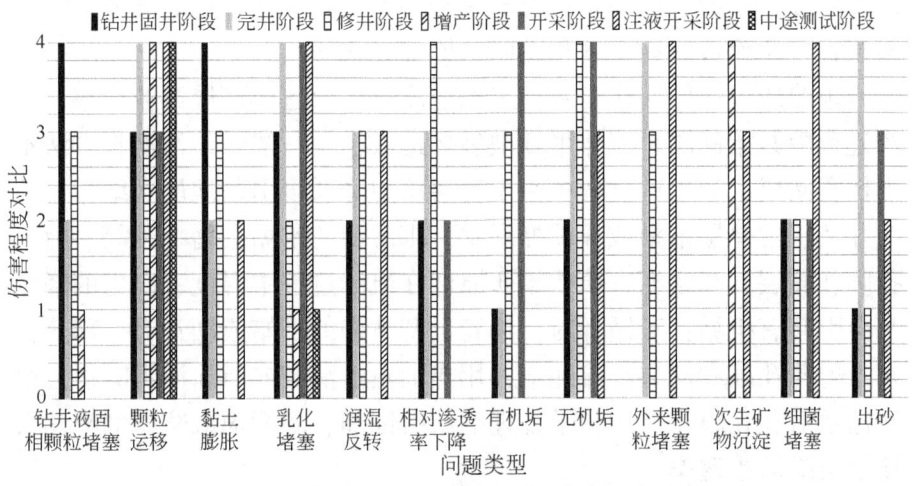

图1.1　建井和油藏开采阶段储层伤害程度对比

加；钻具刮削井壁，一方面可能破坏滤饼，钻井流体易进入储层，另一方面因泥抹作用，固相嵌入渗流通道。

完井过程中主要有水泥浆和地层不兼容、固井质量差以及射孔带来的储层伤害。水泥浆滤液进入储层造成黏土膨胀分散；水泥的水化作用使氢氧化物过饱和重结晶沉淀在孔隙中；滤液中氢氧化物与储层中硅起反应生成硅质熟石灰成为黏结性化合物。固井质量不好，后继工作流体会沿水泥环渗漏入储层造成伤害。射孔压实带形成，压实带厚度约为6.5~13mm，压实带内岩石力学性质及渗流性能受到破坏，渗透率仅有原始值的7%~12%；射孔工作流体化学性质与储层不兼容可引起黏土膨胀及水锁等；射孔工作流体物理性质与储层不兼容，有可能造成固相填塞。射孔工作流体或者压井工作流体中有害固相含量高，管线中钻井流体絮凝结块、聚能射孔产生的碎片等，可在正压差射孔时进入储层，造成固相伤害；射孔压差过大，比负压差更易产生储层伤害，固相和滤液进入地层更深；高压差高排量试井，诱发储层内微粒运移。在井眼周围地带形成压力亏空带，再次压井可引起更多滤液进入储层，若地下原油气油比高或含蜡量高，则在井眼周围区域压力下降很快，使原油脱气、结蜡堵塞渗流通道；对一些物性差、埋藏深储层，易产生压实作用，造成应力敏感。

压裂酸化造成的储层伤害有：酸反应物再次产生沉淀，有些储层中含有酸敏矿物，用不兼容的酸处理储层可产生絮状或胶状沉淀物；还有些储层会产生外来固相堵塞，作业管线不干净，酸可将铁锈、储层伤害物等外来固相溶解后带入储层；压裂流体残渣或固相堵塞支撑剂孔道，降低导流能力，并增加储层微粒；酸溶解了部分岩石骨架及胶结物，释放不溶于酸的固体颗粒，加重储层微粒运移程度；酸与原油不兼容，原油中的沥青质与酸接触形成胶状沉淀；压裂流体与储层不兼容，滤液造成黏土水化膨胀、原油乳化等。

采油造成的储层伤害有：采油速度过大，造成储层微粒运移；生产过程中原始储层、流体平衡被破坏造成结垢；清蜡、清沥青方法不当伤害储层，如生产过程中由于储层压力降低可引起地层水结垢；油气井从正常储层窜槽或导管处漏水，则沉淀的水垢会堵塞井筒、射孔孔眼和储层；高含沥青质或蜡质原油在流动过程中温度、压力的降低都会引起有机垢；正循环时，油管上刮下来的石蜡或沥青有一部分会泵入射孔孔眼和储层渗流通道，用热油热水清蜡或清除沥青时也会堵塞储层射孔孔眼；使用化学处理剂如缓蚀剂、防垢剂或防蜡剂与储层接触会降低渗透率。

注水造成的储层伤害有：注水水质不合要求，可能诱发储层黏土膨胀、分散运移、化学沉淀、细菌堵塞等；固相颗粒大小及含量不合要求可引起机械杂质堵塞、乳化强化等；注水强度大即井壁附近地带流速过大可能诱发储层微粒运移。

修井造成的储层伤害主要是修井工作流体与储层不兼容。滤液与岩石不兼容可引起黏土膨胀、分散、结垢、岩石润湿性反转、原油乳化等；残留的钻井流体污物、氧化物、沥青、管子涂料、锈皮、沉淀有机物、细菌分解物等均可堵塞渗流通道。

提高采收率造成的储层伤害有：注入液与储层不兼容，如蒸汽驱中的凝析液可引起黏土膨胀；表面活性剂驱中，有些注入剂在一定条件下可与地层水或黏土中的可交换高价离子形成不溶物如石油磺酸盐类，堵塞孔喉或形成乳状液堵塞流动通道等；使用碱水驱提高采收率，可能引起碱敏；聚合物驱中的水与地层水不兼容可引起盐析堵塞流动通道。

此外，还有一些分类结果，如深层储层伤害和浅层储层伤害，高温储层伤害和低温储层伤害，油储层伤害和气储层伤害，天然气储层伤害、煤层气储层伤害、水合物储层伤害等，都是根据储层特点分类的。分类的根本原因是研究和应用，目的是控制储层伤害，使勘探开发效益最大化。

1.2 储层伤害控制发展简史

储层伤害控制，来源于英文 formation damage control，又称储层保护或控制储层伤害。储层伤害控制技术包括储层伤害诊断、储层伤害预防和控制、储层伤害治理。其发展按时间，结合历史上发展的重大事件，大体上可以分成四个阶段。中间分别以 10 年为一个阶段，前后两个阶段时间则较长。

1.2.1 以钻完井工作流体伤害储层为标志的储层伤害控制起始阶段

20 世纪 70 年代前，储层伤害控制机制研究进展缓慢，以经验判断和定性分析为主；评价储层伤害方法主要以岩心流动试验为基础；钻井工作流体、完井工作流体发展较快，推动储层伤害评价以钻完井工作流体的储层伤害评价为主体，发展了深井钻井流体、石膏钻井流体、氯化钾钻井流体及乳化钻井流体等有针对性的钻井流体。

1916 年，I. N. Knapp 根据不同种类钻井流体特性，引入密度较大的矿物用于加大钻井流体密度，既控制了深井钻井过程中钻井流体储层伤害，又保证高压地层不发生井喷。

1919 年，D. Hager 等针对美国陆上储层水淹问题，评价钻井流体、水泥等封堵方式控制水淹的效果，提出水泥封堵最有效。

1921 年，A. W. Ambrose 等提出套管或水泥封堵产水井，解决地层水可能导致油气资源损失、伤害油层、形成乳化液等现象造成的油气产量下降问题。

1923 年，E. L. Ickes 评价 1922 年加利福尼亚州 Torrance 油田的 Chanslor-Canfield 石油公司获取钻井信号效果。1923 年 12 月，第一套随钻测量仪器获得信息，解决了钻井、采油过程中地质工程因素引发的系统性、综合性伤害等难以掌握、无法针对性预防和控制的难题。

1925 年，H. B. Hill 分析油田射孔效果后在井筒中放置炸药或其他爆炸物，解决了杂质堵塞渗流通道导致的产量下降。

1926 年，R. V. A. Millsy 认为储层钻完井时地层和工作流体电偶作用造成腐蚀物堵塞储层，造成储层物性下降。同年，R. R. Boyd 分析由 Alexander Anderson 改进的 Maxwell 钻头测量仪，使钻头上的压力根据地层中遇到的阻力自动变化，提高了数据测量的精度。

1929 年，C. O. Rison 使用硝酸甘油类烈性炸药进行油气井射孔，解决了空炮哑炮、压实带阻碍油气流动、碎屑和射孔弹残渣堵塞孔道等导致油井产能下降的问题。同年，C. M. Nickerson 研究不同类型油井关闭邻井，影响产油井产量规律，提出关闭油井时的工作程序，解决关闭邻井后产生的气体向另外地层移动影响油田最终原油采收量的问题。

1932年，J. M. Devine等根据水样化学分析结果，结合帕尔默分类法（决策树分类法），提出有害气体会腐蚀井筒，伤害储层影响产量。

1937年，J. H. Thomeer将Conrad Schlumberger和Marcel Schlumberger兄弟的电法测井引入测试储层，解决了测量储层性质和流体饱和度的难题。同年，M. L. Haider提出用采油指数评估油井相对生产能力，反映油层性质、流体参数、厚度、完井条件和泄油面积等与产量之间的综合关系；M. Muskat提出分析油井压力恢复曲线，可以估算油井未来产量，解决井筒内的液位或不同时间点的井底压力不稳定、无法预估油井产量的难题；C. J. Coberly提出砾石充填完井方式，解决油井出砂和坍塌难题。

1941年，H. W. Hindry将油基钻井流体成功用于加利福尼亚州油层，解决了使用水基钻井流体造成的储层伤害以及稠钻井流体堵塞衬管、射孔等难题。

1942年，D. L. Katz讨论了俄克拉何马城砂岩油层二次采油可能性，解决了砂岩松散条件下井中出砂、产量下降难题。

1943年，C. C. Rodd讨论了液位数据确定油井产能方法，提出了计算油井产能和井底压力方程。同年，N. Johnston等指出原油黏度与砂岩渗透性决定流动过程。1945年，N. Johnston等还认为由于水敏造成黏土分散，盐水测量的渗透率可能更接近地层的真实渗透率。同年，G. L. Hassler发明了快速测量饱和度与毛细管压力关系的装置和方法。

1946年，C. M. Beeson等介绍了真空蒸馏岩心分析方法测量油水比。

1948年，V. Moyer将井筒压力降低效应纳入油藏产量计算。同年，P. L. Menaul等认为凝析气井中使用有效的化学剂可以解决气井腐蚀问题。

1949年，J. B. Clark提出了水力压裂提高采收率技术。首先向井中注入含有砂类支撑剂的黏性液体，再降低黏性液体的黏度以便从储层中返排。同年，H. G. Doll研究了自然电位测井原理和解释方法，测量储层渗透率。

1950年，R. E. Bush等研究放射性测井方法测量黏土数据，用于评估储层基本数据，利用注水井的压力下降数据估计油藏压力、注入能力和井眼附近的储层伤害程度。同年，J. M. McDowell等用模拟实验研究了在稳态均质流体流动条件下，套管射孔完井对理想均匀油藏产能的影响。

1951 年，D. R. Horner 通过分析油井压力恢复曲线发现，绘制井底压力与关井时间的对数关系图，可以获得油井压力增加值。

1953 年是一个重要的年份。A. F. Van Everdingen 讨论了油井的产能与表皮效应的关系，给出了定量计算表皮因子值的方法，最终建立压力及平均渗透率乘以产层厚度来表征减产效果的计算公式。同年，T. A. Bertness 分析了水造成油井产量的伤害，提出油水两相流问题。

1954 年，T. O. Allen 等提出使用乳状液作为完井和修井工作流体不堵塞渗流通道。同年，C. J. Rodgers 提出水力砂砾充填法，通过水力作用将砂砾放置在接近产层位置，解决出砂问题。还是这一年，R. F. Krueger 等研究了钻井流体中颗粒伤害砂岩储层的机理，提出控制动态失水速率来控制储层伤害。

1955 年，T. J. Nowak 根据油井产能下降曲线，推导出了注水井注入压力升高方程和关井期间压力下降方程，用于估算注水时油藏压力、注入能力和井眼附近的储层伤害程度。同年，储层伤害（formation damage）在文献中首次出现。

1956 年，T. O. Allen 等设计拥有更厚内衬的新型炸药，炸药压缩过程中，内部包裹的低熔点金属熔化并形成液态炮弹，实现了无杂质的射孔。

1957 年，G. G. Priest 提出以氯化钠或氯化钙溶液组成的水相，和由柴油、四氯乙烯或二者的混合物组成的油相，混合成非堵塞乳化液，解决了储层伤害和腐蚀问题。第二年，G. G. Priest 与 T. O. Allen 一起，提出在修井作业中可以使用不堵塞的乳化液控制储层伤害。

1959 年，P. H. Monaghan 等提出预防淡水与含蒙脱石的储层接触造成储层伤害，比解除渗透率伤害效果更好，建议储层伤害控制应该在生产早期进行。同年，H. K. van Poollen 等使用计算机，用数学模型模拟控砂效果。

1963 年，C. H. Hewitt 提出由于 pH 值和盐度变化引起的渗透率降低，发现在几乎没有膨胀性黏土的砂岩中，通道可能被非膨胀性黏土、胶结材料或其他细小颗粒堵塞，即微粒运移。

1964 年，F. O. Jones Jr 提出水的化学成分影响含黏土储层的渗透性，认为渗透压会导致高盐度水迅速转变为淡水，堵塞储层，以及水中二价阳离子（如钙或镁）会影响黏土分散和储层渗透性。

1965 年，N. Mungan 进一步研究了 pH 值和盐度变化对渗透率的影响，为碱敏和盐敏造成的渗透率降低问题提供了研究线索，即不含黏土也会造成储层伤害。同年，D. M. Waldorf 提出蒸汽可以造成水垢堵塞和腐蚀，影响亲水性岩层渗透性。还是这一年，D. N. Dietz 提出了有边界油藏在稳定流动条件下确定油藏平均压力的方法，用于估算非圆形泄油区域的油井未来产量。

1966 年，D. H. Gkay 探讨了砂岩中由于黏土分散和运移引起的储层伤害，发现水敏导致黏土晶体（如针状的云母和六角形的高岭土）运移，进一步丰富了微粒运移的机理，即没有蒙脱石或混层黏土的砂岩中，也会出现严重的渗透率降低和产量下降。

1967 年，R. L. Raymond 等探讨了含有垂直裂缝储层和储层伤害后产生垂直裂缝的采油井的产能，提出使用数学模型预测这两种储层使用水力压裂改造的效果。

1968 年，W. Hurst 等讨论了生产井中的表皮效应，解决了渗透率变化和生产半径在数学模型中无法表示的难题。同年，R. L. Slobod 对比油或无机盐溶液（如氯化钠、氯化钙等）处理水敏性油藏后的效果，认为聚合物也可以控制黏土膨胀。同年，C. W. Crow 等发现酸化只能部分去除细菌残留物，氢氧化铁、硫化亚铁和硫化铁等无机材料沉积以及细菌沉积物也能造成二次堵塞，建议使用次氯酸钠溶液处理后，再用酸实施两段处理。

1970 年，M. B. Standing 提出了油井流动效率，使用改进的产量流入曲线评价产量。

1972 年，J. H. Barkman 等从膜或岩心过滤数据中获得悬浮颗粒物浓度与由这些颗粒物形成的滤饼的渗透率之比，直接用于计算储层伤害速率，解释了供液半径变小、内部滤饼堵塞、射孔堵塞等引起储层伤害机制。

1973 年，J. Vairogs 等探讨传统压力瞬变分析方法在应力敏感地层中的适用性，认为由于气体压缩性变化很大，传统气井测试分析方法不适合用于应力敏感地层压力瞬变测试。

1974 年是一个重要的年份，SPE 正式批准成立储层伤害控制研讨会，并在美国新奥尔良举行了第一次储层伤害控制的研讨会。同年，D. D. Sparlin 提出使用不同粒径的砾石实现防砂。E. P. Bercegeay 等介绍一次性砾石充填技术，适用于单砾石充填、双砾石充填或多个交替区域充填，改善了砾石充填方法和效果，提高了时效。C. L. Wendorff 介绍了用氯化钙和溴化钙配制大于 1.797g/cm^3 的无固相工作液，用于完井和修井，解决由于固相带来的储层伤害问题。J. A. Klotz 研究了钻井和射孔过程中的渗透性伤害，给出了射孔位置、深度、方式等选择原理。W. F. Hower 发现水锁现象降低油气流动能力。

1975 年，K. C. Hong 为降低均质油藏渗透性伤害，提供了两种不同的射孔完井优化方案。

1976 年，G. P. Maly 提出减少钻井过程中储层伤害需要做的工作有制订详细作业计划、防止钻井超过破裂压力施工、用失水量小的作业流体、合理清洗井筒和维护工作流体等。

1977 年，D. K. Keelan 等提出岩心分析可以指出储层伤害类型、诊断伤害机制、选择材料以及储层伤害控制信息。同年，A. Abrams 强调通过合理设计钻井液，选择合适的桥接材料，最少化颗粒侵入，控制储层伤害，提出了 1/3 架桥原则和充填方法。J. Anand 强调砂岩气井控制产量及评估和控制方法，解决了高产气井中出砂造成的冲蚀。

1978 年，G. P. Maly 等提出裸眼砾石充填完井不加选择地放置砾石和水力充填，会导致砾石填充过早失效，还会造成较大产能损失，为此提出砾石充填的使用条件和时机。A. S. Odeh 针对泄油区域为矩形、三角形或其他非圆形形状的油井，将产能指数的概念用于伪稳态、耗竭型油藏，预测油井产能。

1979 年，T. W. Muecke 提出砂岩油藏孔隙中的微小固体颗粒难以被胶结材料物理约束，钻完井期间进入储层，随流经油藏的流体一起通过孔隙迁移聚集，导致孔隙堵塞和储层渗透率降低。

此阶段，中国储层伤害控制技术与国外同步。如 20 世纪 50 年代川中石油会战时，提出了钻井流体密度不宜过高，预防"压死储层，枪毙储层"。60 年代大庆石油会战时，为了减少储层近井筒地带伤害，严格控制钻开储层钻井流体密度和滤失量。70 年代长庆油田开始进行岩心分析和敏感性分析，但由于受到仪器、技术条件限制未能进一步深入。

整体上看，世界范围内开始从分析储层岩心入手研究储层伤害的机制和防治措施，将试验室研究成果应用于油气田钻井、完井和开发方案设计及生产实践中，形成了储层伤害控制系列技术。

1.2.2 以机理研究为标志的储层伤害控制发展阶段

20 世纪 80 年代，储层测试技术和方法、储层伤害机制以及储层伤害预防、治理工艺都取得了长足进步，主要表现在：较为系统、全面地研究储层伤害机制，开始从储层自身性质入手进行研究；开始应用物理模型和数学模型研究伤害机制；研制了静动态模拟装置；发展近平衡压力钻井、负压钻井和负压射孔等现场施工工艺；电镜扫描成为研究伤害微观机制的重要手段。

1981年，L. L. McCorriston等认为注入pH值小且离子强度大的蒸汽可以解决注蒸汽开采重质油产生水热反应降低产能的难题。

1982年，C. Gruesbeck等提出通过将多孔介质在横截面上划分为平行的堵塞和非堵塞通道，描述细小颗粒在多孔介质中的再沉积现象的理论模型。同年，G. S. Penny认为天然气井水力压裂中使用钻井液降失水量的方法，可保证渗透率恢复。

1983年，K. C. Khilar等使用物理数学模型，预测地层渗透率随时间、流速和盐浓度变化规律，发现颗粒在淡水中保持分散状态，随流体一起运移到局部孔道狭窄处，导致渗透率降低。

1985年，C. W. Crowe实验确认在100~400℉（38~204℃）温度范围，常用的氢氧化铁沉淀抑制剂有效，为防止酸化过程中氢氧化铁胶体沉淀伤害储层指明处理方法。

1986年，G. E. King等推荐欠平衡射孔技术，实现无压实射孔，降低伤害。同年，D. G. Kersey利用X射线衍射、薄片和扫描电子显微镜分析技术，评估储层潜在的敏感性。

1987年，A. K. Wojtanowicz等建立由固体颗粒运动和捕获引起的地层渗透率损害过程的模型，解决颗粒引起的孔隙堵塞机制、岩石细颗粒释放和捕获机制难以识别的困难。

1988年，L. R. Houchin讨论了砾石充填完井过程中无法紧密填充造成的储层伤害。同年，S. Vitthal等使用一维储层伤害模拟细颗粒迁移或注入而导致的渗透率损害；R. J. Greaves等介绍三维地震评估油藏连续性和四维地震监测提高采收率方法。

1989年，D. K. Babu等提出了计算水平井准稳态流动的方程，表明水平井产量与水平段长度、位置、渗透程度、垂直和水平渗透率以及产水量的关系。同年，S. Vitthal等开发用于估计油藏中黏土分布、形态和潜在储层伤害的软件，能推断不同区域黏土含量、设计油藏开发策略以及预测储层伤害。

20世纪80年代，中国在引进国外储层伤害控制理论技术的基础上，全面开展储层伤害控制研究，"七五"期间将储层伤害控制钻井完井技术列为国家重点攻关项目，组织研究院和油田企业联合攻关。储层伤害控制在理论研究、生产实践中均取得较大进展的同时，形成了适合中国的储层伤害控制系列技术。"八五"期间，推广应用和完善发展了这项技术。

1.2.3 以储层伤害模拟为标志的储层伤害控制实施阶段

20世纪90年代，油井全生命周期的储层伤害作用机制性、微观机理分析，储层伤害程度预测、评价技术以及钻井、完井、采油等作业环节中的储层伤害控制技术突飞猛进。主要表现在：机制分析已由定性、半定量向着完全定量发展；逐步利用数值模拟和专家系统实现储层伤害的机制性诊断和评价；在岩心分析方面，发展和应用了矿物学分析技术、X射线荧光分析技术、CT（computed tomography）扫描技术、岩相图像分析等；诊断储层伤害程度的现场方法如试井、测井等方法不断出现；三次采油和水平井储层伤害控制兴起。

1990年，储层伤害控制领域发生诸多大事。D. K. Davies 利用计算机系统对可见于二维图像（薄片或扫描电镜图像）中的孔隙进行量化。同年，R. E. Gilliland 使用电子计算机断层扫描提供无损内部检查能力，获取侵入剖面和其他有用的钻井过程信息，解决岩心准备不当、破坏岩心问题。还是这一年，J. F. Brett 介绍了计算机控制的钻井系统，系统使用了35种模拟输入传感器、7种数字输入仪器、5种模拟输出仪器和5种数字输出仪器。S. L. Bryant 指出盐酸能与硅铝酸盐反应，仅使用盐酸处理可能对含有硅铝酸盐矿物的储层造成二次伤害。

1991年，D. M. Grubert 提出在下入套管砾石充填之前，先进行小型压裂作业，称为"皮肤压裂"，既可以获得较高的初始产量，又可以保持控砂。同年，O. H. Ohen 等提出用表皮因子参数衡量储层伤害对产能或注入能力总体影响的预测方法；F. Civan 通过半经验方法估计了堵塞孔喉的比例，使用双峰分布函数表示沉淀物和黏土细颗粒的尺寸分布，用于控制储层伤害。

1992年，W. D. Gunter 结合地质和化学原理建立模型，模拟高岭石等非膨胀性黏土在油砂储层中造成的细颗粒物的运移，及其与其他矿物和凝结的蒸汽反应形成膨润土或方解石导致的储层伤害问题。同年，T. P. Frick 提出在用增产措施和完井设计方案后，建议使用连续油管，建立伤害带增产区，不用完井分散井段实现整体增产；水平井储层改造不经济，长时间接触钻井流体导致更深和更严重的储层伤害，受污染的储层不沿井均匀分布而是在垂直段附近形成较大压降漏斗。还是这一年，M. B. Dusseaul 等应用井眼周围损伤和应力概念模型，发现高应力场生产过程中井眼稳定性和渗透性受到影响的原因，解释了生产层段或邻近层段遇到套管变形的原因是由压力下降引起的压实和轴向载荷、出砂、侧向支撑力缺失等；F. F. Chang 等用现场现象建立储层中化学和机械作用过程模型，描述石油在储层中化学和机械作用引起储层伤害过程，预测地层颗粒运移、侵入流体与储层岩石的物理化学作用以及地质化学反应导致的储层伤害；E. M. Arcia 使用了 O. H. Ohen 和 F. Civan 的储层伤害模型，确定控制机制和流动速率常数，构建表皮因子图表，衡量潜在储层伤害程度。

1993 年，O. H. Ohen 考虑了黏土膨胀、外部颗粒入侵、细颗粒生成、迁移和保留等与渗透率伤害有关的因素，提出用于预测多孔介质、细颗粒和液体相互作用的油藏渗透率影响模型，模拟流动路径堵塞及堵塞过程中孔隙大小分布的变化而导致的非达西流动。同年，K. K. Mohan 等研究了含有膨胀和非膨胀黏土的砂岩的水敏感性，建议通过向砂中添加黏土矿物构建低渗透或不透水的隔离层，降低压力传导能力，清除重金属和有机污染物；T. P. Frick 等描述水平井伤害特点和恢复方法，开发考虑渗透率各向异性的表皮效应表达式，对处理效果与改造部分以及相应体积、时间的关系进行量化。还是这一年，X. Liu 等建立砂岩地层油水两相流动过程中数学模型，预测由颗粒运移引起的储层伤害。

1994 年，K. Brekke 撰文报道 Norsk Hydro 公司研制的流量控制装置（inflow control device，ICD）完井工具，沿着水平井井段分布的过滤器和节流器，通过增加井筒的储层接触面积调整优化产量。同年，B. Bazin 等使用水/岩石相互作用模型优化井眼处理和注水作业工艺，当注入的卤水替代地层水（尤其是当注入卤水的盐度低于地层水）时，离子交换导致储层流动性质改变。同年，D. E. Lumley 针对油藏三相流体理论，提出将流体流动的压力、温度和孔隙流体饱和度量值转化为地震纵波和横波速度的岩石物理学变换的四维地震监测，监测地下岩石性质变化评估油藏连续性。还是这一年，D. B. Bennion 等指出欠平衡钻井后，储层原始饱和度不可完全恢复，毛细管压力和润湿性可能导致储层伤害；A. Gupta 等提出获取温度敏感性导致储层伤害模型，讨论温度影响储层伤害程度。

1995 年，H. Xiong 等提出综合多种因素的储层伤害诊断方法，同时提出解决方法。同年，T. Beatty 等在实验室和现场进行实验，提出水平井储层伤害控制需使用不造成储层伤害的钻井流体；N. G. Gruber 等开发全面考虑漏失伤害和恢复渗透率测试的程序，不假定表皮因子为常数建立模拟储层伤害模型。

1996 年，F. Civan 等构建分析储层伤害通用模型，可以同时模拟化学、物理化学、流体动力学、热力学和机械伤害储层。同年，Z. Sehnal

等介绍了连续油管用于砾石充填作业的计划,并执行和验证整个作业程序;P. S. Smith 等研究将高渗透性石英砂岩固体物质掺入钻井流体,防止储层伤害。

1997 年,F. F. Chang 等使用模型辅助分析注入液(如海水)与储层液体的化学不兼容性,及其导致各种过饱和盐类(如碳酸钙、硫酸钙和硫酸钡)沉积造成的储层伤害机制。

1998 年,D. B. Bennion 等提出注入水的水质是注水的关键,给出最小化注水伤害的筛选标准。同年,N. Hands 等研究在甲酸钠钻井流体中加入适当含量的碳酸钙作为桥堵剂,减少储层伤害和提高产量。

1999 年,S. V. Gisbergen 建立水平井、多井和智能井产液流动模型,将井筒划分为任意段,确定井中的局部流动条件,沿井筒以及穿过流量控制装置的产量损失。

"九五"期间,中国深入研究探井储层伤害控制,研究了参数井、预探井压力系统预测方法、岩性物性和敏感性预测方法、探井储层伤害控制的钻完井工作流体及试油工作流体、深探井储层伤害室内与矿场评价方法等,储层伤害控制应用范围更加广泛,充实了储层伤害诊断、预防、评价的理论、方法和工艺。储层伤害控制在探井作业过程中有了应用。

1.2.4 以储层伤害数据为标志的储层伤害控制信息化阶段

进入 21 世纪,在信息化、数字化驱动下,储层伤害控制在物理模拟和数值模拟方面,以及室内评价和矿场评价方面均获得极大进步。

2000 年,S. Mohaghegh 讨论了虚拟智能及其在石油和天然气工程中应用的潜力,展望石油专业虚拟智能技术以及延伸的人工智能技术。

2001 年,M. Khan 等使用非破坏性的超声波映射技术测试储层伤害,研究颗粒侵入深度与颗粒大小、污染时间的关系。

2002 年,B. Guo 等提出在给定地质约束条件下,优化液体和气体流量的组合,实现欠平衡钻井储层伤害最小化。同年,S. Z. Jilani 等同样用超声波测量钻井流体侵入深度,研究钻井流体过平衡钻井对储层伤害影响。

2004 年,B. Guo 给出了欠平衡钻井可增加油气储量的理论分析,欠平衡钻井增加溶解气驱油藏和深水油藏产量、缩短开发时间和延长油田经济寿命。同年，H. Qutob 重新审视了欠平衡钻井的储层伤害控制机制，认为可以解决高渗、宽缝、多孔的非均质碳酸盐岩地层或压力枯竭区域，漏失或流体侵入力枯竭地层的开发困难问题。

2005 年，S. Wang 等用数值模拟的方法，结合实验室岩心流动实验数据，发现开采过程中沥青沉积会引起储层伤害。

2006 年，S. Vickers 等介绍了用多级复配的方法封堵油藏不同孔喉，这种方法不使用平均孔径而是线性寻找最佳粒径。

2007 年，S. Babajan 等介绍了收集油藏基础信息和钻井数据，并通过专家系统，评价使用地层压力平衡钻井、过压平衡钻完井技术的可能性。同年，M. Byrne 等介绍多标准决策分析及核心流动实验的储层伤害评价工具。

2008 年，T. Moen 等引入流入控制装置控制压降，均衡沿井路径的通量，减小了锥进效应，以解决长水平裸眼完井时钻井和环流造成的产量损失问题。同年，D. Whitfill 用模拟软件讨论影响漏失的因素，包括堵漏材料性质、颗粒大小分布和裂缝等。

2013 年，M. Byrne 等应用流体动力学数值模拟工具计算和量化近井地带阻力，讨论了储层伤害对生产井和注水井的影响。

2014 年，P. Osode 等认为钻井润滑剂会造成低渗天然气储层的储层伤害。

2016 年，O. Razavi 等研究漏失控制和井眼加固最佳颗粒大小，提高井筒加固能力。

2017 年，C. Xu 等提出天然裂缝储层中防止储层伤害的漏失控制数学模型，用于描述裂缝致密储层钻井过程中使用堵漏材料控制漏失的性能。同年，M. Alsaba 等分析先前实验数据，提出使用线性模型来预测封堵压力。

2018 年，O. E. Agwu 探讨使用人工智能技术，如人工神经网络、模糊逻辑、支持向量机、遗传算法等在钻井流体工程中的应用，建立钻井流体的配方、性质与其他井筒钻井参数的关系。

2019 年，A. E. Radwan 等提出了诊断油气井储层伤害的综合工作流程，整合地质、储层性质和生产数据信息得出结论。

2020 年，A. Shabani 等探讨应用数据驱动方法评估注水过程中的储层伤害，评估每个生产井的产量和对应井之间的相关因子，预测实际案例中的表皮因子变化，以找到储层伤害的存在和伤害程度。同年，A. Al-Qasim 等提出可通过观察油井产能的变化来识别储层伤害的程度，包括外来因素和内在因素伤害程度，以及远离井眼区域和近井眼区域伤害程度。

2021年，A. J. Effiong等使用人工神经网络预测出油气钻井、完井和生产中的储层、流体和设备参数估算表皮因子。同年，A. N. Okon等研究油藏含水层无量纲变量的人工神经网络模型，用于预测注入水进入井筒的量和压力；X. Zhao等探讨了纳米颗粒在非固结砂岩地层中细颗粒迁移的机制和效应。

2022年，A. Singh评价了油气井储层伤害的识别、预防和恢复手段，提出控制储层伤害时应用数学和数据解决问题，提高预测、预防和治理能力。

2023年，A. R. Kamgue Lenwoue等回顾了人工智能技术在预测钻井过程中井眼不稳定性方面的成功案例，在预测漏失、管卡和钻井液性能等方面有所创新。同年，TE Abdulmutalibov等使用机器学习模型分析油藏建模、井筒数据和生产历史的大数据集，形成控制储层伤害的解决方案；M. K. Mohammadi等回顾过去30年关于钻井流体引起的储层伤害的研究工作，指出目前尚无一种综合方法来评估钻井流体引起的储层伤害，并提出纳米技术可能是预防储层伤害的最好选择。

总之，在此阶段，国内外广泛开展了地层条件下的储层伤害程度和机制研究，储层孔隙压力和破裂压力预测与随钻监测研究，储层岩性和物性预测与随钻监测研究，储层伤害控制效果好、适用范围广、负面影响小的钻完井工作流体及相应处理剂研究，射孔、储层改造和测试联作技术的进一步完善，计算机在储层伤害控制中应用研究，成果基本上满足了储层伤害控制需要。但是，随着压裂、酸化等增产措施的发展，人们不再重视一次储层伤害控制，使得储层伤害研究和应用仅在某些条件下发展和推广，如储层伤害控制由原来的井筒作业如钻井、完井转移到压裂、酸化等环节。但实际作业中由于不实施储层伤害控制，增加了增产措施的工艺难度，降低了作业效果。

总体看，自20世纪30年代，储层伤害问题引起部分石油公司的注意，到50年代开始储层伤害作用机制研究，直到70年代中期，储层伤害控制技术才得以形成。期间经历了近半个世纪的发展。真正让储层伤害控制引人关注的是，1974年，美国矿业工程师学会在新奥尔良召开储层伤害控制专题讨论会。会议的成功举办吸引了全球同业人员的关注，此后每两年召开一次。至此，国际储层伤害控制研究工作进入正规化发展进程，有了技术交流的平台。

随后在美国休斯敦（1976年）、路易斯安那州拉斐特（1978年）和加利福尼亚州贝克斯菲尔德（1980年）举行了储层伤害的专题讨论会。1990年以后，研讨会在路易斯安那州拉斐特和加利福尼亚州贝克斯菲尔德之间交替举行。1992年，SPE批准将储层伤害专题讨论会作为国际会议名称，吸引了国际上众多与会者。

进入 21 世纪，该研讨会已从一项区域性活动发展成为重大国际研讨会，储层伤害控制国际研讨会和展览会（ISEFDC）贡献了大量技术论文。1995 年，作为其姊妹会议的 SPE 欧洲储层伤害控制会议每两年召开一次。这样，世界每年都要举行储层伤害控制大型学术会议，表明储层伤害控制越来越受到重视。储层伤害会造成产量下降，是否可以用储层改造方式，既改造了储层又解除了储层伤害，实施一揽子作业方式。针对这一设想，理论和事实证明是不理想的，但此设想打击了储层伤害控制的发展，使得技术发展动力不足。

1.3 储层伤害控制重要性

储层伤害控制有利于勘探发现新储层、新油气田和正确评价储量，有利于提高油气井产量和油气田开发经济效益。

1.3.1 勘探过程中储层伤害控制

1.3.1.1 勘探方法

勘探过程中，认识地层一般不考虑储层伤害。但研究储层伤害控制，必须了解勘探过程，以预测储层可能发生的伤害。目前，勘探使用的方法很多，主要有地质法、地球物理法、地球化学法和钻探法。

1) 地质法

地质法是利用地质资料寻找油气田的基本方法，包括地面地质和井下地质的观察和研究、实验室的测定和研究以及航空、卫星照片的地质解释等。地质法在过去和将来都是认识和研究地质构造的基本的、主要的方法，是直接获取地质资料的方法，是正确解释任何地球物理或地球化学成果的基础。

油气普查和详查阶段一般采用地质调查方法，填出不同比例尺的地质图，同时重点研究区域地质构造（比例尺 1/100 万~1/10 万）或局部地质构造（比例尺 1/10 万~1/2.5 万）。

油气勘探各阶段，都需要结合生产要求，专题性地或综合地质研究地层、构造、岩相古地理、生油层、储油层、水文地质、地貌等。

地质法技术简单、成本低，但是，地质法不适用第四系覆盖区或构造上下连续地区，因此，需要和其他方法配合使用。

2）地球物理法

地球物理法简称物探，是利用地质体物理特征的差异来找寻和勘探矿床的方法，主要有地震勘探、重力勘探、磁力勘探和电法勘探。

（1）地震勘探。

地震勘探是根据地质学和物理学的原理，利用电子学和信息论等领域的技术，采用人工方法引起地壳震动，通过研究地震波在储层中的传播特征，查明地下地质构造、预测储层横向变化等。如利用炸药爆炸产生人工地震，再用精密仪器记录下爆炸后地面上各点的震动情况，把记录下来的资料经过处理、解释，推断地下地质构造的特点，寻找可能的储油构造。地震勘探是石油勘探中最常见和最重要的方法。

二维地震是在一条观测线上激发和接收地震波，获得地下地质体在二维空间的特征。三维地震是在一个观测面上激发和接收地震波，获得地下地质体在三维空间的特征。四维地震是在同一位置隔一定时间重复性地三维地震观测，通过研究两次三维地震观测结果的差异，监测油藏状况。高分辨率地震是在野外采用宽频带观测，室内采用高保真处理的地震勘探方法。开发地震利用地震技术，结合钻井、测井、分析化验等多学科资料，在油气田开发前期和开发过程中监测油气藏描述和动态。

（2）重力勘探。

重力勘探利用岩石和矿物的密度与重力场值之间的内在联系来研究地下的地质构造。根据万有引力定律，各种岩石和矿物的密度是不同的，其引力也不同。据此研究出重力测量仪器，测量地面上各个部位的重力，排除区域性重力场的影响，就可得出局部的重力差值，发现异常区，这个过程称为重力勘探。

（3）磁力勘探。

磁力勘探利用各种岩石和矿物的磁性不同研究地下岩石矿物的分布和地质构造。在油气田区由于烃类向地面渗漏而形成还原环境，可把岩石或土壤中的氧化铁还原成磁铁矿，用磁力仪可以测出这种异常，可与其他勘探手段配合发现油气田。

（4）电法勘探。

电法勘探是利用岩石和矿物及其流体的电阻率不同，在地面测量地下不同深度地层介质电性差异以研究各层地质构造的方法，对高电阻率岩层如石灰岩等效果明显。

3) 地球化学法

地球化学法是在有机化学、物理化学和生物化学的理论基础上，利用先进的分析仪器进行研究探测的新型勘探方法，研究有机质如何向油气转化及油气形成后与周围介质间的各种化学、物理化学和生物化学作用。利用研究所得到的各种指标，评价区域含油远景和局部构造的含油气性。

根据大多数油气藏的上方都存在着烃类扩散的蚀变晕圈，用化学的方法寻找这类异常区，从而发现油气田。通过测定地下油气向地表扩散和渗流的微量烃类与周围介质所发生的生物化学、物理化学作用的产物，并根据这些产物的异常区来预测地下油气藏的存在，如生物体元素异常、大气、水体、土壤等元素异常等。

4) 钻探法

钻探法就是利用钻井寻找油气田的方法。钻探法是油气勘探中必须采用的重要手段，由调查、发现油气藏一直到油气藏的开采都要利用钻探。

1.3.1.2 钻井相关的基础知识

钻井有多种分类方式。按破碎岩石方式可分为顿钻钻井、旋转钻井；按钻井施工环境可分为陆上钻井、海上钻井；按钻井工艺可分为过平衡压力钻井、近平衡压力钻井、平衡压力钻井、欠平衡压力钻井、控压钻井、取心钻井、连续管钻井、套管钻井等；按钻井循环介质可分为钻井流体钻井、气体钻井、雾化钻井、泡沫钻井、充气钻井流体钻井等。

1) 井型

探井是油气田勘探阶段所钻井的统称，一般分为区域探井、预探井和评价井。区域探井、预探井为了寻找油气藏；评价井为探明油气藏的边缘，确定油气藏的深度、储层的厚度变化及含油气情况等。

开发井是为开发石油、天然气或其他资源所钻的各种生产井、注入井以及在已开发油气田内，为保持产量并研究开发过程中地下情况变化所钻的观察井、资料井、检查井等。

丛式井是在同一井场或钻井平台按一定井口间距钻出两口或两口以上的一组井。救援井也称救险井，是为抢救井喷失控、油气井着火，在其一定安全距离位置设计、施工，与事故井连通的井。分支井也称多底井，是同一井口设计有两个或两个以上井底的井。绕障井是为绕过井口和目标点之间的障碍而设计的定向井。多目标定向井也称

多靶定向井，是具有两个或两个以上目标点的定向井。大斜度井是最大井斜角超过55°的定向井。

水平井是井眼进入储层时井斜角接近、等于或大于90°并在储层中延伸一定长度的定向井。长曲率半径水平井也称长半径水平井，是设计井眼曲率小于6°/30m的水平井。中曲率半径水平井也称中半径水平井，是设计井眼曲率大于等于6°/30m、小于20°/30m的水平井。中短曲率半径水平井也称中短半径水平井，是设计井眼曲率大于等于20°/30m、小于60°/30m的水平井。短曲率半径水平井也称短半径水平井，是设计井眼曲率大于等于60°/30m的水平井。径向水平井是用特殊工具在直井眼内直接转向钻水平井，然后延伸一段距离的井。

侧钻井是从已有井眼的选定深度处侧向钻出并钻达目标点的井。大位移井是水平位移超过3000m或水平位移与垂深比值大于2的定向井。斜直井是自井口开始，设计井眼轨道就是斜直井段的定向井。

2）钻井地质

地层破裂压力是地层某深度处井壁产生拉伸破坏时的压力。地层坍塌压力是地层某深度处井壁产生剪切破坏时的压力。安全钻井液密度窗口是地层破裂压力、地层孔隙压力、地层坍塌压力三条压力曲线之间不导致地层破裂、溢流或坍塌的压力区间。压持效应是井底液柱压力大于地层孔隙压力时产生的正压差，使已破碎的岩屑被压紧在井底，造成机械钻速降低的现象。

钻进技术是在钻进施工过程中涉及与钻进速度和井身质量等有关的各种技术的总称。钻进参数是钻进过程中可控制的参数，主要包括钻压、转速、钻井流体性能、流量、泵压及其他水力参数。钻压是钻进时施加于钻头上的、沿井眼前进方向上的力。流量也称排量，是单位时间内通过钻井泵排出口的流体量。

取心是利用取心工具钻取地层中岩石样品（岩心）的作业。岩心是取心作业时从井下取出的圆柱状岩石样品。转盘钻取心是用转盘带动取心工具钻取岩心的作业。井底动力钻取心是用井底动力钻具带动取心工具钻取岩心的作业，包括螺杆钻、涡轮钻和电动钻取心。取心方法是根据不同取心目的与要求，采用相应取心工具和工艺技术取心。常规取心是对岩心无特殊要求的取心。特殊取心是对岩心有特殊要求的取心。水平井取心是在水平井的水平井段中取心。绳索式取心是利用钢丝绳和打捞器把内岩心筒及岩心一同提出地面的取心。密闭取心是在取心钻进过程中，使用密闭取心液保护岩心不受钻井流体污染的取心。保压取心是采用特殊的岩心筒和取心工艺措施，使取出的岩心始终保持其在地层中的原始压力状态的取心。定向取心是能够确定岩心所处的倾角、倾向等要素的取心。井壁取心不属于钻进取心，是在已钻成的井眼的井壁上，发射取心器或微型旋转取样器取得岩心。

钻屑也称岩屑，是钻井过程中产生的岩层碎屑。砂是钻井流体中粒径大于 74μm 的固相颗粒。泥是钻井流体中粒径为 2~74μm 的固相颗粒。胶体颗粒是钻井流体中粒径小于 2μm 的固相颗粒。活性固相是可以发生水化作用或与液相中其他组分发生反应的固相。惰性固相是不发生水化作用且不与液相中其他组分发生反应的固相。

底流排量是单位时间内从旋流器锥体下端排出的流体量。钻井流体置换法是排放部分钻井流体，然后添加清洁钻井流体以降低钻井流体固相含量的方法。

3）钻井流体

钻井流体工艺是为达到所要求的钻井流体性能、满足钻井工程中各种作业的需要所采取的各项技术措施与方法的集合。钻井流体设计是根据钻井地质和工程设计，为满足钻井及与之相关的各项作业的要求而拟定的钻井流体类型、配方、性能及配制、维护、处理措施等的工艺方案。

钻井流体配方是组成钻井流体的材料和处理剂的品种、规格、加量。配浆是根据钻井流体配方，将各种材料和处理剂按规定程序配制成钻井流体的作业。携岩能力也称携屑能力，是钻井流体将岩屑悬浮和携带到地面的能力。钻井流体稳定性是钻井流体在外来因素作用下保持其性能稳定的能力。

处理剂配伍性是在钻井流体中加入一种或多种处理剂，使钻井流体的一项或多项性能得到改善，而对体系的其他性能没有影响或影响甚微的性质。

钻井流体老化是由于钻井流体使用周期太长或处理方法不当，造成钻井流体中活性膨润土含量降低或膨润土颗粒表面钝化而使钻井流体出现维护处理困难的现象。钻井流体转化是改变钻井流体类型或体系的大型处理。废弃钻井流体是钻井过程中弃置不用的钻井流体。实验基浆是为考察某种处理剂性能而专门配制、具有规定性能的钻井流体。钻井流体养护是钻井流体在一定条件下使其反应完全、性能趋于稳定的过程。滤饼是钻井流体在过滤过程中沉积在过滤介质上的沉积物。钻井流体滤液是钻井流体通过过滤介质流出的液体。

黏土造浆率是每吨黏土能配出的表观黏度为 15mPa·s 的钻井流

体量。钻井流体可通过加入高炉水淬矿渣、激活剂，转化为性能和油井水泥浆相似的钻井流体固化液。

钻柱排代量是钻柱管体所排代的等量钻井流体体积。井口回压由节流阀产生，作用于环空和井底。

4) 钻井工艺

控制压力钻井是同时采用装备和压力控制手段，对井筒压力系统进行控制的钻井工艺技术。

"被动型"控压钻井是采用常规钻井方法钻井，配备一定的压力控制装备，迅速应对井筒压力变化，以实现安全钻井的工艺技术；"主动型"控压钻井是利用一定的钻井流体柱设计和压力控制设备配合，主动更改环空压力剖面，对井筒压力系统实施精确控制的工艺技术。

泥浆帽钻井也称加压泥浆帽钻井，是在井筒上部使用高密度钻井流体，井筒下部采用低密度钻井流体，以完成特殊地层钻进的一种工艺技术。井底恒压钻井技术是采用一定的设备和工艺，在钻井过程中保持井底当量钻井流体密度恒定的一种工艺技术。

5) 事故复杂情况

井侵是地层流体（油、气、水）侵入井内的现象。

井漏是在钻井、固井、测试等各种井下作业中，工作液（包括钻井流体、完井液、水泥浆及其他流体等）在压差作用下漏入地层的现象。

气体上窜是井内的气体向井口运移的过程。

溢流是因地层流体侵入井内引起井口返出的钻井流体量比泵入量大，或停泵后井口钻井流体自动外溢的现象。溢流量是地层流体侵入井内引起的钻井流体体积增加量。溢流长度也称溢流高度，是根据溢流量和井眼条件计算出的进入井眼的地层流体在井眼中所占的长度。溢流前兆是可能发生溢流的各种显示或现象。预警时间是从用仪器和装置检测出溢流前兆开始到将转化为溢流的时间。

井涌是溢流进一步发展到钻井流体涌出井口或防溢管口的现象。

井喷是井涌进一步发展到地层流体（油、气或水）持续无控制地流入井内的现象。地下井喷是溢流关井后，将某一薄弱层压破，高压层流体大量流入被压裂地层的现象。钻柱内井喷是流体从钻柱内涌出的现象。井喷失控是发生井喷后，无法用井口防喷装置有效控制而出现敞喷的现象。

1.3.1.3 井下压力相关的基础知识

1)压力现象

在异常高压层,岩石的骨架应力比同等深度正常压力地层的骨架应力低,这一较低的骨架应力值与正常压力井段某一深度对应的骨架应力相等,该深度即称为异常压力层的当量深度。

液柱压力是由井内液柱的重力形成的压力。压力过渡带是地层压力由正常值逐渐变为异常值的过渡地层。压力当量密度是井内某深度处的压力用等深度、等压力的液柱压力表示时,液柱流体所具有的密度。井底压力是作用于井底的各种压力总和。井底循环压力是循环时井底压力,等于静液柱压力、环空压耗及井口回压之和。井底静止压力是不循环时的井底压力。附加压力是确定钻井流体密度时,使钻井流体液柱压力超过地层压力的压力值。

激动压力是由于下钻过快或钻井泵启动速率过快,使井内钻井流体运动速度突然改变时引起的井内压力瞬时增加值。抽汲压力是上提钻柱时,由于钻井流体的运动引起的井内压力瞬时降低值。

环空压力剖面也称环空水力压力剖面,指流体作用于环空形成的环空压力分布,表现为环空压力值随深度的变化关系。环空摩阻压力是环空中流体流动阻力造成的压力损失。当量循环密度是井内某深度处的循环压力用等深度、等循环压力的液柱压力表示时,液柱流体所具有的密度。

压力脉冲是因节流阀开、关产生的瞬时压力变化。压力窗口是某一深度处地层破裂压力或坍塌压力与孔隙压力的差值。立管压力是钻井立管压力表显示的压力。关井立管压力是停泵关井后,钻具内钻井流体不能平衡地层压力,在立管压力表显示的压力值。关井套管压力是停泵关井后,由于环空内钻井流体不能平衡地层压力,在套管压力表显示的压力值。单梯度钻井是指井筒内采用单一密度的钻井流体。双梯度钻井是指井筒内采用两种不同密度的钻井流体。

2)压力检测方法

地层压力检测是在钻井过程中利用随钻资料对地层压力实时监测,以便校正地层压力的预测值。正常压力趋势线是在各种检测地层压力的方法中,所检测的地层特性参数(多是反映地层压实程度的参数)在正常地层孔隙压力条件下随深度的增加而变化的趋势。

地震层速度法是利用地震波在地层中传播速度的变化来预测地层孔隙压力的方法;声波时差法是利用声波时差随深度的变化来检测地

层孔隙压力的方法；溢流观测法是根据溢流时关井测得的立管压力值，求得地层孔隙压力的方法。

机械钻速法是利用钻入压力过渡带或高压层时机械钻速加快的特征监测异常高压层的方法；d 指数法是利用宾汉钻速方程中的比钻压指数 d 在泥（页）岩地层中的变化来监测异常高压层的方法；dc 指数法是由正常地层压力当量密度与钻井流体密度之比修正后的 d 指数法；标准化钻速法是把影响钻速的液柱压力与地层孔隙压力之间的压差以外的诸因素作标准化处理，利用标准钻速的变化，监测地层孔隙压力的方法；页（泥）岩密度法是利用钻入压力过渡带或高压层时页（泥）岩岩屑密度减小的规律来监测异常高压层的方法；钻井流体录井法是利用钻入过渡带或高压层时钻井流体性能（密度、动切力、液流指数）的变化来检测异常高压层的方法。

出口温度检测法是利用钻入压力过渡带或高压层时返出钻井流体的温度梯度升高的原理来检测异常高压层的方法。出口温度是循环时在井口测得的流体温度。井底循环温度是循环时井底流体所能达到的最高温度。井底静止温度是井内流体在静止状态下井底流体所能达到的最高温度。

有些异常高压地层的形成与一定的沉积环境有关。化石资料法是利用标志某种沉积环境化石的出现来预告异常高压层的方法；测井检测法是利用地球物理测井中的电学、力学、声学及其他物理性质的变化特征检测异常高压层的方法。

地层破裂压力预测方法是预测地下不同井深地层破裂压力的方法。理论计算法包括哈伯特—威利斯法、马休斯—凯利法、伊顿法、安德森法、艾克斯劳格法和黄荣樽提出的黄氏法等。漏失试验法是破裂压力试验法，是通过关井憋压方式将套管鞋以下第一个砂层压漏来求得该层地层破裂压力的方法。

1.3.1.4　勘探过程中储层伤害控制重要性

（1）储层伤害控制有利于减少探井误判，避免或减少将有希望的储层判断为干层或不具有工业价值，延误发现新油气田或新储层。辽河荣兴油田，1980 年之前先后钻了 9 口探井，均因储层伤害误判为没有工业价值。1989 年重新钻探此构造，由于实施储层伤害控制，17 口钻探井均获得工业油流，新增含油气面积 $18.5 \times 10^4 \mathrm{m}^3$，探明原油储量上千万吨，天然气几十亿立方米。

（2）储层伤害控制有利于减少测井资料与试油结果解释储层渗透率、孔隙度、含油饱和度等参数的错误，减少把储层误判为水层、影响油气储层正确计算的概率。华北油田岔37井第16层，井深2689.20~2695.00m，电测解释为水层。射孔试油时返排钻井流体59.0m³后出油，日产油16.5t。第19层井深2801.00~2810.00m，电测解释也为水层。射孔试油返排钻井流体37.0m³后出油，日产油11.7t，日产水1.4m³，结论为含水储层。

测井为水层、干层，储层改造后发现油气的实例很多，表明了储层伤害控制对新油田发现的重要性。

1.3.2 开发过程中储层伤害控制

油气田开发，是依据详探成果和必要的生产性开发试验，在综合研究的基础上对具有工业价值的油气田，从油气田的实际情况和生产规律出发，制订出合理的开发方案并对油气田进行建设和投产，使油气田按预定的生产能力和经济效果长期生产，直至开发结束。油田开发过程中，储层伤害控制可以在钻完井、油田开发方案设计以及老油田调整等方面发挥作用。

1.3.2.1 储量相关的基础知识

地质储量是在地层原始状态下，油（气）藏中油（气）的总储藏量。地质储量按开采价值划分为表内储量和表外储量。

表内储量是指在现有技术经济条件下具有工业开采价值并能获得经济效益的地质储量。表外储量是在现有技术经济条件下开采不能获得经济效益的地质储量。但当原油（气）价格提高、工艺技术改进后，某些表外储量可以转为表内储量。

探明储量是在油（气）田评价钻探阶段完成或基本完成后计算的地质储量，是在现代技术和经济条件下可提供开采并能获得经济效益的可靠储量。探明储量是编制（气）油田开发方案、油（气）田开发建设投资决策和油（气）田开发分析的依据。

单储系数是油（气）藏内单位体积油（气）层所含的地质储量，通常采用每米深度储层每平方千米面积内所含的地质储量来表示。地质储量丰度是指油（气）藏单位含油（气）面积范围内的地质储量，是储量综合评价的指标之一。油田储量丰度为每平方千米的石油地质储量，分为高丰度（$>300\times10^4$ t/km²）、中丰度（300×10^4~100×10^4 t/km²）、低丰度（100×10^4~50×10^4 t/km²）、特低丰度（$<50\times10^4$ t/km²）；气田储量丰度分为高丰度（$>10\times10^8$ t/km²）、中丰度（10×10^8~2×10^8 t/km²）、低丰度（$<2\times10^8$ t/km²）。

动用储量是已钻采油井投入开采的地质储量。水驱储量是能受到天然边水、底水或人工注水驱动效果的地质储量。损失储量是在确定的注采系统条件下，只存在于注水井或采油井暂未射孔的那部分地质储量。单井控制储量是采油井单井控制面积内的地质储量。可采储量是在现有技术和经济条件下能从储油（气）层中采出的那一部分油（气）储量。剩余可采储量是油（气）田投入开发后，可采储量与累积采油（气）量之差。

经济可采储量是指在一定技术经济条件下，出现经营亏损前的累积产油量。经济可采储量可以定义为油田的累计现金流达到最大、年现金流为零时的油田全部累积产油量；在数值上，应等于累积产油量和剩余经济可采储量之和。

1.3.2.2 油藏开发相关的基础知识

1）油藏驱动类型

油藏驱动类型是指油藏开采时，驱使油（气）流向井底的主要动力来源和方式。当油藏主要靠含油（气）岩石和流体由于压力降低产生的弹性膨胀能量来驱油时称弹性驱动，又称封闭弹性驱；当油藏主要靠边水、底水或人工注水的压头来驱油时，地层压力基本保持不变，称刚性水压驱动，其特点是能量供给充足。

在边水或底水供应不足时，开发过程中油区和水区地层压力不断下降，流体和岩石发生弹性膨胀，使油被驱替出来，这种过程称弹性水压驱动。气顶中的压缩气的膨胀成为驱油的主要能量时称为气压驱动，又称气顶驱动。在气藏中底水能量不足，靠自身气膨胀产生的驱动方式也叫气压驱动。人工注气也会形成气压驱动。油藏地层压力低于原油的饱和压力时，原油中的溶解气不断分离出来，主要靠这种不断分离出来的溶解气的弹性作用来驱油的开采方式称为溶解气驱动，也称为衰竭式驱动。重力驱动是靠原油自身的重力将原油排向井底的一种驱动形式。油（气）藏有两种或两种以上驱动力同时起作用时称为综合驱动。

2）油藏开发政策

油（气）藏经营管理是油（气）藏经营者合理地应用各种手段从其所经营的油藏中获取最高经济效益的过程。油（气）田开发是指在认识和掌握油（气）田地质情况及其变化规律的基础上，采用一定数量的井，在油（气）藏上以一定的布井方式进行投产，在某种驱动方式下，通过调整井的工作制度和其他技术措施，把地下石油

（天然气）资源采到地面的全部过程。

油（气）田开发方案是指在深入认识油（气）田地下情况的基础上，正确制订油（气）田开发方针与原则，科学地设计油藏工程、钻井工程、采油工程、地面建设工程及投资，有计划地将油（气）田投入开发的全面部署和工作安排。它是指导油（气）田开发工作的重要技术文件。

开发层系是把特征相近的油（气）层组合在一起并用一套开发系统单独开发的一组油（气）层。开发方式是指主要利用什么驱油能量开发油（气）田，有利用天然能量开发、人工注水或注气开发、先利用天然能量后注水或注气开发等方式。开发方式的选择主要决定于油田的地质条件和技术经济评价。

开发程序是指油（气）田从详探评价到全面投入开发的工作顺序和步骤。各油（气）田的情况不同，开发程序也不相同。一般来说，要经过详探、试采、编制初步开发方案、编制正式开发方案等程序。

油田开发指标概算是指在编制油田开发方案时，用水动力学方法对开发过程中的产量、压力变化及开发年限、最终采收率等指标进行预测。

油田开发阶段是指整个油田开发过程按产量、含水、开采特点等变化情况划分的不同开发时期。按含水变化可分为无水采油阶段、低含水采油阶段、中含水采油阶段、高含水采油阶段；按产量变化可分为全面投产阶段、高产稳产阶段、产量递减阶段、低产阶段；按开发方式可分为一次采油、二次采油、三次采油。

一次采油是利用油藏天然能量（弹性能量驱、溶解气驱、天然水驱、气顶能量驱、重力驱）开采石油。二次采油是在一次采油过程中，油藏能量不断消耗，直到依靠天然能量采油已不经济或无法保持一定的采油速度时，可由人工向油藏中注水或注气补充能量以增加采油量的开采方法。

三次采油是指油藏经一次、二次采油后，用提高采收率方法开采，如注热介质、化学剂或气体等流体开采油藏中剩余油的方法。EOR（enhanced oil recovery）泛指除注水以外的提高采收率的方法，包括改善的二次采油方法和三次采油方法。IOR（improved oil recovery）仅指提高采收率的三次采油方法。ASR（advanced secondary recovery）指先进的二次采油方法。

为了提前认识油（气）田在正式投入开发后的生产规律，对准备开发的新油（气）田，在探明程度较高和地面建设条件比较有利的地区划出一块面积，用方案设计井网和开发方式正式开发，进行生产试验，此区块称为开发试验区。开发井网是开发方式确定以后，用于开发某一层系所采用的井网，包括井别、布井方式和井距。井网密度是每平方千米含油面积内所钻的开发井数。

一个开发区（油气田）采用多套井网开发时，对具有独立开发条件的主力含油气储层先部署一套较稀的井网，这套井网叫基础井网。它既能开发主力储层，又能探明其他储层。

泄油面积是向每口油井供油的面积。泄油半径（或供油半径）是与泄油面积相等的圆的半径。地层压力是地层中流体承受的压力，又称油藏压力。

3）注水开发

注水是为了保持储层能量，通过注水井把水注入储层的工艺措施。按注水井分布位置不同可分为边外注水、边缘注水、边内注水。注水方式是指注水井在油田上的分布位置及注水井与采油井的比例关系和排列形式，又称注采系统。边缘注水是将注水井布在油藏的边水区、油水过渡带或含油边界以内不远的地方。边外注水又称缘外注水，是指注水井按一定方式分布在外油水边界处，向边水中注水。边内注水是注水井分布在含油边界以内向储层中注水。

（1）面积注水是指将注水井和采油井按一定的几何形状和密度均匀地布置在整个开发区内进行注水和采油的注水方式。一口注水井和几口生产井构成的单元称注采井组，又称注采单元。可分为以下几种：

① 按正三角形井网布置的，相邻两排采油井之间为一排采油井与注水井相间的井排，这种注水方式叫三点法注水。每口注水井与周围六口采油井相关，每口采油井受两口注水井影响，其注采井数比为 $1:3$。

② 按正三角形井网布置的，每个井排上相邻两口注水井之间夹两口采油井，由三口注水井组成的正三角形的中心为一口采油井，这种注水方式叫四点法注水。每口注水井与周围六口采油井相关，每口采油井受三口注水井影响，其注采井数比为 $1:2$。

③ 采油井排与注水井排相间排列，由相邻四口注水井构成的正方形的中心为一口采油井，或由相邻四口采油井构成的正方形的中心为一口注水井，这种注水方式叫五点法注水。每口注水井与周围四口采油井相关，每口采油井受四口注水井影响，其注采井数比为 $1:1$。

④ 按正三角形井网布置的，每个井排上相邻两口采油井之间夹两口注水井，由三口采油井组成的正三角形的中心为一口注水井，这

种注水方式叫七点法注水。每口注水井与周围三口采油井相关，每口采油井受六口注水井影响。其注采井数比为2∶1。

⑤ 按正方形井网布置的，相邻两排注水井排之间为一排采油井与注水井相间的井排，这种注水方式叫九点法注水。每口注水井与两口采油井相关，每口采油井受八口注水井影响。其注采井数比为3∶1。

（2）线状注水是注采井的排列关系为一排生产井和一排注水井相互间隔，生产井与注水井可以对应也可交叉排列。

（3）顶部注水是一种在油藏顶部布置注水井的注水方式，又称中心注水。

（4）点状注水是指注水井与采油井分布无一定的几何形态，而是根据需要布置注水井的一种不规则的注水方式。这种注水方式适合于断层多、地质条件复杂的地区或油田。

配产与配注是根据方案要求或生产需要，对注水井和油井按层段确定注水量和产油量的工作。油田动态分析是通过油田生产资料和专门的测试资料来分析研究油田开采过程中地下油气水的运动规律，检验开发方案及有关措施的实施效果，预测油田生产情况，并为方案调整以及采取新措施提供依据。单井动态分析是通过单井生产资料和地质资料，分析该井工作状况及其变化情况、原因，进行单井动态预测，并为改善单井生产情况提供新的措施依据。油田动态指标是指在油田动态分析中用来说明油田生产情况和地下油气水运动规律的各项指标。

滞油区是在注水开发过程中，在现有井网条件下，储层中无法被水波及、残留着大量的油的地方，又称死油区。水线推进速度是指单位时间水线的推进距离。层间干扰是在多油层生产和注水的情况下，由于各小层渗透率和原油性质有差异，在生产过程中造成压力差异，影响一部分储层发挥作用的现象。

单层突进是对于多储层注水开发的油田，由于层间差异引起注入水沿某层迅速推进的现象。任何驱动类型的油藏，流体渗流过程中都必须遵守物质守恒原理，即当油田开发到某一时刻，采出的流体量加上地下剩余的储存量等于流体的原始储量。根据这一原理所建立的方程称物质平衡方程。

水侵速度是边水或底水单位时间的入侵量。水侵系数是单位时间、单位压降下边水或底水侵入量。当油藏边底水有地面水补充，供水区压力不变，且采出量与水侵量相当，油藏总压降不变时，则水侵是定态的，称为定态水侵。当油藏边底水有地面水补充，供水区压力不变，但采液速度大于或小于水侵速度时，则引起油区压力变化，水侵为准定态的，称为准定态水侵。单位时间的水侵量随累积采出液量的增加而减少的油藏，单位压降下的水侵量为一常数，称为非定态水侵。

井组动态分析是分析井组内的注水井和生产井情况，以掌握井组范围内的油、水运动规律，注采平衡情况及其变化，并为改善井组注采状况提供调整措施的依据。

注采连通率指现有井网条件下与注水井连通的采油井有效厚度与井组内采油井总有效厚度之比，用百分数表示。注采对应率指现有井网条件下与注水井连通的采油井射开有效厚度与井组内采油井射开总有效厚度之比，也称水驱储量控制程度。有时为了统计方便，也把与注水井连通的采油井射开储层数与井组内采油井射开总储层数之比称为注采对应率（或水驱储量控制程度）。

4）开发指标

驱动指数是以百分数表示的油田开发过程中驱动能力大小的相对指标。如岩石和流体的弹性膨胀体积占总采出流体体积的百分比为弹性驱的驱动指数。平面波及系数是指驱油剂在平面上波及的面积与整个含油面积的比值。垂向波及系数又称厚度波及系数，是指驱油剂在纵向上波及的油藏厚度与油藏垂直厚度的比值。体积波及系数指驱油剂驱扫过的体积与整个油藏含油体积的比值。

储层动用程度是指油田在开采过程中，油井中产液厚度或注水井中吸水厚度占射开总厚度之比。开采现状图是分析油田开发动态时，为了了解每口井的开采现状所绘制的图件。驱替特征曲线又称水驱油藏油、水关系曲线或油藏水驱规律曲线，通常是指油藏累积产水量的对数或水油比同累积产油量的关系曲线。

递减率是单位时间内（年或月）产量递减的百分数，即上下两阶段产量之差比上阶段的产量，是衡量油田稳产程度的重要指标。递减分类是应用数学表达式和相应关系曲线图表示的产量递减规律。常见的递减类型有指数递减型、双曲递减型、调和递减型等。指数递减规律是产油量递减与时间成指数关系，递减率为一个常数。双曲递减规律是指产量随时间的变化规律符合几何学中的双曲线函数。调和递减规律是在生产过程中产油量的递减率不是一个常数，递减率随产量的递减而减小。自然递减率是指没有新井投产及增产措施情况下的产量递减率，即在扣除新井及增产措施产量之后的阶段采油量与上阶段采油量之差，再与上阶段采油量之比。综合递减率是指没有新井投产情况下的产量递减率，即扣除新井产量后的阶段采油量与上阶段采油量之差，再与上阶段采油量之比。总递减率是指包括老井、新井投产及增产措施情况下的产量递减率，即阶段总采油量与上阶段总采油量的差值，再与上阶段总采油量之比。总递减率反映油田实际产量的递减状况。

流压梯度是指油井生产时油管内每100m的压力变化值。地层总压降是油藏或开发层系原始平均地层压力与目前平均地层压力之差。

1.3.2.3 开发过程中储层伤害控制重要性

与开发相关的储层伤害控制，主要体现在提高油气井产量、提高油田经济效益和保持油气井单井产量等三个方面。

（1）储层伤害控制在钻井、完井中应用，可减少储层伤害，提高油气井产量。"七五"期间，中国在中原、辽河、华北、长庆等13个油田试验相应的储层伤害控制措施，油气井产量普遍提高。1993年，屏蔽暂堵钻井流体在4个油区1383口井上推广应用，油井产量也得到较大幅度的提高。

（2）按系统工程配套应用储层伤害控制总体设计油田开发方案，提高油田经济效益。吐哈温米油田为低孔低渗储层，开发方案为压裂完井投产。但是实际开发中，167口开发井全面推广与储层特性兼容的储层伤害控制，射孔后没有压裂改造，全部井自喷投产，单井产量比原开发方案提高20%~30%。使用减少储层伤害的屏蔽暂堵钻井流体技术，每口井钻井流体费用仅增加一万元。

（3）老油田钻调整井，采用储层伤害控制同样可以保持油气井单井产量。辽河油田沈95区块储层低孔低渗，注水见效慢，井深2000.00m储层孔隙压力系数因注水超过上覆岩层压力梯度，储层蠕变，部分储层异常高压，多套压力层系共存，调整井钻井作业困难极大。1991年钻2口井，钻井流体密度1.74g/cm^3，低压渗透层与液柱压力形成高压差，压差卡钻，钻井报废。1993年需钻27口调整井。为减少储层伤害，调整井钻井前4个月，整个区块停注泄压，降低高压层压力。实际钻井流体密度控制为1.26~1.28g/cm^3，控制大压差造成的储层伤害。结合使用低伤害钻井流体、射孔工作流体以及配套储层伤害控制工艺，降低钻井流体密度，减少井下作业难题的同时，提高了机械钻速，节约钻井费用934万元，油井投产后平均日产油14.0t，比老井（平均日产油8.0t）提高75%。

1.3.3 采油过程中储层伤害控制

采油的基本任务就是在经济允许的条件下，最大限度地把原油从地层中采到地面上来。油井是把地层和地面联结起来的通道。原油通过油井流到地面上。采油方法通常是指将流到井底的原油采集到地面所采用的方法，基本可分为两大类。一类是依靠油层本身的能量使油喷到地面上，称为自喷采油方法；另一类是借助外界补充能量，将原油采集到地面，称为人工举升或机械采油方法。

自喷采油方法是最经济、最简单的方法，可以节省动力设备和维修管理费用。自喷井管理的基本内容包括管好采油压差、取全取准资料、保证油井正常生产。

1.3.3.1 常规采油方式相关的基础知识

1) 采油过程压差

采油压差是指地层压力与油井生产时的井底压力（流动压力）之差，对生产井又称生产压差，对排液井又称排液压差。

地饱压差是地层压力与饱和压力之差。

油井流饱压差是井底流动压力与饱和压力之差。

注水压差是注水井注水时的井底压力（流动压力）与地层压力之差。

注采井流动压差是注水井流动压力与油井流动压力之差，又称注采大压差。

2) 采油能力指标

采油速度是年产油量占油田地质储量的百分数。剩余采油速度是年产油量占剩余可采储量的百分数。储采比是油田年初剩余可采储量与当年产油量之比。采液速度是年产液量除以油田地质储量（可采储量），用百分数表示。注水速度是年注水量除以油田地质储量，用百分数表示。无水采油期是油井从投产到见水时延续的时间。对整个油藏来说，无水采油期是指油藏从投产（或全面注水）直到明显见水（一般综合含水率约为2%）所延续的时间。

采出程度是指一个油田开发至任一时间内累积采油量占地质储量（可采储量）的百分数。稳产年限又称稳产期，指油田达到所要求的采油速度以后，以不低于此采油速度生产的年限。稳产期采收率是稳产期内采出的总油量与原始地质储量之比。弹性产率是在弹性驱动开采阶段，油藏单位压降的产油量。

含水率是指油井采出流体中产水量所占质量分数。综合含水率是指油田月产液量中产水量的占比，用百分数表示。含水上升率是指每采出1%的地质储量时含水率的上升值。含水上升速度是指某一时间内油井含水率或油田综合含水率的上升值。极限含水率是指由于油田含水上升在经济上失去继续开采价值时的含水极限。

采油（液）强度是单位厚度储层日采油（液）量。综合气油比是指实际产气量与产油量之比。水油比是日产水量与日产油量之比，通常用立方米每吨（m³/t）或立方米每立方米（m³/m³）表示，表示每采出 1t 或 1m³ 原油的同时所采出的水量，可作为衡量油田出水程度的指标。

注水强度是单位射开储层厚度的日注水量。耗水量是指注水开发的油田在含水采油期每采出 1t 原油所附带产出的水量。注入孔隙体积倍数是累积注入量与储层孔隙体积之比。地下亏空体积是在人工注水保持地层能量的过程中，注入水体积与储层采出地下流体体积之差。

注采比是指某段时间内注入剂（水或气）的地下体积和相应时间的采出物（油、水和地下自由气）的地下体积之比。存水率是累积注水量减去累积产水量后占累积注水量的百分数。注入水波及体积系数是指累积注水量与累积产水量之差除以储层有效孔隙体积，即储层水淹部分的平均驱油效率，又称扫及体积系数。

日产能力是指月产油与当月实际生产天数的比值。日油水平是指月产油量与当月日历天数的比值，是衡量原油产量高低和分析产量变化的主要指标。水驱指数是在某一油藏压力下，纯水侵量与该压力下累积产油量和产气量在地下的体积之比，是评价水驱作用在油藏综合驱动中所起作用相对大小的指标。采液指数是指单位生产压差下油井的日产液量。采油指数是指单位生产压差下油井的日产油量。吸水指数是指单位注水压差下注水井日注水量。

1.3.3.2　热力采油方式相关的基础知识

热力采油是利用热效应开采重质高黏度原油的方法，包括向储层注入载热体（热水、蒸汽）以加热岩石和储层中流体的方法、直接在储层内燃烧部分地下原油的地下燃烧法（火烧油层）。前者主要是利用热能降低原油黏度，增加流动性，在热力驱动时载热体还有驱替作用；后者主要是利用燃烧产生的热量降低原油黏度，增加油的流动性。此外，燃烧过程中产生的裂化气及其他产物（水蒸气、二氧化碳等）均具有良好的驱油作用。蒸汽吞吐和蒸汽驱是开采稠油及超稠油的重要开采方法。

1）注蒸汽采油

注蒸汽采油是热力采油方法，利用热载体（如蒸汽或热水）将地面产生的热量带到地下加热油层和其中的流体以提高油井产量和采收率。利用热力作用（原油的热膨胀和水蒸气对原油的蒸馏作用等），改善高黏度原油的流动性，包括降低原油黏度、改善流度比。注蒸汽采油有注热水、注蒸汽、周期性注蒸汽（蒸汽吞吐）等三种载热体注入形式。通常注蒸汽采油方法的热量是地面产生的，由载热体带入地下加热储层，所以该法热量损失较大。为了提高热效率，需要研究和采用井下蒸汽发生器。

（1）蒸汽吞吐又称周期性蒸汽激励，是一种开采重油油藏的有效方法。常见形式是向一口井注 2~3 个星期的蒸汽，关井几天热焖降黏，然后使井自喷，以后再转入抽油。经蒸汽处理后，可持续采油相当长的时间。当采油量下降到一定水平后，再重复一个周期。利用注入热量使储层温度增加，原油黏度急剧下降，大大增加原油的流度。原油发生热膨胀，增大原油的体积，使最终残余油饱和度减小、提高原油采收率。由于蒸汽吞吐注汽时间短、见效快，常作为蒸汽驱的前期开采措施。

（2）蒸汽驱油是蒸汽从注入井注入，油从生产井采出的一种驱替方式。其驱油特点是在注入井周围形成一个饱和蒸汽带，离井较远的地方由于蒸汽与岩层及其中流体的换热冷却，在其前缘形成凝析热水带。饱和蒸汽带的温度与注入蒸汽的温度几乎一样，随着蒸汽向前推进，温度缓慢下降。到凝析热水带处，温度与储层温度相近。由于蒸汽侵入地带的高温引起部分油的蒸馏，所以有部分油由气驱采出。如果储层注蒸汽前已注冷水，则在热水带前缘还有一个冷水带。这样，在注入井到生产井之间将经历一连串驱油过程，前缘是冷水驱，接着是热水驱，最后是蒸汽（水蒸气和油蒸气）驱，在蒸汽驱和热水驱之间实际上还有局部混相驱，不会出现水—汽明显界面。

（3）蒸汽辅助重力泄油（steam assisted gravity drainage，SAGD），是注蒸汽热力采油方法。典型的蒸汽辅助重力泄油是在储层内钻上下两口互相平行的水平井。上部水平井为注汽井，下部水平井为采油井。上部井注入高干度蒸汽。因蒸汽密度小，在注入井上部形成逐渐扩张的蒸汽腔，被加热的稠油和凝析水因密度大则沿蒸汽腔外部靠重力向下泄入生产水平井下部。也有把上部注汽井改为几口直井注汽的方式。蒸汽辅助重力泄油，采收率很高（50%~70%），但要求储层有足够的厚度且操作难度大，要求注采井之间保持一定的生产压差。

油汽比是在注蒸汽热力采油过程的某个阶段中采油量与注汽量之比，即每注一吨蒸汽的采油量，是评价注蒸汽技术经济效果的主要指标之一。

经济极限油汽比是注蒸汽热力开采中投入与产出相当时相对应的油汽比，低于此油汽比下继续热采则无经济效益。

能油比是在注蒸汽热力采油过程中每采出一吨原油需要注入的热能量，综合考虑注入蒸汽的干度和总数量，是评价注蒸汽效果的主要技术经济指标之一。

储层纯总比是储层有效厚度（或称纯储层）与有效厚度所对应的储层井段总厚度之比，反映出纯储层厚度占总厚度的比例。热力采油中，不希望热量散失在无生产能力的隔层和夹层中。因此，纯总比越大，热利用率越高，对热采越有利。

岩石比热是单位质量（1kg 或 1g）岩石温度升高 1℃ 所需要的热量，是岩石热物理性质的一个重要参数，用于热力采油计算。岩石比热又可分为储层岩石（砂岩、灰岩、砾岩等）比热和隔层泥岩比热，不同岩石的比热不同。

储层导热系数是热力采油计算中常用的储层热物性参数，其值为单位储层长度上、单位时间内每降低 1℃ 所通过的热量 [kJ/(m·℃)]。影响储层导热系数的主要因素为岩石、其所含流体的性质和饱和度。

热扩散系数是导热系数与体积热容之比，其物理意义是温度波在某一具体物质内传递的快慢程度。湿蒸汽是气液共存状态下的蒸汽。蒸汽干度是湿蒸汽中蒸汽质量占湿蒸汽总质量的百分比。

水饱和温度是水在某一压力状态下升温开始沸腾时的温度。水在不同压力下对应的饱和温度不一样，状态压力越高，饱和温度越高。例如水在标准压力（0.1MPa）下的饱和温度是 100℃，在 1MPa 下的饱和温度是 179.04℃。水饱和压力是指在压降过程中，水处于单一液相的最低压力。在该压力下，只要有无限小量的压力降，气相（小泡状）即从液相中释出。水的饱和压力和饱和温度一一对应。

水的汽化潜热是在恒定压力下，单位质量的水由液态转化为蒸汽时所吸收的热量。凝结潜热是在恒定压力下，单位质量的水由气态转化为液态所放出的热量。对同一物质两者数值相同。但状态压力变化时，潜热值也变化。压力升高，水的汽化潜热变小。

水的临界压力是指水蒸气和液态水两相共存的最高压力。换言之，高于临界压力则不再可能出现气液两相共存状态，即不能被汽化。水的临界压力为 22.56MPa。水的临界温度是指水在临界压力下所对应的饱和温度（374.1℃）。

注汽速度是指单位时间向储层注入的蒸汽量，是蒸汽吞吐和蒸汽驱重要的工作参数，现场常用的单位是 t/h 或 t/d。注汽干度是指实际注入储层蒸汽干度。在地面注汽管网和井筒不长时，常用蒸汽发生器出口干度代替。若地面注汽管线长，储层深，地面和井筒热损失大，上述替代则有较大误差，需通过井底蒸汽取样器测取井底干度或通过地面和井筒热力计算求取。周期注汽量是指在蒸汽吞吐开采方式中，一个吞吐周期的累计注汽量。

注汽强度是指每米储层累计注汽量。注汽流压是向储层注汽过程中井底的压力，用井下高温压力计测取。注汽流压大小与井口注汽压力、井深、注汽速度和注汽干度有关。注汽流温是注汽时的井底温度值，用井下高温温度计测取。注汽流温大小与井口注汽压力、注汽速度、注汽干度及沿程热损失状态有关。蒸汽吞吐回采水率是吞吐阶段（周期或累计）采水量与注汽量之比。

温度场是注蒸汽热采过程中储层被加热后的温度分布状况，是油藏动态监测的内容之一。热前缘是注蒸汽热采过程中，蒸汽（热水）推进方向上储层被加热的远程位置。由于储层非均质性，热前缘的分布也不均匀。热连通是指蒸汽吞吐过程中，相邻生产井热前缘的连接。吸汽剖面是在一定的注汽压力下，沿井筒各射开层段吸汽量的分布。蒸汽超覆是指在注蒸汽过程中，由于蒸汽密度比油小，力图向储层顶部流动，形成的汽液接口在顶部超前的现象。在厚储层中此现象更为严重。为了控制超覆现象，可根据汽液接口形状选择最佳注入速度。蒸汽突破是注入储层蒸汽或热水进入采油井，造成采油井出汽或出水的现象。预应力套管完井是热采井中为了消除套管受热产生的压应力，在固井过程中对套管预先施加一个拉应力的完井方法。

蒸汽发生器是注蒸汽热力采油中产生蒸汽的装置。隔热油管是注蒸汽井中所采用的一种特殊油管，由内管和外管构成，两管之间填充隔热材料，如蛭石、玻璃棉、珍珠粉等，再抽成真空状态。此管导热系数很小，使用这种油管可减少注蒸汽过程中沿井筒的热损失，用以提高注入储层蒸汽的干度。

热采封隔器是热采的注入井和采油井中所采用的一种特殊封隔器。密封部件均由耐热材料制成。耐热材料多使用耐高温橡胶、石墨或延展性较好的金属。地面汽水分离器是一种对蒸汽发生器产出的湿蒸汽（干度<80%）再分离的高压汽水装置。汽水分离后，出口干度可达90%以上。

2）火烧储层

火烧储层又称地下燃烧采油，是提高储层原油采收率的热力开采方法。向注入井注入空气，在井底点火使储层内原油燃烧，在储层中形成一个狭窄的高温燃烧带。燃烧带移动过程中，由于热效驱、凝析蒸汽驱、混相驱和汽驱等的联合作用，驱使原油向生产井移动。火燃油层方法有正燃法火烧油层、逆燃法火烧油层和湿式火烧油层三种方式。

（1）正燃法火烧油层是由注入井向油层注入空气并点燃油层，在油层中形成一个移向生产井的狭窄的高温燃烧前缘，当其向生产井移动时，将形成若干不同的区带，在燃烧前缘的后方是已烧净了的灼热的砂层，可有效地用于加热注入空气。当注入空气到达燃烧前缘时，便使残留在砂粒表面上的焦炭剧烈燃烧。燃烧的热量除靠传导输送外，大部分靠高温产生的水蒸气、轻质油气以及燃烧废气，在注入汽流的驱动下携带热量到燃烧带的前方并与前方冷油层换热凝析下来形成蒸汽带、热水带和轻质油带。由此可见火烧油层是包含热效驱、凝析蒸汽驱、混相驱和气驱的联合驱动过程。结果是地层原油黏度大大降低，流动性增大，油井产量大大增加。正燃法火烧油层是使用最普遍和最受重视的一种方法。

（2）逆燃法火烧油层适合于原油黏度特别高、流动性特别低以至不能流动的油藏如沥青砂层。与正燃法相反，火井在点燃储层以后改为生产井，原来的生产井改为注汽井。燃烧带推进的方向与注入空气流动的方向相反。在燃烧带向注入井移动时，因加热储层降低了原油黏度，使部分加热了的原油流入生产井采出，部分油被烧掉，还有一部分油被蒸发随气流流入生产井，并在地面装置中凝析下来，油井产量提高。

（3）湿式火烧油层是正燃法的改进型。因为正燃法火烧油层时，地下产生的热量约半数存在于燃烧前缘和注入井之间。为了更有效地利用这部分热量，并将其移至燃烧带的前方，向正在燃烧过程中的油层注入一定量的水。注入的水与已燃带高温岩层接触，则汽化并使岩石冷却，汽化的水随注入气流携带热量，在燃烧前缘的前方凝结成热水，随之将热传到火线前方的地区，扩大热水带的延伸范围，并在更大的范围内降低原油的黏度，使得稠油有可能在较低的压力下流动。由于湿式火烧法热能利用效率高，有可能减少空气用量。

火烧气油比是指每产1t油所消耗的注入气量（通常是可助燃的空气），是火烧油层法的一项经济指标。

油田开发过程中，地层能量逐渐下降，到一定时期油层能量就不足以使油田自喷。另外，有些油田，原始地层能量小，或是油稠，一开始就不能自喷，必须借助机械能量开采。主要方法有游梁式深井泵、水力活塞泵、射流泵、潜油电泵及气举采油等。潜油电泵是机械采油方法的一种。潜油电泵是井下工作的多级离心泵，同油管一起下入井内，地面电源通过变压器、控制屏和动力电缆将电能输送给井下潜油电动机，使潜油电动机带动多级离心泵旋转，将电能转换为机械能，把油井中的流体举升到地面。

1.3.3.3 采油过程中储层伤害控制重要性

采油过程中的储层伤害对油藏稳产增产十分重要。

（1）储层伤害控制关系到油气井稳产。油气开采过程中生产作业不仅会在近井地带伤害储层，还波及储层深部。北美洲阿拉斯加普鲁德霍湾油田，投产后6个月发现部分油井年产量递减速度为50%~70%。分析其原因是，射孔和修井时采用了氯化钙盐水作为射孔工作流体和压井工作流体。氯化钙与地层水不兼容形成水垢，堵塞储层渗流通道，油井产量急剧下降。中国部分油田在开采过程中也出现过油井产量在压井作业后下降、表皮系数增大现象，特别是非常规气井，只要关井作业就会产量下降。某井在完井测试时表皮系数为1.78，井下作业盐水压井后再次测试，表皮系数增加为5.72。控制井下作业造成的储层伤害成为重点。

（2）储层伤害控制能提升增产效果。增产、注水和热采作业中，针对地质自身特点实施储层伤害控制，能达到储层改造和提高采收率的目的。强酸敏储层，如果没有采取储层伤害控制，预防酸敏伤害，可能造成酸化作业后非但没增产反而减产；水敏储层，注水时若没有预防水敏储层伤害控制，随着注水时间增长，注水压力会不断升高，吸水指数不断下降，最终达不到配注要求。

注水过程中的储层伤害，已经成为注水的重点和难点，特别是储层改造后的致密油气，地层还会出现注入水优势通道，效果大幅度降低。

1.4 储层伤害控制关注内容

1.4.1 储层伤害控制的特点

1.4.1.1 储层伤害分析工作的五个环节

储层伤害控制是一个系统工程，具有历史性、时间性和叠加性，不仅涉及学科间的交叉，还有工作环节的衔接和兼容，主要技术思路可以按照性质、性能、性行、性状和效益等五个分析环节有序进行。

（1）性质分析。性质是事物本身所具有的、区别于其他事物的特征。地层性质、材料性质，是关乎目标储层岩石是否存在储层伤害的关键。在这一环节中，尽可能量化储层敏感性物质的类型和含量、材料组分的类型和含量，为后续定量化分析各物质可能造成的储层伤害程度提供基础数据。

（2）性能分析。性能即本身具有的能力与作用。地下流体的性能、工作流体性能，是直接影响储层伤害程度的因素。这一环节，不仅要分析地下流体性能与储层伤害的作用机制，还要建议施工工艺提供预防储层伤害的措施和治理手段。测试、测定流体的宏观性能，建立性质与性行、性状关系。

（3）性行分析。性行即本性与行为，具体讲是施工工艺参数。分析施工工艺参数，或者展开模拟工艺参数储层伤害程度评价，以优化工艺参数。这是储层伤害控制的关键，也是现场实践与室内研究结合的桥梁，储层伤害控制需要通过施工工艺实现。

（4）性状分析。性状即性质和状态。性质、性能通过性行达到性状，即储层伤害后的渗流能力变化。这个变化可以用原生数据来表达。原生数据是指不依赖于现有数据产生的数据；在原生数据被记录、存储后，经过算法加工和计算聚合而成的、系统的、可读取的、有使用价值的数据，则是衍生数据。能够建立知识产权的数据是衍生数据，不是原生数据。

（5）效益分析。效益即效果与收益，包括社会效益和经济效益。油井整个生产过程中投入、产出，无论采取什么措施控制储层伤害，都是效益的体现。所以，最终的目标就是量化效益，如何把效益最大化，或者说如何实现投入产出比最理想化是油井储层伤害控制的目标。

通过获得的性质、性行等数据信息，以效益为核心进行改进或采取补救措施。按照系统工程的理念，分析作业中所选择的储层伤害控制措施的可行性与经济上的合理性，配套形成系列，纳入钻井、完井与开发方案设计及每项作业的具体设计中。随着计算机技术、网络技术的发展，诊断、评价甚至模拟储层伤害程度和规律，特别是将储层伤害引入大数据分析思想，考虑地质工程一体化智能分析以及绿色技术，是未来的发展方向。

1.4.1.2　环节实施的五项原则

每一个环节，要充分考虑储层伤害控制是系统工程，不仅要注意作业自身对储层的影响，还要考虑作业间的相互作用，因此需要坚持五项原则，即明确主控因素原则、入井工作流体兼容原则、施工工艺适用原则、评价定量原则以及经济效益最大化原则。

（1）明确主控因素原则。明确主控因素原则是指作业前要充分理解作业对象可能造成的储层伤害。在不可能完全控制的客观条件下，分析主要控制的因素，控制储层伤害到最低程度。特别是利用数据、信息开展多约束条件下的定量化计算，定量主控因素，更加明确预防和治理的主要方向。

（2）入井工作流体兼容原则。入井工作流体兼容原则是指依据储层特性选择入井工作流体如钻井流体、水泥浆、射孔工作流体、储层改造工作流体、压井工作流体与修井工作流体等类型，尽可能不诱发储层潜在伤害因素或者控制工作流体间的储层伤害，力求在油气井投产时使用现代物理化学方法实现解堵。

（3）施工工艺适用原则。施工工艺适用原则是指选择合适的施工工艺能够控制储层伤害类型或者程度。如，作业过程中控制液柱压差，缩短浸泡时间，控制液相和固相颗粒尽可能不进入或少进入储层。如果不能完全控制住，则要求所采用的工作流体与储层岩石、储层流体相匹配，或者有可行的解堵方法。再如，油气田开发过程中，开发的方式和开采的强度，要预防储层中微粒运移、乳化、细菌及结垢堵塞、水锁、出砂和相渗透率的降低。

（4）评价定量原则。评价定量原则是指储层伤害控制过程和效果，都应该有定量化评价指标，以便更好地评价工作的优劣和储层伤害控制的满意程度。

（5）经济效益最大化原则。储层伤害控制尽可能以预防为主，解堵为辅。因为储层渗透率和孔隙度一旦受到伤害，很难完全恢复，有些伤害不可逆。部分储层产生伤害后，即使可以解堵，所花费的费用也很高。储层伤害控制，既要考虑各项技术的先进性与有效性，又要考虑其经济上的可行性，特别是考虑预防要比治理效益更好。无论以哪种方式，目的是使油气井产量不受损失。因此，做好储层伤害控制实现油气产能最大化和减少投入成本是兜底原则。

1.4.2 储层伤害控制的难点

严格意义上来说，储层伤害是不可模拟的。这无形中增加了储层伤害控制的复杂程度和难度。首先是认识问题，然后再分析问题、解决问题。比如，非常规资源的开发，已经由以钻井完井为主的储层伤害控制转移到增产过程中的储层伤害控制。这本身就需要从思想上重新认识，重新定位，重新配套，所以十分困难。

1.4.2.1 从思想上认识储层伤害涉及油气勘探开发各个环节难

储层伤害控制是一项涉及多学科、多专业、多部门，并贯穿整个油田生产过程的系统工程。在钻开储层、完井、试油、采油、增产、修井、注水、热采等每一项作业过程中，甚至在钻探之前，均应该树立每一个环节都可能使储层受到伤害的思想。而且要认识到，如果后一项作业没做好储层伤害控制工作，就有可能使前面各项作业中的储层伤害控制所获得的成效部分或全部丧失。因此，首先从思想上认识到储层伤害控制涉及地质、钻井、测井、试油、采油、井下作业等多个部门，只有这些部门密切配合，协同工作，正确对待投入与产出，才能收到良好效果。

某低压低渗油田，勘探初期钻了9口探井，仅5口井获工业油流，产量很低，日产油仅4.0~6.0t。探井所钻遇地层属于多压力层系，上部储层孔隙压力系数为1.15~1.20，高于下部储层压力系数（0.95~1.0）。为解决这些难题，改变井身结构，技术套管下至低压储层顶部，然后换用密度为1.03g/cm^{3}的无膨润土相生物聚合物钻井流体，并加入暂堵剂实施储层伤害控制。

钻开储层后立即中途测试，获日产油69.9m^3，表皮系数为-0.31，储层没有受到伤害。但完井试油时，采用与较强水敏性储层不兼容的清水作为射孔工作流体，射孔工艺也未进行优化设计，结果日产油仅14.34m^3，表皮系数增到30，储层伤害严重。

井眼下部储层压裂时压裂液浸泡上部储层7个月。压裂后再次测试时，日产油量下降至6.4m^3，表皮系数进一步增至81.7，储层伤害加剧。尽管后来采用了压裂解堵措施，也无法恢复储层原始产能，表皮系数增至30。

实例表明，储层伤害控制必须采取配套措施，任何环节失误都会影响储层伤害控制的总体效果。要开展此项系统工程中各项技术的研究，必然涉及矿物学、岩相学、地质学、渗流物理、钻井工程、试油工程、开发工程、采油工程、测井、油田化学和计算机等多种学科专业，只有充分运用这些学科的相关知识与最新研究成果，才能形成高水平的储层伤害控制配套技术。但是由于专业技术水平和行政管理等多方面限制，达成统一指挥、相互协调的思想认识十分困难。

1.4.2.2 从行动上提高各环节储层伤害控制的效果难

储层伤害控制的研究对象是储层，储层特性资料是研究此项技术的基础。由于不同的储层具有不同的特性，因此从储层特性出发研究出的储层伤害控制也具有很强的针对性。即使同一个储层，如处于不同开发阶段，其特性参数也会发生变化；相同作业在不同工况下所诱发的储层伤害也不完全相同。

基于这些原因，在确定每项作业的储层伤害控制措施时，应依据所研究的储层处于不同开发阶段的特性来确定，否则会得到相反效果。

比如，清洁盐水是一种很好的射孔工作流体和压井工作流体，但是某油田在试油中采用密度为 $1.17g/cm^3$ 的工业盐和氢氧化钠配制成 pH 值为 12 的盐水作为压井工作流体，压井过程中漏失 $110m^3$ 盐水。由于储层碱敏，漏入储层高碱性盐水使储层受到严重伤害，表皮系数从压井前 -1.35 增为 12.12，原油产量从 $837m^3/d$ 降为 $110m^3/d$，气产量从 $5852m^3/d$ 降为 $778m^3/d$。假如该井依据储层特性采用防腐剂为水合肼（hydrazine，一种无色发烟的、具有腐蚀性和强还原性的液体化合物，分子式为 NH_2NH_2，是比氨弱的碱，主要用作火箭和喷气发动机的燃料，也用于制备盐如硫酸盐及有机衍生物）的清洁盐水作为压井工作流体，室内试验表明其渗透率恢复值可高达 97%~99.8%，储层伤害程度就有可能大大减轻。

1.4.2.3 在实践中运用储层伤害综合控制手段难

储层伤害控制在研究方法上采用三个结合，这三个结合实际上体现了储层伤害控制的方法和手段需要采用理论与实际相结合的方法进行研究，才能取得满意结果。这也是储层伤害控制一个突出的特点，需要微观研究与宏观研究相结合，机制研究与应用规律研究相结合，室内研究与现场实践相结合。特别是与物联网结合起来，强调原生数据的应用与发展，是急需的和重要的。

1.4.3 储层伤害机理

储层伤害完整的认识和思想体系，是在实践中不断总结发展而成的。1990 年，Giorgi 把诱发储层伤害的因素归纳为 22 项，从统计学的角度表明了必须综合性研究储层伤害的机理：润湿性改变、水锁、凝析气层液锁、气锥或水柱、毛细管压力的改变、黏土膨胀、微粒运移、伊利石云母破碎解体、无机盐沉淀、注水无机盐沉淀、酸化引起的沉淀、碳酸盐岩溶解沉淀、外来固相的堵塞、储层固相颗粒堵塞、力学方面的伤害、酸渣、蜡堵、乳状液堵塞、细菌伤害、沥青质沉积、增加水的饱和度和气井增加油的饱和度等。以此为基础开始采用模拟实验装置来研究伤害机制，确定储层伤害定量指标。

1.4.3.1 水平井钻井储层伤害机理

21世纪前，全世界已钻20430口水平井，美国钻8998口位居第一，加拿大钻8221口位居第二，多分支井、大位移井也在大规模发展但一般比直井储层伤害更严重。模拟井下温度、压力条件下，20多种水基及油基钻井流体、完井工作流体的11种储层伤害测试，在诊断、评价和治理等方面有了新认识。

一是，钻井完成后，清除滤饼发现，固相层 $50\sim200\mu m$ 颗粒无法清除，可能造成天然气岩心的含水饱和度变化、细颗粒运移等储层伤害。颗粒进入储层孔隙和孔喉深度为 $1\sim4cm$。固相颗粒能够降低渗透率10%左右，切除距离表面的3cm左右可以恢复初始渗透率。

二是，固相层造成的储层伤害程度取决于储层原始渗透率、地下油气的相态。原始渗透率大于1mD的含气岩心和原始渗透率大于500mD的含油岩心，可以加大生产压差解除伤害；原始渗透率小于1mD的含气岩心和原始渗透率小于500mD的含油岩心，加大生产压差不能解除伤害，必须采用无伤害的化学清除方法或者储层改造的方法，恢复或者增大储层渗透率。大多数水平井钻井储层渗透性并非均质，如果单独用增大生产压差方式解除伤害，可能会造成较高渗透率层段解除程度好于低渗透层段，这就容易引起早期气锥进或水锥进，影响油气井的产量。

1.4.3.2 欠平衡钻井储层伤害机理

欠平衡钻井又叫负压钻井，是钻井时井底压力小于地层压力，地层流体有控制地进入井筒并且循环到地面上的钻井技术。常规钻井属于过平衡钻井，即钻井流体压力大于地层流体压力，小于地层破裂压力，主要防止井喷。欠平衡钻井时，钻井流体压力略小于地层流体压力，仍小于地层破裂压力，主要为及早发现油气藏。

1) 欠平衡钻井按钻井流体分类

欠平衡钻井按钻井流体可分为气体钻井、雾化钻井等8种：

(1) 气体钻井，包括空气、天然气和氮气钻井，钻井流体密度为 0~0.02g/cm³。

(2) 雾化钻井，钻井流体密度为 0.02~0.07g/cm³。

(3) 泡沫钻井流体钻井，包括稳定和不稳定泡沫钻井，钻井流体密度为 0.07~0.60g/cm³。

(4) 充气钻井流体钻井，包括立管注气和井下注气两种方式：立管注气是通过立管在钻进过程中流入气体；井下注气技术是通过寄生管、同心管、钻柱和连续油管等在钻进的同时，向井下的钻井流体注空气、天然气、氮气。钻井流体密度为 0.7~0.9g/cm³，是一种应用广泛的欠平衡钻井方法。

(5) 水或卤水钻井流体钻井，钻井流体密度为 1~1.30g/cm³。

(6) 油包水或水包油钻井流体钻井，钻井流体密度为 0.8~1.02g/cm³。

(7) 常规钻井流体钻井（采用密度减轻剂），钻井流体密度大于 0.9g/cm³。

(8) 泥浆帽钻井，国外称为浮动泥浆钻井，用于钻地层较深的高压裂缝层或高含硫化氢的气层。

2）欠平衡钻井按风险分类

欠平衡钻井按风险分为6级（0~5级），每一级又分为A（低压头）和B（欠平衡钻进）两类：

(1) 0级，只提高钻井效率，不涉及油气层发现。

(2) 1级，油井依靠自身压力无法自流到井口。油井是稳定的，从井控的角度来看风险较低。

(3) 2级，油井依靠自身压力可以自流到地面，欠平衡设备失效时可以采用常规压井方法处理。

(4) 3级，地热井不产油气。最大关井压力小于欠平衡设备的承压能力。如果设备失控，会造成严重后果。

(5) 4级，有原油产出，最大关井压力小于欠平衡设备的工作压力。如果设备失控，立即造成严重后果。

(6) 5级，最大注入压力大于欠平衡作业压力，但小于防喷器的最大承压能力。如果设备失控，立即造成严重后果。

对储层伤害控制而言，欠平衡压力钻井过程是一把双刃剑，一方面液柱与储层的压差小，钻进流体进入地层较少，可有效降低储层伤害程度；另一方面，由于液柱压力低于储层压力，储层中的流体流向井筒过程中，可能发生速度敏感或者出砂，特别是欠平衡失败时储层流体可能会无控制地流入井筒，欠平衡造成的有机质、沥青析出等储层伤害也十分明显。

钻井过程中，钻井流体没有正压差，无法形成黏附于井壁的滤饼，流体流动时形成的当量液柱压力会瞬时高于地层压力，推动钻井流体侵入储层，伤害储层。储层岩石的润湿作用使得岩石对钻井流体自然渗吸，润湿反转伤害储层。还有，由于没有滤饼，钻柱摩擦井壁，抛光储层表面，储层表面的渗透率下降。钻井过程中，过高的负压差或负压差不稳定也会造成速敏伤害或者应用敏感。

此外，压差时大时小，交替作用于岩石，类似振动作用加剧储层出砂。完井过程中再次压井、注水泥固井等措施中，液柱压力远高于钻井流体液柱压力，同样高于地层压力，造成固相堵塞、液相侵入等储层伤害。

1.4.3.3　温度储层伤害机理

温度敏感性是深井、热采井储层伤害的主要因素之一，主要包括矿物转化、矿物溶解与沉淀、润湿性转变和乳化堵塞等。

（1）矿物转化。高温下，储层矿物转化为水敏性矿物，加剧水敏伤害。例如，高岭石在250℃转化为蒙脱石（pH值为9）或方沸石（pH值为11），碳酸盐在高温下与硅铝酸盐作用，生成水敏性硅酸盐黏土矿物。

（2）矿物溶解与沉淀。高温强碱性条件下，许多矿物如白云石易发生溶解、沉淀，高温溶解致使地层破碎坍塌，加剧速敏程度；溶解矿物中的不溶解矿物释放、运移，堵塞渗流通道。温度降低，溶解矿物沉淀、凝聚或形成新矿物，吸附在井壁表面或堵塞在孔喉处，造成渗透率下降。

（3）润湿性转变。温度升高，岩石亲水能力增强，有利于提高采收率。但油藏蒸汽吞吐开采时，油相为润湿相，蒸汽为非润湿相，温度升高会使残余油大量增加，影响最终采收率。润湿性改变的影响可能持续很长时间，随着热水驱替和温度变化，油相与水相可能又会逐渐改变润湿性。

（4）乳化堵塞。高温条件下或在热水驱或蒸汽吞吐过程中，黏土矿物、硫化物、磷酸盐岩、碳酸盐岩、硫酸盐岩和其他温度敏感矿物容易形成高黏度的乳状流体，堵塞孔道，影响波及系数和采收率。

温度敏感还会造成黏土水化膨胀、微粒运移和产生有机垢、无机垢，伤害储层。因此，室内应研究高温状态下储层变化；应采用恰当的采油速率和注水速率，预防出砂和微粒运移；应根据需要使用必要的化学剂，如黏土防膨剂、乳化剂、非黏土稳定剂等；化学剂pH值应恰当,不能过高;应选择合理施工工艺措施,保证地层温度变化适度。

1.4.3.4 碳酸盐岩储层伤害机理

裂缝/孔洞性碳酸盐岩储层一般基质渗透率很低,裂缝是主要储集空间和渗流通道。因此可忽略工作流体入侵基质,应集中考虑裂缝可能受到的储层伤害。

裂缝可分为微裂缝(缝宽一般小于 100μm)和较大裂缝(缝宽 100~1000μm,甚至更大)。储层岩性可分为泥质碳酸盐岩和灰质碳酸盐岩。滤液和固相颗粒堵塞是引起碳酸盐岩储层伤害的两大因素。但是,如果裂缝宽度不同、岩石的化学组成不同,储层伤害的类型和程度也不尽相同,较大裂缝以固相堵塞伤害为主,滤液伤害泥质碳酸盐岩裂缝更为严重。

可采用近平衡或欠平衡钻井降低正压差,减轻伤害。碳酸盐岩储层特别是天然气储层中的微裂缝,要注意预防水锁伤害。水锁伤害程度与原始含水饱和度、渗透率、储层润湿性和界面张力相关。通常采用粒径、性质不同的暂堵剂,特别是采用片状或纤维状暂堵剂,在工作流体中添加降低表面张力的表面活性剂,预防或减轻水锁伤害,都是有效的。

1.4.3.5 致密气储层伤害机理

致密气储层伤害机制主要是液相包括水、油聚集。渗透率、初始含水饱和度越低,岩石表面亲水性越强,界面张力越高,液相聚集越严重。致密天然气层岩性较复杂,伤害机制随岩性不同而不同。一般高水敏性、高应力敏感性、高毛细管压力、高含水饱和度以及低孔低渗储层,储层伤害控制难度更大。

1.4.4 储层伤害研究方法

储层伤害研究方法已经从微观发展到介观,再到宏观,呈现出更加多样的发展态势。

1.4.4.1 室内储层伤害测试方法

1) 微观研究方法

储层伤害机制研究越来越系统深入,室内测试引入微观观测手段,开展更缜密的研究,主要表现在五个方面:

（1）红外光谱分析技术。采用傅里叶变换红外光谱仪，测定矿物的基团、官能矿物的基团、官能团来识别和量化常见矿物，分析迅速，精度与X射线衍射（X-Ray Diffraction，XRD）相似。能定量分析的矿物有石英、斜长石、钾长石、方解石、白云石、菱铁矿、黄铁矿、硬石膏、重晶石、绿泥石、高岭石、伊利石和蒙脱石总和，以及黏土总量，对非晶质物、间层黏土矿物的构造特性分析有独到之处。国内外已将其用于井场岩石矿物剖面分析图的快速建立，我国还将其作为分析敏感性矿物，尤其是储层黏土矿物存在的有力手段。但由于其对鉴定间层黏土矿物存在局限性，要完全代替X射线衍射是不可能的。

（2）CT扫描技术。CT扫描技术即电子计算机断层扫描技术，主要原理是用X射线照射岩心，得到岩心断面上岩石颗粒密度的信息，经计算机处理转换成岩心剖面图，它可以在不改变岩石形态及内部结构的条件下观察岩石的裂缝和孔隙分布。固相物质侵入岩心，能够监测固相侵入深度及其在孔喉中的状态，也可以观察岩样与工作流体作用后的孔隙空间变化。这项技术主要用于高渗透疏松砂岩和裂缝性储层伤害研究中，如出砂机理、稠油蚯蚓孔道的形成、侵入裂缝的固相分布、岩心内滤饼的分布形态等研究。

（3）核磁共振成像技术。核磁共振成像（Nuclear Magnetic Resonance Imaging，NMRI）能够观测孔隙或裂缝中流体分布与流动情况，因此对于流体与流体之间、流体与岩石之间的相互作用，以及润湿性和润湿反转问题的研究有特殊意义，是研究油气伤害的最新手段之一。核磁共振成像测井技术发展很快，主要用于剩余油的分布探测，已成为提高采收率的重要评价技术。

（4）扫描电镜技术。扫描电镜（Scanning Electron Microscope，SEM）技术在制样和配件方面发展较快，在扫描电镜上配置能谱仪能源数据系统可以对矿物提供半定量元素分析，对敏感性矿物的识别及伤害机理研究有很大的帮助。背散射仪的应用免除镀膜对黏土形貌的改变，更宜于试验前后的样品观察。此外，临界点冷冻干燥法能够揭示黏土矿物在储层条件下的真实形态。扫描电镜与图像分析仪用来研究黏土矿物微结构并预测微结构的稳定性，是油井完井技术中心近年来将土壤科学和工程地质理论引入到石油工程中的最新进展。

（5）环境扫描电镜技术。环境扫描电镜是环境扫描电子显微镜（Environmental Scanning Electron Microscope，ESEM）的简称，一般扫描电镜要求在真空条件下测试，环境扫描电镜则可以在气体、流体介质环境下分析样品。利用此项技术可研究膨胀性黏土矿物与工作流体作用的机理，分析黏土矿物间层比和遇水膨胀的关系、水化膨胀和脱水过程的差异等。因此，环境扫描电镜是伤害机理研究和工作流体评价的有力手段。

储层中非晶态矿物有蛋白石、水铝英石、伊毛缟石、硅铁石等，还有比黏土矿物微粒更小的纳米级矿物。它们或单独产出，或存在于黏土矿物晶体之间，起到连接微结构的作用，比表面积更大，性质更活跃。研究方法主要有化学分析、电子探针、原子力显微镜等。

2) 模拟作业现场的研究方法

评价钻井流体或完井工作流体伤害储层程度通常采用测定渗透率恢复值或其他的储层伤害指标。尽管微观和宏观研究做了大量的工作，但一直没有统一的方法和标准。

1995年3月在国际标准化API任务组的会议上，提出研究储层伤害测试的标准方法。1996年6月在荷兰召开的储层伤害会议上发表了测试的推荐方法。该方法包括测试过程的各个方面，从岩心的选择和制备、仪器设备的选择，到最后的结果分析与评价等，对测试中选择的参数给出了一个变化范围，这些变量设定会影响最终的结果。推荐方法的核心是试验必须在储层实际条件下进行，如温度、压差等均应符合实际情况。

尽管已认识到不同设备对测定结果会有影响，但在制订推荐方法过程中尚未考虑设备的标准化。我国通过四次储层伤害评价标准修订，基本形成了敏感性评价和工作流体评价标准。储层伤害室内评价结果可以为各个作业环节储层伤害控制技术方案提供依据。也就是说，从打开储层开始到油田开发全过程的每一个作业环节的储层伤害控制方案的确定都要利用室内评价结果。为此，设计了许多模拟勘探开发作业现场的测试方法，如长岩心测试、正反向流动测试、体积流量测试、系列流体测试、酸液测试、润湿性测试、相对渗透率曲线测试、膨胀率测试、离心法测毛细管压力快速测试等。

(1) 长岩心测试。渗透率测试反映了整个岩心长度上的平均伤害程度，但渗透率的降低并不一定在整个岩心长度上，也许只在前面某一段。因此，准确地测出工作流体侵入岩心的真实伤害深度，对于指导今后的生产具有非常重要的意义。广泛采用多点渗透率仪测量工作流体侵入岩心的伤害深度和伤害程度，并将此测试结果与试井数据对比，可以更准确地确定储层伤害深度和伤害程度。

测试时将数块岩心柱塞装入多点渗透率仪的夹持器内组成长岩心柱塞，测量伤害前的基线渗透率曲线，然后用工作流体伤害岩心，再测伤害后的渗透率恢复曲线，利用伤害前后渗透率曲线对比求伤害深度和分段伤害程度。

（2）正反向流动测试。正反向流动测试是在岩心柱塞两个端面注入流体，测定流体的渗透率，以此观察岩心中微粒受流体流动方向的影响及运移产生的渗透率伤害。

（3）体积流量测试。体积流量测试是在低于临界流速的情况下，将超过孔隙体积的工作流体流过岩心，考察岩心胶结的稳定性。用注入水作测试可评价储层岩心对注入水量的敏感性。

（4）系列流体测试。系列流体测试是模拟开发过程一种工作流体接着另一种工作流体通过岩心柱塞所获得的渗透率。了解储层岩心按实际工程施工顺序与外来工作流体接触后所造成的单项伤害和整体伤害程度。

（5）酸液测试。酸液测试是按酸化施工过程中注入工作液工序向岩心注入酸液及辅助流体，在室内预先评价和筛选控制储层酸液配方。

（6）润湿性测试。润湿性测试是通过测定注入工作流体前后储层岩石的润湿性，观察工作流体对储层岩石润湿性的影响。

（7）相对渗透率曲线测试。测定储层岩石的相对渗透率曲线，观察水锁伤害的程度；测定注入工作流体前后储层岩石的相对渗透率曲线，观察工作流体对储层岩石相对渗透率的影响及由此发生的伤害程度。

（8）膨胀率测试。测定工作流体进入岩心后的膨胀率，评价工作流体与储层岩石（特别是黏土矿物）的配伍性。

（9）离心法测毛细管压力快速测试。用离心法测定工作流体进入储层岩心前后毛细管压力的变化情况，快速评价储层伤害。

3）非常规油气储层伤害研究方法

非常规油气多层合采开发时采用的流量法评价储层伤害技术也与时俱进。煤系层薄叠置，压裂作业客观上无法规避合采。作业者主观上希望合采解决单一产层、单井产量低的难题。但是，这一难题的内外部因素十分复杂。传统方法中无法使用渗透率定量评价合采储层伤害程度，因此，提出用合采产量评价储层伤害的思路。引入以等当量气井产量为测试基准的多储层产量伤害物理模拟系统，在储层压力、温度下测试煤系气开采过程中任意层位、开采方式的产量和压力。研究结果显示，多储层产量伤害物理模拟系统能够较为系统地支撑煤系天然气开采过程储层敏感类型和程度分析、机理研究以及工作流体优选，为煤系气合采技术优化及增产措施制订提供了方法和依据[1]。

据此，发明了操作方便、可精确模拟并定量评价多天然气产层多层合采作业过程中气体产能的天然气储层多层合采产能模拟测试方法[2]和装置[3]，并在页岩气储层伤害评价中得以应用[4]。

当然，煤层气、页岩气等吸附性储层伤害需要根据储层天然气的赋存形式开发评价方法。由于吸附性储层天然气从地下到地面需要经过解吸、扩散和渗流三个阶段或者三种形式，所以产生了解吸伤害、扩散伤害和渗流伤害等三种储层伤害评价方法。

天然气水合物储层中由固体转换为流体的资源、油砂及油页岩此类的固体资源要想实现储层伤害的诊断、预防、评价和治理，都需要根据储层储渗空间、储层组分、流体性质以及储层表面性质、环境条件开发合适的理论、方法和工艺。

此外，全模拟测试模拟井下实际工况，如温度、压力（回压、地层压力）、剪切条件下的储层伤害评价。

这些方法，促进短岩心向长岩心发展，小尺寸岩心向大尺寸岩心发展，广泛引入计算机使数据采集测试自动化。计算机数值模拟与室内物理模拟相结合，模拟时利用地层实际流体（地层水、地层原油），例如速敏测试中的油速敏在模拟实际储层温度下用实际环境参数评价储层伤害程度试验。

1.4.4.2 矿场储层伤害定量测试方法

近年来，机理研究已逐步向数值模拟技术方向发展，即根据物理模拟测试得出的结果，建立数学模型研究储层伤害机理。应用此方法研究较多的是模拟微粒在孔隙中运移，依据斯托克沉降公式，分析微粒在不同流场和孔隙结构条件下的沉积规律，试图搞清楚微粒堵塞孔喉的机制。此外，在控砂、沥青和重质有机物沉淀、润湿性转变储层伤害、水—岩石界面储层伤害、注水防垢预测等方面的研究工作均有新进展。

对于储层敏感性测试评价技术，虽然可以取得比较准确的储层敏感性资料，但需要有储层天然岩心，花费人力和物力，经过半年或半年以上工作才能确定储层敏感性。所以，用这种方法确定储层敏感性主要存在两方面的问题。

一是随着勘探技术水平不断提高，勘探速度不断加快，对于一个新探区，从第一口参数井或预探井取得勘探资料，到该区块大规模的开发，速度快的仅需一年时间，若用现有的敏感性测试评价方法确定储层敏感性来为控制储层钻井完井工作流体研究提供基础资料，就很难满足实际生产快速勘探开发的需要。

二是对于老油田的稳产工作，需要钻大量的调整井和侧钻井，为了提高钻井和射孔试油的效果,需要开展储层伤害控制工作。但是,最大的问题就是没有确定储层敏感性所需要的大量天然岩心,储层伤害控制工作难以进行。

物质的外部表现都是其内部性质的体现,并且物质的性质之间也存在一定的联系。用铸体薄片分析、X射线衍射、孔隙度、渗透率和地层水矿化度分析资料,按不同的敏感性范围对储层分组,用多元统计分析方法求出各组的判别函数,把待判别储层资料代入各判别函数中分别求出该储层属于各组的置信概率值,把待判别储层归类于概率值最大的一组,并用该组的敏感性对该储层敏感性做出预测。后续将致力于开发出储层敏感性快速诊断和预测技术,可在很短的时间内确定出储层水敏、水速敏、盐敏、盐酸酸敏和土酸酸敏等五种敏感性,可以解决储层伤害控制的研究工作滞后于勘探开发生产的需要,以及老油田因无大量的可用天然岩心无法开展储层伤害研究等急需解决的难题,同时可以大幅度减轻研究人员的劳动强度,节省大量研究经费。

大数据预测储层伤害程度、智能化推荐预防储层伤害工作流体及施工参数,已经开始在油气井的一井一策中应用[5]。

以往的储层伤害数学模型假设储层伤害是均匀的,用求出的表皮系数作为表征储层伤害的唯一参数;也有的利用复合地层模型来描述储层伤害的数学模型,其方法是把地层分为两个区域,内区为伤害区,外区为非伤害区,并假设伤害区内的渗透率为常数。实际储层伤害区域是以井筒为中心,具有一定的储层伤害范围,且渗透率是变化的。均匀伤害数学模型可以求出解析解,复合地层数学模型求不出解析解,只能用数值方法求解。实际项目中所使用的数学方程是以实际储层伤害为基础建立的数学模型。

假设地层中心有一口井,外边界为不渗透边界,伤害区内渗透率为半径的函数,伤害的储层中存在单相微可压缩流体且符合达西定律,测试前地层流体处于静止状态。根据达西定律与质量守恒定律及假设条件可得到数学模型,见式(1.1)至式(1.5)。

$$\frac{1}{r}\frac{\partial}{\partial r}\left(rK\frac{\partial p}{\partial r}\right)=\frac{\phi\mu c_t}{3.6}\frac{\partial p}{\partial t} \tag{1.1}$$

$$p\big|_{t=0}=p_i \tag{1.2}$$

$$\frac{\partial p}{\partial r}\bigg|_{r=r_e}=0 \tag{1.3}$$

$$172.8\pi h\left(\frac{rK}{\mu}\frac{\partial p}{\partial r}\right)\bigg|_{r=r_w}-24C\frac{\mathrm{d}p_w}{\mathrm{d}t}=qB \tag{1.4}$$

$$p_w = \left(p - Sr\frac{\partial p}{\partial r}\right)\bigg|_{r=r_w} \tag{1.5}$$

式中　　B——体积系数；

　　　　C——井储系数，m^3/MPa；

　　　　c_t——综合压缩系数，MPa^{-1}；

　　　　h——地层厚度，m；

　　　　K——渗透率，μm^2；

　　　　p_w——井底压力，MPa；

　　　　q——井产量，m^3/d；

　　　　r——半径，m；

　　　　r_w——井半径，m；

　　　　r_e——供给边缘半径，m；

　　　　S——表皮系数；

　　　　t——时间，h；

　　　　μ——黏度，$mPa \cdot s$；

　　　　ϕ——孔隙度。

对渗流区域不等距剖分，采用有限差分方法并采用块中心网格系统，可得到差分方程。得到的差分方程为三对角矩阵方程，可用追赶法求解，在求得压力分布之后，用式(1.5)计算井底压力。

得到井底压力之后，再求下一时间的压力、产量，直到模拟结束时间为止，建立储层伤害表皮系数与渗透率变化的关系。

假设在圆形等厚地层中，单相不可压缩流体作达西渗流，在地层中心有一口定产量生产井，地层渗透率分布见式(1.6)。

$$K(r) = \begin{cases} K_s(r) & r_w < r \leqslant r_1 \\ K & r_1 < r \leqslant r_e \end{cases} \tag{1.6}$$

由达西定律得

$$q = 172.8\pi rh \frac{K(r)}{\mu} \frac{dp}{dr} \tag{1.7}$$

因此

$$dp = \frac{q\mu}{172.8\pi h} \frac{dr}{rK(r)} \tag{1.8}$$

上式两边积分得

$$p_e - p_w = \frac{q\mu}{172.8\pi h} \int_{r_w}^{r_e} \frac{dr}{rK(r)} = \frac{q\mu}{172.8\pi h} \left[\int_{r_w}^{r_1} \frac{dr}{rK_s(r)} + \frac{1}{K}\ln\frac{r_e}{r_1}\right] \tag{1.9}$$

式中　　p_e——油藏边界压力，Pa；

p_w——井底压力，Pa；
r_e——油藏边界半径，m；
r_1——某位置半径，m；
r_w——井筒半径，m；
q——产量，m³/s；
μ——流体黏度，mPa·s。

根据表皮系数 S_d 的定义有

$$p_e - p_w = \frac{q\mu}{172.8Kh}\left(\ln\frac{r_e}{r_w} + S_d\right) \tag{1.10}$$

因此，储层伤害表皮系数为

$$S_d = K\int_{r_w}^{r_1}\frac{dr}{rK_s(r)} - \ln\frac{r_1}{r_w} \tag{1.11}$$

若在伤害区域内渗透率满足指数关系，即

$$K_s(r) = K_w e^{\alpha(r-r_w)} \quad (r_w \leq r \leq r_1) \tag{1.12}$$

其中

$$\alpha = \frac{1}{r_1 - r_w}\ln\frac{K}{K_w} \tag{1.13}$$

则储层伤害表皮系数的计算见式(1.14)。

$$S_d = -\ln\frac{r_1}{r_w} + \left(\frac{K}{K_w}\right)^{\frac{r_1}{r_1-r_w}}\left[-E_i\left(-\frac{r_w}{r_1-r_w}\ln\frac{K}{K_w}\right) + E_i\left(-\frac{r_1}{r_1-r_w}\ln\frac{K}{K_w}\right)\right]$$

$$\tag{1.14}$$

式中 K_w——井筒周围渗透率。

1.4.4.3 储层伤害预防方法

20世纪80年代以来，预防储层伤害的可靠实用方法，是尽量避免或减少完井工作流体漏失进入产层。

Abrams指出，桥堵剂颗粒的平均直径应该大于储层平均孔隙尺寸的1/3。桥堵剂对降低钻井完井工作流体固相侵入的效率是桥堵剂浓度和颗粒大小两者的函数，同时也是岩石孔隙大小的函数。后来发展级配、D90等封堵准则都以降低滤失量为出发点。

关于如何预防钻井流体伤害高渗透石英砂岩储层，有学者认为，储层中30%最大的孔喉对渗透率的贡献值大约为85%，为了使储层伤害降至最小需要控制大孔喉伤害。造成高渗透石英砂岩伤害最主要的因素是固相侵入，固相侵入超过7.5cm，甚至可高达30cm，多数情况下，侵入射孔深度不能超过伤害带，表皮系数较高。

1998年有学者认为，可采用最初的瞬时滤失量和30min的总滤失量定量表示钻井流体封堵能力。有效封堵孔喉和裂缝的最大封堵颗粒应该至少与裂缝的宽度或最大孔喉直径一样大。

滤饼中孔隙达到最小时得到最佳的粒径分布。封堵颗粒形状对封堵能力影响不大。封堵孔喉和裂缝时细长纤维和球形碳酸盐颗粒效果相同。

固相浓度越高，封堵能力越好。封堵裂缝，每立方米至少需要80kg大颗粒，封堵孔隙的桥堵颗粒不少于36kg。低固相流体颗粒尺寸分布十分重要，高固相钻井流体中，有足够的大颗粒情况下，几乎任何一种分布都是有效的。

储层钻进最好选用碳酸钙颗粒，因为较容易用酸洗掉。理想情况下，桥堵颗粒应在孔喉或裂缝开口处，以减少固体侵入储层基岩深处。

颗粒封堵技术和最优化水力及当量循环密度监测技术曾在英国Wytch Farm油田储层使用。使用大粒径桥堵颗粒改造常规的固相控制系统，使用粗钻井流体振动筛和离心机回收重晶石，必须在钻井过程中不断补充大颗粒，保持所需要大桥堵颗粒的浓度。无伤害桥堵剂的大小必须与储层相适应，使用酸溶性碳酸钙或者是水溶性盐结晶。桥堵颗粒的大小应约等于储层孔隙。

1.4.4.4 储层伤害控制数值模拟方法

认识和发现储层伤害，进而实施储层伤害控制，可以从两个方面分析。一是从机理研究看，从伤害产生的机理出发，寻找与储层和生产有关的伤害储层的证据或条件，只要这些条件充分，就可以确定储层伤害的类型，然后去预防、控制或改造。二是从解决问题的角度看，从储层伤害后产生的现象出发，量化现象为与生产有关的作业参数。利用这些量化的作业参数，反推储层伤害类型，区分储层伤害的主次类型，再去治理。一般说来，作为学术研究，前者比较合适。采取生产措施，后者比较合适。

确定了研究思路，就需要明确储层伤害控制的主要内容，即诊断、预防、评价和治理等。它们既是独立的，又是相关的。具体包括岩心分析，油气水分析和测试，储层敏感性和工作流体伤害室内评价，储层伤害机理研究和储层伤害控制系统方案设计，钻井、完井、油田生产过程中预防储层伤害施工，储层伤害类型和程度矿场评价，储层伤害治理，技术效果和经济效果分析。

了解和掌握数值模拟相关的知识，有助于寻找储层伤害的主控因素，为提高油气田产量选择合适的油气井、寻找主控因素以及优化施工工艺。

1) 油藏模型

数学模型是对实际物理的、化学的、力学的、工程的或经济的问题，按其性质使用适当的数学原理与方法建立的数学问题的总称。数值模型应用离散数学方法将数学模型（通常是连续模型）转换为离散形式，再用适当的数值方法求解。

油藏数值模型是用来描述和研究油气藏中流体运动规律的数值模型。油藏数值模拟是用适当的数值方法描述求解油气藏中流体流动问题，并以此方法研究油气藏中流体运动规律的一门技术。用于求解数值模型的一个或一组程序称为计算机模型。

油藏数值模拟器是指求解油藏数值模型的计算机模型。气藏模型是用于模拟气田开采动态特征的油藏数值模型，按其有无边底水的存在分为单相气藏模型和两相气藏模型。气藏按其组分的贫富可以用黑油模型模拟，也可以使用组分模型模拟。黑油模型也称低挥发油双组分模型，在这种模型中烃类系统可用两组分描述如非挥发组分（黑油）、挥发组分（即溶于油中的气）。油水两相模型是黑油模型的特殊情况，即气相饱和度为 0 时的情况。在组分模型中，烃类物质按其组分研究相变化和组分转移，主要用于高挥发性烃类系统。

热采模型是类比热载体（热蒸汽、热水或燃烧油等）在油藏中驱油、热能转移和交换的数值模型，一般用于蒸汽吞吐、蒸汽驱、热水和火烧过程的模拟。化学驱模型是模拟含化学添加剂（聚合物、表面活性剂或碱等）的流体在油藏中驱油、液—固相间质量转移和交换的数值模型，一般用于聚合物驱、表面活性剂驱、碱水驱等驱油过程的模拟。混相驱模型能模拟与原油在油藏条件下完全或部分混相的流体驱替过程的数值模型，一般用于烃类混相驱油法、高压干气驱油法、富气驱油法及二氧化碳驱油过程的模拟。

单相模型是模拟油气水三相其中之一相流体在多孔介质中渗流的数值模型。两相模型是用于模拟油气水三相中任意两相流体在多孔介质中渗流的数值模型。多相模型是用于模拟油气水三相以上的流体在多孔介质中渗流的数值模型。零维模型视油藏为一个岩石和流动性质均匀的容器，研究这一容器物质守恒关系的模型，即物质守恒（方程）模型。

一维模型是模拟流体只在一个方向运动的模型。二维平面模型是模拟流体在 X-Y 平面运动的模型。剖面模型是模拟流体在 X-Z 或

R-Z 平面内流动的模型。三维模型是模拟流体在三维空间中流动的模型。径向流模型是模拟流体在 r-θ 方向运动的模型。锥进模型是模拟流体在 r-z 平面内或 r-z-θ 空间运动及流体在井附近锥进性质的模型。双重介质模型是模拟双重介质中流体运动的数值模型。双孔双渗模型是双重介质模型的一种，即双孔隙度双渗透率模型；模型中不仅裂缝具有渗透性，而且基质也具有渗透性。

2) 计算方法

运动方程是用达西定律描述多相流体通过多孔介质时流体与介质相互关系的方程。连续性方程是研究油藏中某个单元质量变化的质量守恒微分方程。状态方程是描述储层及流体物性参数随压力及饱和度变化的一组方程。

定产量生产是生产井以一定产量生产，是一种工作制度。定压生产是生产井以一定流动压力生产，是生产井的另一种工作制度。水侵数据是描述水侵入油藏能力的参数，如水体的分布参数、厚度、渗透率、水体的压力参数等。

有限元方法是一种重要的离散数学方法。其思想是先将一个连续区域划分为若干具有某种形态的单元，未知函数在单元内变化，用其在单元顶点处值的某种函数关系给出，然后将这些函数代入与原问题等价的泛函中去，寻求泛函的极值，把问题化为求解以未知函数在单元顶点值为未知量的线性代数方程组。有限元方法得到的是半解析解。

有限差分法是一种重要的离散数学方法，其思想是用差商代替偏导数（或导数），将偏微分（或微分）方程（组）离散化为差分方程（组）求解。有限差分法是油藏数值模拟中常用的方法。

差分格式是指用差分方法离散时得到的差分方程组。用不同方法得到的差分格式研究兼容性、稳定性和收敛性是有限差分法的重要内容。在求解区域的网格节点上用差商近似地代替偏导数，把偏微分方程化为差分方程，其中任一节点上的解等于其相邻四个节点上解的平均值的方法称为五点差分，任一节点上的解等于其相邻八个节点上解的平均值的方法称为九点差分。

显式是在用差分方程做微分方程的近似时，除了对时间差分中的一项取 $n+1$ 时间步之值以外，其他都取 n 时间步之值。隐式是在用差分方程做微分方程的近似时，除了对时间差分中的一项取 n 时间步之值外，其他都取 $n+1$ 时间步之值。

网格是离散后几何空间的最小单元。几何空间离散化时，采用的正交网格系统称为规则网格系统。离散化的几何空间为不均匀网格系统。不规则网格系统是几何空间离散化时，采用非正交网格形成的任意四边形而非矩形或正方形的网格系统。径向网格系统是由以某点（一般为井点）为中心的环组成的离散化的几何空间。曲线网格系统是由曲面六面体（网格）组成的离散化的几何空间。矩形网格系统是由平行六面体组成的离散化的几何空间。点中心网格系统是取剖分线的交点为网格中心的网格系统。块中心网格系统是以平行六面体或曲线六面体中心为网格中心的系统。角点网格系统是通过给出每个网格块角点的几何参数可以精确表示复杂油藏的几何形状的网格系统。非正常连接网格是断层面两侧不同层之间通过传导率计算实现网格流动，可精确描述断层两侧不同层之间的渗流规律。对于大型油藏模拟问题，仅仅在油藏中饱和度或压力变化剧烈的区域及重点研究部分使用细网格，其他部位使用粗网格，这种网格的细化称局部网格加密。

隐压显饱法基于油藏中流体饱和度在一个时间阶段内变化不大，计算分两步。第一步隐式联立求解压力（差分）方程，第二步是利用已求得的压力值显式求解流体饱和度（或浓度）。顺序求解法的每迭代步分为压力插值和牛顿修正两步。在油藏模拟中，第一步是计算压力方程，第二步是利用第一步求得的压力联立求解未知量（包括压力在内）。全隐式方法是方程的所有未知量联立求解。例如黑油模拟中压力、水饱和度和气饱和度（或溶解气油比）作为隐式项。自适应隐式是为了节约计算时间采用的一种方法，其隐式度随求解问题的难度可以变化，当问题的难度较小时，自动采用隐压显饱法求解，当问题的难度较大时，自动采用全隐式求解。

三对角矩阵是油藏模拟形成的系数矩阵，大多为稀疏矩阵，大部分元素为零元素。一维正规排列的渗流方程形成的线性代数方程组的系数矩阵为三对角矩阵，二维正规排列的渗流方程形成的线性代数方程组的系数矩阵为五对角矩阵，三维正规排列的渗流方程形成的线性代数方程组的系数矩阵为七对角矩阵。矩阵解法是线性代数方程组求解方法的总称。

直接解法是一类重要的矩阵解法，就是经有限次数的运算即可求得（如果没有舍入误差）方程组准确解的方法。这种方法一般需占用较大的存储空间，计算量也大。迭代法是一类重要的矩阵解法。迭代法的基本思想是构造一个向量序列，使其收敛至某个极限向量的准确解。标准排列指网格节点排列顺序是先 X 方向增加，然后 Y 方向增加。D4 排列指网格节点排列顺序按交错对角线排列。点松弛是一类重要的线性代数方程组迭代解法。线松弛法视每一个迭代步为若干子步，每一子迭代步将系数矩阵的某一行（或列）对应的未知量联立求解，这种方法在油藏模拟中广泛应用，尤其在多维多节点问题模拟中常被采用。块松弛法视每一个迭代步为若干子步，每一子迭代步将系数矩阵的某一行（或列）及平行各行（或列）对应的未知量联立求解。预处理共轭梯度法应用不完全分解对矩阵预处理降低其条件数，然后使用共轭梯度或正交极小化加速达到快速收敛的矩阵解法。这是20世纪80年代起流行的一类解法，不同的预处理方法形成不同的解法。

3）误差处理

由于数值计算引入误差，引起两相流动的真解的饱和度陡峭前遭到某种破坏的现象称为数值弥散。当管压力曲线陡峭时，由于舍入误差或未完成的迭代，引起饱和度空间上的小波动，产生毛细管压力在空间上的大波动，反过来又引起饱和度在下一时步的物理异常变化，这种异常现象称为饱和度蔓延现象。

截断误差是用差商代替导数产生的误差，又称局部离散误差。解误差是指差分方程的解与微分方程解之间的差别，也称总离散误差。兼容性是差分操作数的一种属性，差分操作数与微分操作数是兼容的，收敛性差分操作数收敛到微分操作数。一个数值算法是稳定的，是指任何一计算步产生的误差在以后的计算中不被放大。稳定性的概念在油藏模拟中是极其重要的。单点上游权是一个重要的计算两节点中间接口处相对渗透率的方法，因为该方法只涉及上游方向一个节点，故称单点上游权。两点上游权是一个重要的计算两节点中间接口处相对渗透率的方法。

拟函数是指油藏体积内某个参数的加权平均值，这个参数是指岩石相对渗透率及岩石的毛细管力，旨在描述实验室测定的相对渗透率和毛细管力的校正，经校正后，可用两维模拟器处理三维问题。牛顿迭代是将非线性方程组变为线性方程组的方法，通过给定初值及求偏导得出需求解的线性方程组，迭代求解直到要求的精度，是全隐式方法求解油藏数值模拟问题的有效方法。

4）参数及应用

PVT数据是描述油藏流体性质的资料，例如油的溶解气油比、原油黏度、体积系数等随压力变化的资料，是油藏模拟不可缺少的资料。初始化是指在油藏模拟中，根据地质、渗流物理和力学原理求得初始条件下压力和流体的分布。初始化数据是给出问题在0时刻的全部参数，例如储层深度、初始储层接口、油水相对密度、原始地层压力、原始饱和压力和溶解气油比等。

油藏储层各向异性使得储层渗透率成为在不同方向具有不同性质的矢量，因此，渗透率在 X、Y、Z 三个方向的值分别称为储层在这三个方向的方向渗透率。边界条件是描述发生在油藏与其环境边界处，流体运动和交换的条件。

油藏动态历史拟合是综合油田地质、油藏工程和油藏模拟的一门边缘技术。动态历史拟合的目的是使模拟计算的油藏动态与实际观测值达到某种逼近（逼近程度由实际问题而定）。动态历史拟合的基本思想是修改不确定性的参数，最先被修改的是难以确定的参数，如水体参数。

在模拟模型边界处有流量，因而在拟合地层压力及含水时遇到困难，经地质或工程查明原因，可在边界附近假设生产井或注入井来反映这种影响，这种井称为虚拟井。对数值模拟的输入资料自动插值、形成网格资料的过程叫前处理，前处理提高了资料准备的工作效率。对油藏模拟结果对比曲线、等值线图等图形输出的过程叫后处理，该技术简化了结果分析的劳动强度，方便了用户。

三维可视化是借助于工作站三维图形软件工具，实现三维地质模型的空间图像及随时间变化的油藏动态流动模型的过程。油藏数值模拟并行算法是适合在并行计算机上求解油藏数值模拟问题的计算方法。形式上，它是一些可同时在各个处理器上执行的所有指令的集合，这些指令相互作用和协调动作达成对油藏数值模拟问题的正确求解。

粗化技术是将地质上用来描述复杂地质现象的几十万到几百万节点细网格模型，转换为油藏数值模拟软件中在存储量和计算速度方面可以接受的几千到几万节点的粗网格模型，并不失其渗流特征的技术。

动态预测是在完成历史拟合后，以已完成的历史拟合为基础，计算油田未来的开发部署、开发动态及制订开发方案的过程。

无论是建井前的地质勘探准备还是贯穿于整个油田开发阶段的数值模型建立，都是储层伤害控制的基础知识，需要全面了解和运用。

1.4.5　储层伤害控制工艺措施

钻井、固井、完井、射孔、试油、酸化、压裂等各项作业环节都涉及储层伤害，都要采取储层伤害控制。不同地区、不同层位、不同作业环节中不同储层伤害的诊断、预防、评价和处理措施也不相同。

1.4.5.1 储层无伤害钻完井

通过对钻井、完井和增产技术的研究和开发，形成一套明确的战略，即要钻得更快、钻得更深、钻得更便宜和钻得更清洁。

钻得更清洁与钻井流体、完井工作流体、完井设计等有密切关系：要开发钻聪明井技术，增大泄油面积，少留作业痕迹；避免或减少海上钻屑排放；研究新型无储层伤害钻井流体、完井工作流体，能精确预测井下条件下钻井流体、完井工作流体的性能；开发一种能实时测量井下流体成分并能实时传送测量数据的井下流体分析仪，以此为基础，开发智能完井系统，优化生产决策。

钻井领域中的技术发展对完井的需要是要更多地了解滤饼及其在井眼条件下固相在孔隙介质结构上的沉淀；研究流体浓度和颗粒尺寸分布的优化设计，以实现最大限度地控制对生产能力的伤害、改进排液效率；需要全面了解在滤饼沉积过程中颗粒分布的作用和特征、大尺寸颗粒的浓度，以保证快速形成厚滤饼。滤饼颗粒结构内黏着较小，压实较小，要研究出这类流体，可控制滤饼对岩石结构的黏附特性。因此，能够在不同的水力、电力或化学作用的条件下，较容易地清除。用化学破胶剂存在一个问题，假如滤饼的渗透率很低，它接受注入液的能力也是很低的，这进一步强调需要研制能造成滤饼含有大颗粒并保留渗透性的流体，它能允许破胶剂进入滤饼内部。

无伤害钻井未来发展应特别重视形成的滤饼能完全从井眼表面清除，如含酶滤饼、含破胶剂的滤饼和油溶性滤饼等。这就需要了解使滤饼保持凝结的力学原因，才能明确破除滤饼的方法。

一些油田在使用压裂充填技术时把水力压裂与砾石充填防砂增产相结合，成功地用于井眼伤害较严重、酸化反应差的储层增产。由于压裂裂缝能超过伤害带，使井眼和储层有效地接触，减小了表皮效应。

1.4.5.2 水平井钻完井工作流体

水平井钻井有时产量下降迅速，效益并不理想。美国海湾完成的水平井中有20%被认为是失败的，主要原因是滤饼堵塞储层、井下封隔器、筛管或衬管。对水平井储层伤害机理及完井工作流体研究认为，在水平井水平段使用无伤害或伤害较轻的完井工作流体并使滤饼溶蚀极其重要。

水平井钻完井工作流体储层伤害发生在井眼中间，减少伤害深度很重要，故应控制漏失。可以利用有大尺寸颗粒滤饼的快速沉积来控制漏失，再利用较小的颗粒或胶体结构来继续降低滤失。对于裸眼或筛管完井的水平井不应采用漏失为零的措施，因为渗透率很低的滤饼很难清除。但对于下衬管注水泥的射孔完井，可采用渗透率很低的滤饼。

裸眼完井的水平井，在投产之前必须排除流体，清洗井壁滤饼，钻进中要求滤液与储层相容。可用破胶剂浸泡，侵蚀滤饼组分，并对整个裸眼长度全部溶蚀清除滤饼。不同类型钻完井工作流体溶蚀滤饼所用的破胶剂不尽相同，对氯化钾聚合物钻井流体、盐粒暂堵完井工作流体清除滤饼的有效破胶剂为次氯酸钠、盐酸和α酶；对正电胶钻井流体清除滤饼的有效破胶剂为次氯酸钠和盐酸。次氯酸钠清洗无机盐优于盐酸，且腐蚀性小，不会形成方解石胶结物，但价格比盐酸贵。用氧化剂去除降滤失剂和增黏剂有效，可提高渗透率达30%。

用酶或酶与聚合物接枝共聚形成的酶聚合物处理完井工作流体，效果良好。酶是由生物有机体生成的特殊蛋白质，起加速反应的催化作用，在反应过程中不消亡，活性不变。除可处理目标聚合物之外，酶中其他物质还起活化作用，既可避免腐蚀金属或溶蚀碎屑，伤害储层，又具有环保作用。当酶聚合物有效地解除暂堵带中的聚合物时，与其黏接的碳酸钙粉也被除去，随储层中流体流入井眼，可使储层渗透率恢复。酶的解堵效果和关井时间取决于其浓度和井下温度，关井时间一般为12~24h。为了取得更好的效果，可先用酶处理，再用低浓度5%~7%盐酸清洗，清除井下碳酸盐颗粒等。

使用淀粉类钻井流体的贝利砂岩岩心和使用纤维素类钻井流体的多孔铝板，模拟井眼滤饼清除的试验结果是不同的。针对不同类型储层水平井，开发了用于钻进高孔隙度、高渗透率石灰岩、白云岩储层及高渗透率非固结砂岩的无伤害无膨润土淡水和饱和盐水聚合物钻井流体，用于钻进高渗透非固结砂岩水平段的无伤害油基钻井流体，用于钻进天然气砂岩储层的低固相正电胶钻井流体。

1.4.5.3 裸眼完井钻井流体

裸眼完井钻井流体必须对储层渗透率伤害程度最低，同时具有良好的流变性，能很好地清洁井眼；润滑性好，有效地预防卡钻，降低起下钻具的摩擦阻力和扭矩；抑制储层中泥岩夹层黏土矿物水化膨胀，预防井壁不稳定等，确保裸眼井段安全钻进。钻井流体主要有含盐、控制漏失聚合物、增黏聚合物和桥堵颗粒等组分的水基聚合物钻井流体；具有油包水钻井流体的优点又克服了润湿反转的弱点的全油基钻井流体；用混合金属硅酸盐（硅酸钙铝）、膨润土、控制漏失聚合物和桥堵颗粒配制而成的混合金属硅酸盐钻井流体；由盐和增黏聚合物组成，用来钻进低渗透储层的无固相钻井流体。

1.4.5.4 致密气层钻完井

针对致密气层提出钻完井及增产措施中的气层伤害控制系列配套技术。一是钻井过程采用气体类流体欠平衡压力钻井，钻进中采用冲击式气锤和相应的钻头、可以在气体中测试的电磁式随钻测量仪，以及控制定向井与水平井轨迹的设备和工具。二是采用注水泥射孔完井或裸眼完井，并采用跨式双封隔器。三是增产措施中采用二氧化碳加砂和氮气加砂作为压裂流体。

1.4.5.5 极度超平衡射孔

使用射孔枪在射孔前先对井中流体加压，使井筒压力等于或大于地层破裂压力（一般压力梯度为 0.025~0.03MPa/m）。通常射孔瞬间井筒压力为 56.2MPa，加压液体、气体以十分高的速率进入射孔孔眼，在地层中产生裂缝，使射孔效率达到 100%。采用射孔与压裂解堵增产联作，效果大大优于油管传输负压射孔。

1.4.5.6 酸化解堵液

酸化是解除储层伤害常用的廉价并且有效的方法。解堵的对象以砂岩储层和碳酸盐岩储层为主。

1) **砂岩储层酸化解堵液**

砂岩酸化通常用土酸，主要解决井筒附近地带的储层伤害问题。仍需研究延迟酸化作用、延长反应时间，以增加酸化液穿透深度。

氟硼酸型酸化液，控制微粒稳定，可以在水中缓慢溶解，缓慢地生成氢氟酸。

1.5%氢氟酸+10%醋酸型酸化液，用于与盐酸酸敏矿物（绿泥石、沸石、方沸石）反应的储层，适于处理含有大量盐酸酸敏矿物的储层。使用醋酸而不用盐酸，也能减少铝化合物形成。

2) **碳酸盐岩酸化解堵液**

磷酸+3%氢氟酸型酸化液，与方解石、白云石的反应速度很慢，在碳酸盐岩表面形成氟磷灰石薄膜层，抑制酸进一步反应，可避免形成氢氧化铝和氟化铝沉淀。另外在存在较多氢氟酸、磷酸的情况下，与黏土、长石反应缓慢，活化氢氟酸能进入较深的储层中。

乳化酸用于碳酸盐岩酸化，主要目的是形成酸蚀孔隙或开启状态的裂缝，增加裂缝长度和导流能力。酸液缓速作用有助于形成较深的孔洞和深长裂缝，缓速作用越强，达到孔洞酸蚀终端的酸液浓度就越高，酸蚀碳酸盐岩的作用效果就越好。乳化酸是缓速酸，酸液为内相，油相为外相。乳化酸中还需加入乳化剂、腐蚀抑制剂、铁离子稳定剂和还原剂等。大量钻井与增产措施试验证明，乳化酸在121~176℃下能稳定作用，形成比纯酸高的导流能力，酸化效果是纯酸的6.6倍。

1.5 储层伤害控制前景——绿色智能未来

1950年以前，储层伤害控制仅局限于定性的概念。1951—1970年，实现定量诊断，但确定伤害原因的定量研究仍处于起步阶段。从1971年起，储层伤害控制的重点转移到解除储层伤害。1980年储层伤害原因诊断报道很多，大多是储层岩石表征和实验室伤害物理模拟的研究进展。1990年以后，如何综合性地开展储层伤害控制工作则是长期的研究方向。进入21世纪，储层伤害的外延和内涵由于非常规资源的发展，受到空前的挑战，如煤层气、页岩气和页岩油、水合物等吸附储层、固体储层等内涵变化，仅用渗透率表征储层伤害不符合储层真实状态。储层不仅仅是产出而是产出和输入，如储气库。储层伤害评价也由钻完井过程中的储层伤害转化成储层增产过程中的储层伤害。由于储层伤害原因非常复杂，为了进一步完善储层伤害机制的研究，所需数据、资料的量也会显著增加，这就要求用计算机建立数据库、资料库、知识库，利用专家系统来研究储层伤害的机制，也就是用数字化或智能化预测储层伤害。

储层伤害的类型和评价指标也要发生变化，评价指标从油气渗透率发展到解吸、扩散变化和水的渗透率变化。煤层气、油砂等非常规油气的储层伤害可能存在解吸敏感、扩散敏感或者资源伤害问题，尚需深入研究。同时，储层伤害带来的工程难题，如压裂施工井口压力过高威胁作业安全、油气流动状态发生变化压裂效果不理想等。

非常规资源勘探开发给行业带来巨大变化，储层伤害控制关注的对象从流体转变为固体，从渗流流体储层转变到吸附解吸流体储层。

储层保护关注的施工过程发生变化,由原来的以钻完井为重点转向以储层改造和提高采收率为重点。

评价方法发生变化,由原来的岩心流动实验发展到以岩心分析为基础的敏感性评价,以提高油气井产量和储层采收率。

油气勘探开发的过程越来越复杂,难度越来越大,原有的单因素的理论、方法和分析过程不能满足未来的发展需要。利用大数据、适用算法和互联网的智能化手段才能更好地利用过去的数据,提高决策的速度和准确率,结合环境友好、作业安全的环保材料和施工措施,智能、绿色技术才能为人类工作生活和谐发展提供持续的动力。

【思政内容】

储层伤害绿色发展理念是坚持走绿色发展道路,处理好储层伤害发展与生态环境友好的协调关系,做好顶层设计。走绿色发展道路,坚持绿色技术开发,让油田开发人员切实感受到绿色技术发展带来的环境效益和经济效益。走绿色循环低碳发展之路,将绿色发展理念转变为每个社会成员的自觉行动。

思考题

1. 分类阐述储层伤害的类别及内涵?
2. 举例说明储层伤害控制的重要性有哪些?
3. 为什么储层伤害控制强调发展安全绿色智能技术?
4. 如何设计方案解决具体的储层伤害难题?

2 储层伤害因素

储层伤害机理阐明储层潜在伤害因素和储层外来伤害因素共同作用下可能发生储层伤害的类型、程度和原因。机理研究工作必须建立在岩心分析技术和室内岩心流动测试结果,以及有关现场资料分析的基础上,认识和诊断储层伤害原因及伤害过程,为推荐和制订储层伤害控制和解除储层伤害的技术措施提供科学依据。

对常规储层而言,储层伤害的实质是有效渗透率变化。有效渗透率变化包括绝对渗透率变化和相对渗透率变化,绝对渗透率变化即渗流空间的改变,相对渗透率变化即流体流动状态的改变。渗流空间改变包括外来固相侵入、水敏性伤害、酸敏性伤害、碱敏性伤害、微粒运移、结垢、细菌堵塞和应力敏感伤害;流体流动状态的改变包括水锁伤害、贾敏伤害、润湿反转伤害和乳化堵塞等。

这些变化是钻开储层前后,物理、化学平衡状态从一种状态到另一种状态的变化。钻井、完井、修井、注水和增产等作业或生产过程都可能改变原来的环境条件,使平衡状态改变,可能造成油气井产能变化,引发储层伤害。所以,储层伤害是在外界条件影响下,储层内部性质发生变化造成的,即可将储层伤害原因分为内因和外因。

凡是受外界条件影响储层渗透性降低的储层内在因素,均属储层潜在伤害因素,即内因,包括储渗空间、储层组分、岩石表面性质、流体性质以及储层环境。施工作业时,任何能够诱发储层伤害内因改变,使油气井产能降低的方法,均为储层伤害外因,主要指入井流体性质、压差、温度和作业时间等可控因素。要想弄清储层伤害机制,不但要弄清储层伤害的内因和外因,还要掌握内因在外因作用下储层伤害的过程。

储层自钻开到开采枯竭,任何作业中都可能发生伤害,且作业伤害原因可能有多种。储层伤害原因非常复杂,具有多样性、复杂性,而且相互关联。一般来说，在施工工艺或技术上储层伤害控制很难全面实现。为了推荐和制订切实可行的储层伤害控制方案，分析作业储层伤害原因时，要用系统工程方法找出主要的伤害作业环节，进一步分析具体作业中储层伤害原因，找出主要伤害因素。

2.1 储层潜在伤害因素

储层储渗空间、组分、岩石表面性质以及储层中的流体性质、所处环境都存在外界诱发储层伤害的可能。对一个特定的时间段而言，储层潜在伤害因素是储层固有特性。储层被钻开以后，由于受外界条件的影响，它的孔隙结构、敏感性矿物、岩石润湿性和油气水性质都会发生变化。因此储层潜在伤害因素在不同的生产作业阶段可能是动态变化的。

2.1.1 储渗空间

储层储渗空间与储层岩石性质相关，不同的岩石表现出不同的储渗空间特征。储层伤害控制的要求是储渗空间尽可能不减小或者较少减小。因此，必须了解岩石。

2.1.1.1 岩性相关的基础知识

1) 岩石类型

火成岩是由地壳、地幔中形成的岩浆在侵入或喷出的情况下冷凝而成的岩石。变质岩是岩浆岩或沉积岩在温度、压力的影响下改变了组织结构形成的岩石。沉积岩是地表或接近地表的岩石遭受风化（机械或化学分解）、再经搬运沉积后经成岩作用（压实、胶结、再结晶）形成的岩石。沉积岩在陆地表面占岩石总分布面积的75%。沉积岩与石油的生成、储集有密切关系，是石油地质工作的主要对象。

碎屑沉积岩是在机械力（风力、水力）的破坏作用下，原来岩石破坏后的碎屑经过搬运和沉积而成的岩石，例如砂岩、黄土等。火山碎屑岩则是火山喷发的碎屑直接沉积形成的岩石。化学沉积岩是多种物质由于化学作用（溶解、沉淀化学反应）沉积形成的岩石，如岩盐、石膏等。

2) 岩层与沉积相

岩层是由成分基本一致、较大区域内分布基本稳定的岩石组成的岩体。层理是受许多平行面限制的岩石组成的沉积岩层状构造。水平层理是层面相互平行且水平的层理，水平层理表示沉积环境相当稳定，如深湖沉积。波状层理是层面像波浪一样起伏，海岸或湖岸地带由于水的波浪击拍形成的层面。交错层理是一系列交替层层面相交成不同角度的层理，它是由于沉积环境的水流或水动力方向改变形成的层理。

沉积旋回是岩石的粒度在垂向上重复出现的一种组合。正旋回是岩石自下而上由粗变细的岩石结构，例如自下而上为砾岩、砂岩、粉砂岩、泥岩的组合。反旋回是岩石自下而上由细变粗的岩石结构，例如自下而上为泥岩、粉砂岩、砂岩、砾岩的组合。复合旋回是中部粗、顶底部细的沉积组合，如顶底为泥岩，中部为砂岩。沉积韵律是岩层成分、结构或颜色等有规律重复出现的现象。

沉积相是指在特定的沉积环境形成的特定的岩石组合，例如河流相、湖相等。沉积单元级别划分是相对的，应从油田开发实际出发划分沉积相级别。比如，河流相为大相，辫状河、曲流河、网状河为亚相，曲流河的点坝、天然堤、决口扇等为微相。沉积微相是指在亚相带范围内具有独特岩石结构、构造、厚度、韵律性等剖面上沉积特征及一定的平面配置规律的最小单元。

开发层系是砂岩、泥岩交互的储层组合，也是在沉积盆地内可以对比的层系。在含储层系的全剖面上某种测井曲线有明显的分段，这些分段上下岩性或岩性组合有明显的变化，含油级别有明显差别，可划分为储层组。储层组内相邻的储层发育段划分为砂层组，有些油田储层与砂层组合为一段。砂层组内上下为非渗透层分隔开的储层划为一个小层。

油砂体又称单储层，一个小层内可包含一个或多个单储层。标准层是在沉积剖面中岩性稳定、特征突出、分布广泛、测井曲线易于辨识的标志，如化石层、油页岩等。辅助标准层是指具有标准层特征或某些特征，分布局限的标准层。岩性组合明显、测井曲线可以辨识的层段，可选作标志层。地层缺失是在地层对比过程中相对地层标准剖面，缺失某些层段的现象，可以是地层剥蚀、地层断缺或地层尖灭等原因形成的。地层尖灭是岩层厚度在沉积盆地边缘变薄以至消失的现象。

地层超覆是当海水或湖水覆盖面逐渐扩大，在新的淹没高地沉积了新的沉积物的现象，或称地层不整合。构造地质是研究由地壳运动所决定的地球构造即岩体的形状、大小及其相互关系的科学。地层产状是岩层在三维空间的位置。地层走向是指岩层面与水平面交线的方向。地层倾向是与地层走向成直角相交的垂直面与岩层面的交线在水平面上的投影线的方向。

裂缝是岩石受外力或内应力时，丧失结合力产生破裂但没有产生位移的地层。储集层是能够储集和渗滤流体的岩层，简称储层。盖层是位于储层之上能够封隔储层，使其中的油气免于向上逸散的岩层。封堵层是位于储层侧面的能够封隔油气侧向运移和逸散的岩层。储集空间是储层内能储集流体的空间，通常分为孔隙、溶洞和裂缝三类。

3）岩石颗粒

岩石结构是指岩石的颗粒、杂基及胶结物的关系。岩石构造是指岩石颗粒彼此相互排列的关系。

岩石粒度组成是指构成砂（砾）岩不同粒径颗粒的含量，通常用质量分数表示。筛析是用一组已知孔径的筛网测定岩石粒度组成的分析方法。沉速分析是用颗粒在流体中的下沉速度来测定岩石粒度组成的分析方法，其理论计算公式为斯托克公式。斯托克公式是确定球形固体颗粒在流体中下沉速度的公式。粒度组成分布曲线是指砂（砾）岩某一粒径范围的颗粒与其所占质量分数的关系曲线，一般用直方图表示。粒度组成累积分布曲线是指砂（砾）岩颗粒累积质量分数与其对应粒径（取对数）的关系曲线。不均匀系数是指砂岩粒度组成累积分布曲线上某两个累积质量分数所对应的颗粒直径之比，是反映砂（砾）岩粒度组成不均匀程度的一个指标，不均匀系数越接近1，表明砂（砾）岩粒度组成越均匀（如累积质量为60%的颗粒直径与累积质量为10%的颗粒直径之比）。

四性关系是指岩性、物性、含油性和电性关系。层内非均质指单储层内的非均质性，一般是岩石垂向组合特征，指渗透率差异程度和夹层分布。层间非均质指储层与储层之间的非均质性。平面非均质主要指油砂体在平面上的变化，包括储层物性变化和岩性、岩相变化。隔层是对流体流动能起隔挡作用的岩层。碎屑岩储层中的隔层以泥质岩类为主，也包括少量其他岩性。夹层是单砂层内存在的一些不连续的薄层，如泥质、细粉砂质、硅质、钙质等薄层，它直接影响单砂层垂直渗透率。砂体连通性是多种成因的砂体在垂向上和平面上相互连通的程度。

砾颗粒是颗粒直径大于或等于1mm的石英、长石类或其他矿物颗粒。粗砂是颗粒直径在0.5~1mm的石英、长石类或其他矿物颗粒。中砂是颗粒直径在0.25~0.5mm的石英、长石类或其他矿物颗粒。细砂是颗粒直径在 0.1~0.25mm 的石英、长石类或其他矿物颗粒。粉砂是颗粒直径在 0.01~0.1mm 的石英、长石类或其他矿物颗粒。黏土是颗粒直径小于 0.01mm 的矿物质。

根据粒级分类标准，将某粒级含量 50% 以上者定为主名，含量在 25%~50% 者称为质，含量在 10%~25% 者称为含，质、含写在主名之前。若其中没有一个粒级含量大于等于 50%，细砂、中砂、粗砂之和大于等于 50% 者定为不等粒砂岩，细砂、中砂、粗砂之和小于 50% 者定为混合砂岩。

2.1.1.2 构造相关的基础知识

地层倾角是岩层层面与水平面所夹最大角度。单斜层是一组岩层向单一方向倾斜且倾向大体一致。地层褶曲是地壳岩层在构造活动中的一种波状变形，它有多种形态和产状，如背斜、向斜等。背斜构造是褶曲两侧岩层倾向相背，向上突起成桥形，核部地层老，两翼地层新。向斜构造是褶曲两侧岩层倾向相向，向下凹陷成船形，核部地层新，两翼地层老。

断层是在断裂变动中，沿断裂面两侧的岩体发生相对位移。断层面是分裂岩层为两个不连续断块的破裂面，断块沿此面发生相对位移。断层线是断层面与地面的交线。倾斜断层面上边的岩块叫上盘，下边的岩块叫下盘，上盘相对下滑的断层称为正断层，上盘相对上移的断层称为逆断层。逆断层断层面倾角大于 45° 时称为冲断层。逆断层断层面倾角 10°~30° 时称为逆掩断层。发生断层后，相邻两点顺断层面产生位移，此两点位移的距离称为断距。落差是正断层发生后，相邻两点产生的垂直距离。地垒是在一系列断层组合中，两侧断块下降、中部断块升高的组合；地堑是在一系列断层组合中，两侧断块上升、中部断块下降的组合。分布于单斜上的断裂将单斜切割为若干呈阶梯状分布的断块时，称断阶构造。鼻状构造是背斜褶曲一端向下倾没、另一端抬起的构造。正牵引是正断层在断面附近形成的拖拽地层或挠曲构造，在上升盘形成背斜式鼻状构造，下降盘形成向斜或与断面倾向一致的单斜；逆牵引是在正断层近断层面下降盘形成的背斜或地层倾斜方向与断面倾斜方向相反的单斜。

2.1.1.3 孔渗相关的基础知识

1) 岩石孔隙

广义的岩石孔隙是岩石内部的孔隙（孔腔）和喉道的总称。由于颗粒大小不同、形状各异、排列复杂，加上胶结物的多样性，使岩石孔隙形状、分布、连通状况极为复杂，极不规整，是一个复杂的三维立体网络。砂岩中由三个或三个以上的颗粒（胶结物）包围的空间称为孔隙（孔腔）。

喉道是砂岩中孔隙（孔腔）的连接部分，其几何尺寸要明显小于孔隙。孔隙喉道是砂岩颗粒堆积时粒间形成孔隙，孔隙和孔隙连接的窄细部分。喉道的大小以累积频率图表示，相应于50%的喉道值称喉道中值。喉道平均值是孔隙喉道大小的平均量度。喉道均质系数表征一个喉道与最大喉道的偏离值。配位数是孔隙与周围孔隙连通的喉道数量，砂岩的配位数一般为2~15。岩石的原生孔隙是岩石在沉积和成岩过程中形成的孔隙。岩石的次生孔隙是成岩后的岩石受到地应力、水淋滤或其他物理化学作用，或上述作用的综合影响所产生的孔隙。

孔隙体积是指广义孔隙的总体积。闭端孔隙是在孔隙系统中只有一个通道与其他孔隙连通的孔隙，又称盲孔，此类孔隙通常只允许流体渗入，对流体在其内部运移流动贡献甚微。连通孔隙是在孔隙中相互连通并对流体在其中运移流动有贡献的孔隙。孔隙结构是指岩石中孔隙的大小、几何形态、分布特征、均匀程度、连通状况等特性。孔隙大小分布曲线习惯上是指砂岩中一定大小的孔隙与其所占孔隙总体积百分数的关系曲线。孔隙平均值是孔隙大小平均值，因定义及计算方法而异。例如可按孔隙体积的加权平均得出，但更多地按平均水动力学直径的含义从流体力学的意义上取平均值，通常定义为孔隙体积与比表面积比值的4倍，即采取算术方法求平均值。

孔隙结构模型一般分为三类。第一类是球形颗粒排列的球粒模型；第二类是毛细管排列的毛细管束模型；第三类是多种结构的网络模型。

球粒模型对毛细管滞后，为求得水饱和度及剩余油饱和度提供了简便定性解释；毛细管束模型主要用于研究毛细管特性和毛细管压力的定量计算；网络模型主要用于数模和渗流机制研究。网络模型又分为网络物理模型和网络数学模型。网络物理模型是由人工经一定工艺过程制成的孔隙模型，这种模型比较接近实际多孔介质的结构。网络数学模型又分为二维和三维模型，由逾渗理论研究孔隙结构参数对多孔介质中渗流过程的影响。

岩石的绝对孔隙度是岩石的总孔隙（包括有效孔隙和无效孔隙）体积与岩石总体积的比值，用小数或百分数表示。岩石的有效孔隙度是岩石中有效孔隙体积与岩石总体积的比值，用小数或百分数表示。迂曲度是渗流过程中流体质点实际通过的路程长度与宏观渗流方程中所假定的流体质点通过的路程长度的比值的平方。

储层综合弹性系数是指储层压力每降 0.1MPa，由于流体膨胀和岩石孔隙缩小，单位体积岩石内所能驱出的流体体积。储层总压缩系数是指储层岩石的孔隙压缩系数与所含流体压缩系数之和。

岩石的压缩系数指储层压力每降低 0.1MPa，单位体积岩石内孔隙体积的变化值。岩石孔隙压缩系数是指地层压力改变 0.1MPa 时，单位孔隙体积的变化值，也称岩石有效压缩系数。

覆盖压力是上部岩石盖层加在下部岩石单元上的压力。孔隙压力是岩石孔隙所承受的内部流体压力，也称地层压力。净有效覆盖压力是岩石覆盖压力与孔隙压力之差。

砂岩的比面是单位体积岩石内部孔隙的总表面积或围成孔隙部分的颗粒总面积，反映砂岩的分散程度。

2) 岩石渗透性

岩石渗透性是在一定的压差下，岩石允许流体通过的性质，其数值大小用达西公式计算。岩石绝对渗透率是与岩石不起物化作用的流体，在压差作用下，通过一定长度、截面积的岩石，所测出的流体流量，通常取岩样的气测渗透率值。

水平渗透率是按水平方向取样所测得的岩样渗透率。垂直渗透率是按垂直方向取样所测得的岩样渗透率。径向渗透率是在全直径岩心分析中，用径向流方式测取的岩心渗透率。侧向渗透率是在全直径岩心分析中，用岩心对应柱面（90°）测取的渗透率，一般主侧面选取渗透性好或裂缝发育的柱面。有效渗透率是当岩石中被一相流体充满时测得的岩石渗透率。相渗透率是当岩石中存在多相流体时某相流体的有效渗透率。岩石各相有效渗透率之和总是小于岩石的绝对渗透率。岩石的相对渗透率是当岩石中多相流体共存时，某相的有效渗透率与绝对渗透率或其他定义为基准的渗透率的比，以小数或百分数表示。相对渗透率比值是指任何两种流体的相对渗透率的比值。渗透率级差是研究储层层内渗透率非均质程度的指标之一，即层内最大渗透率与最小渗透率的比值。渗透率变异系数反映层内渗透率非均质程度，表示围绕渗透率集中趋势的离散程度。渗透率突进系数是层内最大渗透率与平均渗透率的比值，也称非均质系数。

克林肯勃格（或克氏）渗透率是经滑脱效应（或称克林肯勃格效应）校正后获得的岩样渗透率。校正的方法是在不同压力下测岩样渗透率，然后用各压力值下的渗透率值和压力值的倒数作关系曲线，曲线与渗透率轴的交点即为该岩样的克氏渗透率值，相当于该岩样的理论绝对渗透率值。滑脱效应指气体在岩石孔道中渗流特性不同于其他流体，即靠近管壁表面的气体分子与孔道中心气体分子的流速几乎没有什么差别。

渗透率张量是各向异性的多孔介质上某一给定点处的压力梯度矢量方向，往往不同于渗透率速度矢量，因而要完整描述渗流现象，必须指定压力梯度及渗流速度矢量场。如果假定介质可以相对于坐标系任意取向，并令压力梯度指向 X，那么各向异性介质在 X、Y、Z 不同方向将有不同渗透速度，通称渗透率张量。

在研究多孔介质中不混溶流体的微观渗流机制时，各相流体的相对渗透率常需建立数学模型研究并与实测结果比较，此类数学模型主要包括毛细管模型、统计模型、经验模型和网络模型。

在渗流过程中，流动状态不断发生变化，由于与渗流有关的物质（岩石、流体）都具有弹性，因而随着流动状态变化，物质的力学性质发生变化。描述这种由于弹性引起力学性质随状态变化的方程称为渗流状态方程。

分流量方程是莱弗里特（Leverett）于1941年推导出的方程。它表示产水量在总液量中的分量与流体的黏度、相对渗透率、总流速、毛细管压力梯度以及重力有关。

前沿推进方程是贝克莱和莱弗里特（Buckley and Leverett）于1949年提出的某一固定不变的驱替液饱和度面的推进速度方程。

威尔杰方程是威尔杰（Welge）于1982年推导出的一个方程，它反映了系统中驱替流体的平均饱和度与该系统采出端饱和度的关系。

前沿不稳定性是多孔介质中两相非混相驱替中驱替前沿出现黏性指进现象，因而使得驱替前沿不能形成平滑的分接口的现象。

2.1.1.4 储渗空间特性

储层储集空间主要是孔隙，渗流通道主要是喉道，喉道是易受伤害的敏感部位。对于裂缝型储层，天然裂缝既是储集空间又是渗流通道。根据基块孔隙和裂缝的渗透率贡献大小，可以划分出一些过渡储层类型。孔隙结构是从微观角度来描述储层储渗特性，孔隙度与渗透率则是从宏观角度来描述岩石的储渗特性。孔隙度是衡量岩石储集空间多少及储集能力大小的参数，渗透率是衡量储层岩石渗流能力大小的参数，它们是从宏观上表征储层特征的两个基本参数。其中与储层伤害关系比较密切的是渗透率，因为它是孔隙的大小、均匀性和连通性三者的共同体现。

对于一个渗透性很好的储层来说，可以推断它的孔喉较大或较均匀，连通性好，胶结物含量低，这样它受固相侵入伤害的可能性较大；相反，对于一个低渗透性储层来说，可以推断它的孔喉小或连通性差，胶结物含量较高，这样它容易受到黏土水化膨胀、分散运移及水锁、贾敏伤害。

不同的颗粒接触类型和胶结类型决定着孔喉类型，一般将储层孔喉类型分为缩颈喉道、点状喉道、片状喉道、弯片状喉道、管束状喉道等五种，如图2.1所示。

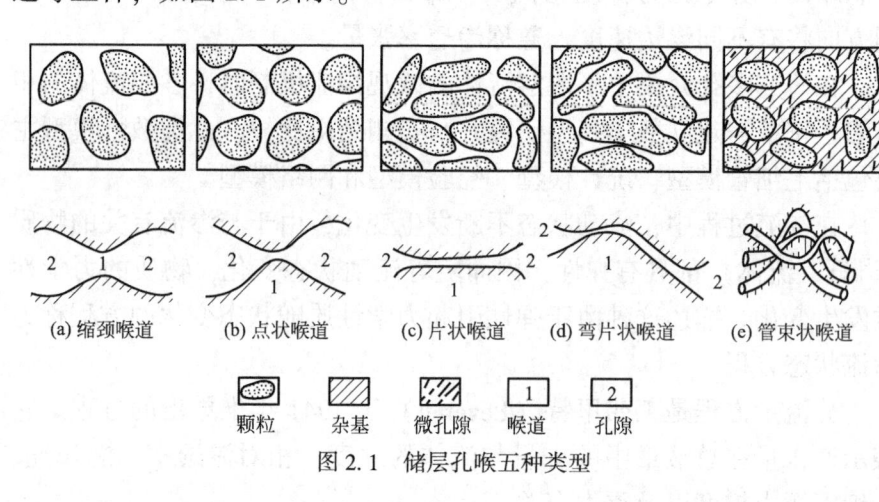

(a) 缩颈喉道　(b) 点状喉道　(c) 片状喉道　(d) 弯片状喉道　(e) 管束状喉道

颗粒　杂基　微孔隙　喉道　孔隙

图2.1　储层孔喉五种类型

从图2.1中可以看出，孔喉类型是从定性角度来描述储层孔喉特征，孔隙结构参数则是从定量角度来描述孔喉特征。常用的孔隙结构参数有孔喉大小与分布、孔喉弯曲程度和孔隙连通程度。一般来说，它们与储层伤害的关系主要有三点。

（1）在其他条件相同的情况下，孔喉越大，不匹配的固相颗粒侵入的深度就越深，造成的固相伤害程度可能就越大。滤液造成的水锁、贾敏等伤害的可能性较小。缩颈喉道孔隙大，喉道粗，孔隙与喉道直径比接近于1，固相侵入、出砂和地层坍塌的可能性较大。点状喉道孔隙大或较大，喉道细，孔隙与喉道直径比大，微粒运移、水锁、贾敏、固相侵入的可能性较大。

（2）孔喉弯曲程度越大，外来固相颗粒侵入越困难，侵入度小，地层微粒易在喉道中阻卡，微粒分散或运移的伤害潜力增加，喉道易受到伤害。片状或弯片状喉道孔隙小，喉道细而长，孔隙与喉道直径比中到大，微粒堵塞、水锁、贾敏、黏土水化膨胀的可能性较大。

（3）孔隙连通性越差，储层越易受到伤害。管束状喉道孔隙和喉道成为一体且细小，水锁、贾敏、乳化堵塞以及黏土水化膨胀的可能性较大。水锁伤害程度与渗透率、含水饱和度都有关系，见表2.1。表中严重、中等、较弱、弱和无分别是指储层有效渗透率下降90%、90%～50%、50%～20%、20%～1%和几乎没有影响。

表 2.1　不同气测渗透率下水锁严重程度

气测渗透率 ($\times 10^{-3} \mu m^2$)	水锁伤害程度				
	含水饱和度 <10%	含水饱和度 10%~20%	含水饱和度 20%~30%	含水饱和度 30%~50%	含水饱和度 >50%
<0.1	严重	严重	中等	中等	较弱
0.1~1.0	严重	中等	较弱	较弱	弱
1.0~10	严重	中等	较弱	弱	无
10~100	中等	较弱	弱	无	无
100~500	较弱	较弱	无	无	无
>500	弱	无	无	无	无

从表 2.1 中可以看出，水锁严重程度与储层自身的渗透率相关，相同的含水饱和度下，渗透率越高，水锁的程度越低。同样，自身的渗透率相同条件下，含水饱和度越高，水锁程度越低。

潜山油藏多为裂缝—孔隙性双重渗流介质，储层伤害在对象、程度、类型和解堵方式等方面均不同于均质孔隙性储层。

（1）裂缝性潜山油藏与孔隙性油藏储层伤害对象不同。裂缝—孔隙性双重介质储层的缝隙，尤其是数量众多的微小缝隙，提供了主要的渗流通道，也是造成严重储层伤害的主要对象，其储层伤害控制的重点是控制缝隙伤害。缝孔界面上的缝面孔沟通孔隙储集体与裂缝，工作流体进入裂缝极易堵塞缝面孔，伤害储层。相对均质孔隙性油藏储层伤害对象主要是孔喉。

（2）钻井流体侵入深度不同。滤液侵入和固相颗粒侵入是钻井流体伤害裂缝性储层的主要因素，且比砂岩深。用滤失量计算，孔隙性储层滤液侵入深度为 0.3~0.6m，固相颗粒侵入深度为 2.0~3.0cm；而裂缝性储层滤液和固相颗粒侵入深度为 1.0~5.0m。因此，裂缝—孔隙性储层解堵比较困难。

（3）敏感性类型不同。孔隙性低渗储层，尤其是气层和黏土含量高的储层，水敏性伤害严重。裂缝—孔隙性储层应力敏感性较强，裂缝在高围压下闭合，闭合的裂缝有时严重到不会再打开。

（4）解堵方式不同。孔隙性储层一般采用射孔完井。裂缝—孔隙性油藏一般不采用射孔完井，因为无法用射孔方式穿透储层伤害近井地带解堵，只能用返排或酸化、酸压等其他方法解堵。

2.1.2　储层组分

了解和掌握勘探知识，将其与储层伤害的储渗空间、储层组分结合起来，有利于分析储层伤害的潜在因素。

储层岩石骨架由矿物构成，可以是矿屑或岩屑。以沉积物为依据，可以分为碎屑成因、化学成因和生物成因等。储层中的造岩矿物绝大部分化学性质比较稳定，如石英、长石和碳酸盐矿物，不易与工作流体发生物理和化学作用，不会伤害储层。但成岩过程中形成的自生矿物数量虽少，却易与工作流体发生物理和化学作用，使储层渗透性显著降低，这部分矿物称为储层敏感性矿物。

黏土矿物是组成黏土岩的矿物，有高岭石、蒙脱石、伊利石、绿泥石等。黏土矿物常充填于储层孔隙中，对储层物性影响很大。储层敏感性会使油气储层受到不同程度伤害。黏土矿物粒径很小，一般小于 37μm，但比表面大，且多数位于孔喉处，优先与外界流体接触，伤害储层。

2.1.2.1 敏感性矿物类型

敏感性矿物类型决定储层伤害类型。不同矿物与不同性质的流体反应，造成的储层伤害可以分为速敏、水敏、盐敏、碱敏和酸敏等，与储层伤害类型相对的矿物，称为敏感性矿物。

1) 速敏矿物

速敏矿物是指储层中的矿物在流体流动作用下运移矿物，堵塞喉道。

速敏矿物主要有黏土矿物及粒径小于 37μm 的非黏土矿物，如石英、长石、方解石等等。地层微粒指粒径小于 37μm 或 44μm 即能通过美国 400 目或 325 目筛的细粒物质，是砂岩的重要伤害因素。砂岩中与矿物有关的储层伤害都与其有密切的联系。地层微粒分析为矿物微粒稳定剂的筛选、解堵措施的优化提供依据。

黏土矿物可以依据 X 射线衍射仪定量分析沉积岩黏土矿物。可利用黏土矿物特征峰鉴定黏土矿物类型，再根据出现的矿物对应衍射峰的强度（峰面积或峰高度），求出黏土矿物相对含量。

石英（quartz）一般指低温石英（α-石英），是石英族中分布最广的矿物。广义的石英还包括高温石英（β-石英）、柯石英等，主要成分是 SiO_2，无色透明，常含有少量杂质成分，变为半透明或不透明的晶体，质地坚硬。

长石（feldspar）为含钙、钠和钾的铝硅酸盐类矿物，是地壳中最常见的矿物，火成岩、变质岩、沉积岩都有可能见到。长石种类很多，如钠长石、钙长石、钡长石、钡冰长石、微斜长石、正长石、透长石等；具有玻璃光泽，颜色多种多样，有无色、白色、黄色、粉红色、绿色、灰色、黑色等；有些透明，有些半透明。

方解石（calcite）是一种碳酸钙矿物，是天然碳酸钙中最常见的物质，药名黄石。方解石分布很广，晶体形状多种多样，集合体可以是一簇簇的晶体，也可以是粒状、块状、纤维状、钟乳状、土状等。敲击方解石可以得到很多方形碎块，故名方解石。

云母（mica，glimmer）是云母族矿物的统称，是钾、铝、镁、铁、锂等金属的铝硅酸盐，层状结构，单斜晶系。晶体呈假六方片状或板状，偶见柱状。层状解理非常完全，有玻璃光泽，薄片具有弹性。

菱铁矿（siderite）分布比较广泛，成分是碳酸亚铁，杂质不多时可以作为铁矿石炼铁。菱铁矿一般呈薄薄一层，与页岩、黏土或煤在一起，一般为晶体粒状或不显出晶体的致密块状、球状、凝胶状。颜色一般为灰白或黄白，风化后可变成褐色或褐黑色等。菱铁矿在氧化水解的情况下还可变成褐铁矿。

白云石（dolomite）是碳酸盐矿物，有铁白云石和锰白云石。晶体结构像方解石，常呈菱面体；遇冷稀盐酸时会慢慢起泡；有的白云石在阴极射线照射下发橘红色光。白云石是白云岩和白云质灰岩的主要矿物成分。

石膏（gypsum）泛指生石膏和硬石膏。生石膏为二水硫酸钙（$CaSO_4 \cdot 2H_2O$），又称二水石膏、水石膏或软石膏，单斜晶系，晶体为板状，通常呈致密块状或纤维状，白色或灰色、红色、褐色，玻璃或丝绢光泽。硬石膏为无水硫酸钙（$CaSO_4$），斜方晶系，晶体为板状，通常呈致密块状或粒状，白色或灰白色，玻璃光泽。两种石膏常伴生产出，一定的地质作用下可互相转化。

迪开石（dickite）也称地开石、二重高岭土，分子式为$Al(Si_4O_{10})(OH)_8$，为无色透明或白色晶体，有蜡样光泽，硬度值为1~3，是鸡血石的主要成分，质量分数一般为85%~95%。空气中加热到600℃时，高岭土的层状结构因脱水破坏，形成结晶度很差的过渡相——偏高岭土。偏高岭土分子排列不规则，呈现热力学介稳状态，遇水胶凝，伤害储层。

珍珠石（perlite）又称珍珠岩，是高岭石（kaolinite）的一种，在地层条件下易分散成颗粒。

埃洛石（halloysite）是一种硅酸盐矿物，属于单斜晶系，具有硅氧四面体与铝氧八面体1∶1型结构单元层。在50~90℃时失去大部分层间水。它有两种形式，一种类似高岭土，一种是水合物，称为多水高岭石。埃洛石通常呈致密块状或土状，在电子显微镜下可见晶体呈直或弯曲管状形态。

2) 水敏矿物

水敏矿物是在水的作用下发生水化进而膨胀、分散等，造成填塞渗流通道的黏土矿物。水敏矿物主要有蒙脱石、伊利石/蒙脱石间层矿物和绿泥石/蒙脱石间层矿物。

间层矿物是由两种或两种以上层状硅酸盐矿物的晶片沿轴向堆砌而成的多矿物集合体，大多数是由膨胀层与非膨胀层单元相间构成。间层比指膨胀性单元层在间层矿物中所占比例，通常以蒙脱石层质量含量表示。由衍射峰的特征，依据行业相关标准用 X 射线鉴定方法测定伊利石/蒙脱石间层矿物，可求出间层矿物间层比及间层类型。但是，绿泥石/蒙脱石间层矿物间层比的标准化计算方法还没有统一。常见的间层矿物是伊利石/蒙脱石间层矿物、绿泥石/蒙脱石间层矿物。云母/蛭石间层矿物、云母/蒙脱石间层矿物、绿泥石/蛭石间层矿物、高岭石/蒙脱石间层矿物则较少见。

对间层矿物的间层类型、间层比和有序度的研究有助于揭示储层中黏土矿物水化造成的膨胀、分散的特性，为控制储层伤害提供基础信息。应该注意，X 射线衍射分析不能给出敏感性矿物产状，需要与薄片、扫描电镜配合，揭示水敏感性矿物的全面特征。

3) 盐敏矿物

盐敏矿物是指储层中与水作用产生水化分散、脱落沉淀等矿物，储层渗透率下降。

储层外来流体与储层中的黏土，主要有蒙脱石、伊利石/蒙脱石间层矿物和绿泥石/蒙脱石间层矿物接触后，高盐度会造成黏土剥落。

油气井见水后，可能会有无机盐类沉积在射孔孔眼和油管中，利用 X 射线衍射分析技术就可以识别矿物的类型，为预防和解除垢沉积提供依据。

4) 碱敏矿物

碱敏矿物是指储层中与高 pH 值外来液作用产生分散、脱落或新的硅酸盐沉淀和硅凝胶体矿物，使储层渗透率下降。碱敏矿物主要有长石、微晶石英、黏土矿物和蛋白石。

5) 酸敏矿物

酸敏矿物是指储层中与酸液作用产生化学沉淀或酸蚀后释放出微粒矿物，使储层渗透率下降。酸敏矿物分为盐酸酸敏矿物和氢氟酸酸敏矿物。

盐酸酸敏矿物主要有含铁绿泥石、铁方解石、铁白云石、赤铁矿、菱铁矿和水化黑云母；氢氟酸酸敏矿物主要有方解石、石灰石、白云石、钙长石、沸石、云母和黏土矿物。

沸石（zeolite）是沸石族矿物的总称，是一种含水的碱或碱土金属铝硅酸盐矿物。

X 射线衍射分析粒径大于 $5\mu m$ 的非黏土矿物，可以知道诸如云母、碳酸盐矿物、黄铁矿、长石的相对含量，对氢氟酸、盐酸酸敏性研究和酸化设计有帮助。长石含量高的砂岩，酸液浓度和处理规模过大时，会削弱岩石结构的完整性，并且存在酸化后的二次沉淀问题。

2.1.2.2 敏感性矿物产状

敏感性矿物的产状是指它们在含油气岩石中的分布位置和存在状态，影响储层伤害。敏感性矿物有薄膜式、栉壳式、桥接式、充填式等四种产状类型，如图 2.2 所示。

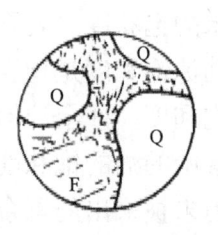

图 2.2 敏感性矿物四类产状
(a) 薄膜式　(b) 栉壳式　(c) 桥接式　(d) 充填式
Q—颗粒；F—流体

（1）薄膜式。黏土矿物平行于骨架颗粒排列，呈部分或全包覆基质颗粒状，这种产状以蒙脱石和伊利石为主。流体流经它时阻力小，一般不易产生微粒运移。但这类黏土易产生水化膨胀，减少孔喉体积，甚至引起水锁伤害。

（2）栉壳式。黏土矿物叶片垂直于颗粒表面生长，表面积大，又处于流体通道部位，这种产状以绿泥石为主。流体流经它时阻力大，因此极易受高速流体的冲击，然后破裂形成颗粒随流体运移。若被酸蚀后，会形成胶凝体和凝胶体，堵塞孔喉。

（3）桥接式。由毛发状、纤维状的伊利石搭桥于颗粒之间，流体极易将它冲碎，造成微粒运移。

（4）充填式。黏土充填在骨架颗粒之间的孔隙中，呈分散状，黏土粒间微孔隙发育。充填式以高岭石、绿泥石为主，极易在高速流体作用下造成微粒运移。

一般来说，敏感性矿物含量越高，由它造成的储层伤害程度越大；在其他条件相同的情况下，储层渗透率越低，敏感性矿物对储层造成伤害的可能性和伤害程度就越大。

2.1.3 流体性质

储层流体是指原始条件下的油、气、水。油田开发过程中井筒工作流体、注水注聚或者储层改造工作流体进入地层中，这类流体不是储层流体，而是工作流体。工作流体可以与储层流体作用，改变储层中流体的量，如果不能返出，就会伤害储层。

2.1.3.1 储层流体相关的基础知识

流体饱和度是岩石孔隙体积中流体占有孔隙体积的比例，用小数或百分数表示。原始流体饱和度是原始状态下储层流体饱和度。共存水饱和度是储层中水的饱和度。束缚水饱和度是储层中不参与流动的水的饱和度。岩石中两相流动区内，油水两相可以同时参与流动。流动油饱和度是指岩石中在一定技术和工艺水平下可以参与流动的油的饱和度。残余油饱和度是在一定开采方式下，不能被采出的残留在储层中的油的饱和度。剩余油饱和度是在一定的开采方式和开采阶段，尚未被采出的剩余在储层中的油的饱和度。

渗透率贡献值是岩样某一区间孔喉对岩样整体允许流体通过能力的贡献，一般用百分数表示。主要流动孔喉是岩样中渗透率贡献值为95%对应的孔喉到最大孔喉。难流动孔喉是岩样中渗透率贡献值低于1%时对应的孔喉。分选系数是反映岩样孔喉大小分布集中程度的系数。均质系数是岩样平均孔喉半径与最大孔喉半径之比，数值小于等于1，它表征了岩样微观均质状况。

结构系数是真实岩样的孔隙特性与平行毛细管束模型的差异程度。岩性系数是岩样实测渗透率与理论渗透率之比。莱维特J函数是一种确立毛细管压力资料相关关系的对比函数，即毛细管压力的无因次化函数。莱维特J函数与同一地层特定类型岩石的毛细管压力和岩性常有一定的相关关系，但这一关系对其他类型岩石并无普遍性。

多孔介质是以固相介质为骨架，含有大量孔隙、裂隙或洞穴的介质。若多孔介质对流体是可渗的，称为可渗多孔介质。双重孔隙介质是这类介质由两个系统组合而成，孔隙性介质构成岩块系统，裂缝性介质构成裂缝系统，两个系统按照一定规律发生彼此间的传质交换。

不可压缩流体是随压力变化体积不发生弹性变化的流体，又称刚性流体；可压缩流体是随压力改变体积发生弹性变化的流体，又称弹性流体。

渗流速度是流体流量与多孔介质横截面积之比。流体在多孔介质中流动的渗流速度不是流体质点的真实速度。流体真实速度应等于流量除以孔隙面积，所以渗流速度小于真实速度。流体的流度是流体在多孔介质中的有效渗透率与其黏度的比值。流度比是驱动相的流度与被驱动相流度的比值。

稳定渗流是流体在多孔介质中渗流时，密度和速度等物理量仅为空间的函数，不随时间变化的渗流，又称定常流动、稳态流动。不稳定渗流是流体在多孔介质中渗流时，各物理量不仅是空间的函数，还是时间的函数，又称非定常流动、非稳定流动。拟稳定渗流是油藏中各点的压力随时间的变化率为常量时的不稳定流动。非线性渗流是渗流速度与压力梯度不成线性关系的渗流状态。

单相渗流是在多孔介质中只有一种流体参与的流动。两相渗流是多孔介质中有两种互不混溶的流体同时参与的流动。多相渗流是多孔介质中同时有两种以上互不混溶流体参与的流动。多组分渗流是含有多种组分的烃质和非烃质混合的流体在多孔介质中的流动。在多组分渗流过程中，往往伴随着各相之间的物质传递或相变。交互渗流是不混溶的两相流体以相反方向在同一系统中发生的渗流。例如当一个被非润湿相饱和的系统与润湿相流体接触时，润湿相将被吸吮入孔隙中并以交互渗流方式排替出一些非润湿相流体，这是一种不稳定渗流，流体中空间各点的饱和度随时间变化。气体滑渗是气渗流时，在固体孔壁上的速度不为零的现象，在气体分子的平衡自由行程与孔隙大小的数量级大致相当时，它对气渗流有明显影响。

在渗流场中向四周发散流线的点叫作点源，例如注入井可作为点源处理。在渗流场中从四周汇集流线的点叫作点汇，例如生产井可作为点汇处理。渗流的初始条件是渗流过程开始瞬间的条件。求解储层建立的微分方程必须给出一些条件来确定待定系数和函数，如果给出的条件是对所研究区或空间物理位置而言，那么这些条件称为边界条件。

2.1.3.2 原油性质

认识原油性质十分重要，它决定了石蜡、胶质和沥青能否形成有机沉淀，堵塞孔喉；原油与入井流体若不兼容会形成高黏度乳状液，胶质、沥青质与酸液作用会形成酸渣；注水和压裂中的冷却效应会使石蜡、沥青在储层中沉积，堵塞孔喉。

原油的物理性质包括颜色、密度、黏度、凝点、溶解性、发热量、荧光性、旋光性等；化学性质包括化学组成、组分组成和杂质含量等。所有的物理性能均与储层伤害相关。

1) 原油的物理性质

原油是带有绿色荧光、黑褐色、有特殊气味的黏稠油状流体。原油密度为 $0.78 \sim 0.97 \text{g/cm}^3$，相对分子质量为 280~300。

原油黏度是指原油在流动时所引起的内部摩擦阻力。原油黏度大小取决于温度、压力、溶解气量及其化学组成。温度增高黏度降低，压力增高黏度增大，溶解气量增加黏度降低，轻质油组分增加，黏度降低。原油黏度变化较大，一般为 $1 \sim 100 \text{mPa} \cdot \text{s}$。黏度大的原油俗称稠油。稠油流动性差，开发难度大。一般来说，黏度大的原油密度也较大。在热力采油中，原油黏度与温度关系十分敏感，温度升高，黏度降低。黏温曲线可以反映各温度段黏度对温度变化的敏感程度，是热力采油中重要的基础资料。

原油在规定的条件下冷却到失去流动性时的最高温度称为凝点。凝点的高低与原油中的组分含量有关，一般为 $-50 \sim 35$℃。轻质组分含量高，凝点低；重质组分含量高，尤其是石蜡含量高，凝点就高。

2) 原油的化学性质

原油是烷烃、环烷烃、芳香烃等多种液态烃和非烃类化合物的混合物，主要成分是碳氢两种元素，分别占 83%~87% 和 11%~14%，还有少量的硫、氧、氮和微量的磷、砷、钾、钠、钙、镁、镍、铁、钒等元素。经炼制加工可以获得燃料、溶剂油、润滑油、石蜡、沥青以及液化气、芳香烃等。

含蜡量是指在常温常压条件下原油中所含石蜡和地蜡的百分比。石蜡，又称晶形蜡，溶于汽油、二硫化碳、二甲苯、乙醚、苯、氯仿、四氯化碳、石脑油等非极性溶剂，不溶于水和甲醇等极性溶剂，是碳原子数约为 18~30 的烃类混合物，主要组分为直链烷烃（含量约为 80%~95%），还有少量带支链的烷烃和带长侧链的单环环烷烃（两者合计含量 20% 以下）。石蜡是白色或淡黄色固体，由高级烷烃组成，熔点为 37~76℃。石蜡在地下以胶体状溶于石油中，压力和温度降低时，可从石油中析出。地蜡又称微晶蜡，溶于乙醇、氯仿、乙醚、石油醚、松节油、二硫化碳、矿物油等，主要成分为碳原子数大于 25 的带长侧链的环烷烃和异构烷烃及少量的直链烷烃和芳香烃。地蜡具有无定型外观和极强的亲油能力。储层原油中的石蜡开始结晶析出的温度叫析蜡温度，含蜡量越高，析蜡温度越高。

含硫量是指原油中所含硫（硫化物或单质硫）的质量分数。原油中硫含量较小，一般小于1%。但对原油性质的影响很大，对管线有腐蚀作用，对人体健康有害。

含胶量是指原油中所含胶质的质量分数。原油的含胶量一般为5%~20%。原油中含有氧、氮、硫等元素且相对分子质量为300~1000的多环化合物为胶质，呈半固态分散状溶解于原油中。胶质易溶于石油醚、润滑油、汽油、氯仿等有机溶剂中。

原油中沥青质的含量较少，一般小于1%。沥青质是相对分子质量1000以上、具有多环结构的黑色固体物质，不溶于酒精和石油醚，易溶于苯、氯仿、二硫化碳。沥青质含量增高时，原油质量变坏。

3）原油的分类

按组成，原油可分为石蜡基原油、环烷基原油和中间基原油等三类。石蜡基原油含烷烃较多，环烷基原油含环烷烃、芳香烃较多，中间基原油介于二者之间。中国已开采的原油以低硫石蜡基居多。

按含硫量，原油可分为超低硫原油、低硫原油、含硫原油和高硫原油等四类。

按密度，原油可分为轻质原油、中质原油、重质原油等三类。

按黏度和密度，原油可分为正常原油和稠油。稠油又分普通稠油、特稠油和超稠油（天然沥青）。

稠油又称重油，是指原油密度较大、黏度较高、用常规开采方法不能获得工业性油流的原油总称。1981年2月联合国训练署（UNITAR）在美国纽约召开专家会议，对稠油给予更量化的定义，在原始油藏温度下，脱气原油黏度在100~10000mPa·s，或在15.6℃和0.101MPa压力下密度为0.934~1.0g/cm^{3}的原油为稠油。

稠油作为一种流体，受力后产生流动或形变的性质可用流变特性曲线表示。通过试验可以测出剪切应力与剪切速率的关系资料，并绘制曲线。牛顿流体在剪切应力与剪切速率的直角坐标系中是一条过原点的直线，直线的斜率即流体的黏度。稠油多属宾汉型塑性流性，即只有当剪切应力超过稠油的屈服应力时，稠油才开始流动。所以宾汉型塑性流体在直角坐标系中是一条不过原点的直线。

我国根据我国稠油油藏的特点，把稠油细分为普通稠油（原始油藏温度下脱气油黏度小于10000mPa·s）、特稠油（原始油藏温度下脱气油黏度10000~50000mPa·s）和超稠油（原始油藏温度下脱气油黏度大于50000mPa·s）。

沥青砂是指用普通注蒸汽热力采油也很难获得工业油流的油藏。

1981年2月联合国训练署（UNITAR）在美国纽约召开的专家会议上讨论并通过的沥青砂的定义为：在原始油藏温度下，脱气油的黏度大于10000mPa·s，或在15.6℃、0.101MPa压力下脱气原油的密度大于1g/cm³。

2.1.3.3 天然气性质

1）气层伤害机理

气层伤害机理与伤害控制措施与油层有相同之处，也有自己的独特之处。天然气藏，特别是凝析气藏，开发生产中储层内流动的流体除油和水以外，主要是天然气。所以，这类储层除了油水流动及外来物质侵入可能引起的常规敏感性潜在伤害以外，可能还存在气体流动及气体参与的化学作用，造成了气层压力敏感、流速敏感、水侵和油侵等四种特殊伤害。

（1）气层压力敏感。气层压力敏感又称为气层应力敏感性，是在开采过程中，储层上覆地层岩石压力自身不变，但随着天然气采出，储层孔隙压力下降，相对于上覆岩石压力与储层孔隙压力正压差增加，压力相对增加破坏了储层岩石的原有压力平衡，压缩储层岩石，使孔隙度减小和渗透性降低。

储层岩石的渗透率随压差增加降低得越多，储层压力敏感性越强，引起渗透率大幅度降低的压差称为临界压差。枯竭式开采的气藏，气层压力敏感性伤害应采取相应的对策。

（2）气层流速敏感。气田开采过程中，气体流动与流体流动一样，流速过大，冲蚀储层岩石，微粒运移，填塞孔喉，渗透率降低，发生流速敏感。对于胶结疏松、出砂可能性较大的气层，要控制天然气的产量，避免流速敏感。相对解除伤害，防止储层伤害较易。

（3）气层水侵伤害。与气层岩石不兼容的水侵入气层后储层渗透率降低。侵入水矿化度较低，可能引起水锁伤害。若侵入水矿化度很高，一部分小孔道中的侵入水可能不能返排，诱发储层水锁伤害。

天然气将侵入大孔道中的水吹出时，只能排出部分盐水和水分，大部分的盐分通过水分蒸发排除，剩下的盐分结晶存在于孔喉中。盐结晶束缚部分结晶水和吸附水，气体很难带走，可能降低储层渗透率。干气层应严格预防高矿化度的地层水及工作流体进入气层，避免储层伤害。

（4）气层油侵伤害。凝析气藏开采过程中，凝析气流入井眼时，温度和压力改变，可能会有凝析油析出。凝析气从井底上升到井口过程中，随温度和压力的降低可能还会有凝析油析出，沿井壁下沉、倒流入气层，引起气层渗透率降低。此外，对于注气开采的气层，压缩机中的机油随注入气进入储层，并在气层中积累，也可能严重降低气层渗透率。油进入气层引起的气层伤害现象，称为气层油侵伤害。

2）天然气分类

天然气是指自然界中天然存在的一切气体，包括大气圈、水圈和岩石圈中自然过程形成的油田气、气田气、泥火山气、煤层气和生物生成气等。通用的天然气定义，是从能量角度的狭义定义，是指天然蕴藏于地层中的烃类和非烃类气体的混合物。石油地质学中，天然气通常指油田气和气田气，以烃类为主，含有非烃气体。

天然气由气态低分子烃和非烃气体混合组成，主要包括甲烷（85%）、乙烷（9%）、丙烷（3%）、氮（2%）和丁烷（1%）等。具体某气田产出的天然气组分更复杂。天然气主要用作燃料，也用于制造乙醛、乙炔、氨、炭黑、乙醇、甲醛、烃类燃料、氢化油、甲醇、硝酸、合成气和氯乙烯等化学物。

天然气按在地下存在的相态可分为游离态、溶解态、吸附态和固态水合物。以前只有游离态的天然气经聚集形成天然气藏才可开发利用，现在水合物已经开始开采，储层伤害控制的范围也进一步得到扩大。

天然气按赋存生成形式又可分为伴生气和非伴生气两种。伴生气是指伴随原油共生，与原油同时被采出的油田气。伴生气通常是原油的挥发性部分，以气的形式存在于含油储层之上，凡有原油的储层中都有，只是油、气量比例不同。即使在同一油田中的石油和天然气来源也不一定相同，由不同途径和经不同过程汇集于相同的岩石储层中。非伴生气包括纯气田天然气和凝析气田天然气两种，在储层中都以气态存在。凝析气田天然气从储层流出井口后，随着压力下降和温度升高，分离为气液两相，气相是凝析气田天然气，液相是凝析液，叫凝析油。世界天然气产量中，主要是气田气和油田气，煤层气日益受到重视。

依天然气蕴藏状态，可分为构造性天然气、水溶性天然气、煤矿天然气等三种。构造性天然气又可分为伴随原油产出的湿性天然气、不含流体成分的干性天然气。

天然气按成因可分为生物成因气、油型气、煤型气和无机成因气。无机成因气尤其是非烃气受到高度重视。

按天然气在地下的产状可以分为油田气、气田气、凝析气、水溶气、煤层气及固态气体水合物等。

与储层伤害有关的天然气性质主要是气体的含量和相态特征。气体腐蚀设备造成微粒堵塞储层，在腐蚀过程中形成沉淀，造成井下和井口管线堵塞。相态特征主要是针对凝析气藏而言，开采时压差过大或气藏压力衰竭时，井底压力低于露点压力，凝析液在井筒附近积聚，使气相渗透率大大降低，形成油相圈闭。

2.1.3.4 地层水性质

地层水或称油层水，是油藏边部和底部的边水和底水、层间水以及与原油同层束缚水的总称。束缚水是油藏形成时残余在孔隙中的水，与油气共存但不参与流动。地层水是与石油天然气紧密接触的地层流体，边水和底水常作为驱油的动力，束缚水尽管不流动，但在储层微观孔隙中的分布特征直接影响着储层含油饱和度。

地层水在地层中长期与岩石、原油接触，通常含有钾盐、钠盐、钙盐、镁盐等，尤其以钾盐、钠盐最多，故称为盐水。地层水中含盐是它有别于地面水的最大特点。地层水中含盐量的多少用矿化度来表示。

地层水中常见的阳离子有钠离子、钾离子、钙离子和镁离子，常见的阴离子为氯离子、硫酸根离子、碳酸氢根离子及碳酸根离子、硝酸根离子、溴离子和碘离子。

不同种类的微生物，其中最常见的是厌氧硫酸还原菌，会引起油井套管腐蚀，注水地层堵塞。该菌可能本身就在封闭油藏中，或由于钻井过程进入地层。

微量有机物质，如环烷酸、脂肪酸、氨酸、腐殖酸和其他有机化合物等，直接影响注入水洗油能力。

矿化度是水中矿物盐的总浓度，表示水中正、负离子含量之总和。原始地层条件下，高矿化度的地层水处于饱和溶液状态。由地层流至地面时，会因为温度、压力降低，盐从地层水中析出，还可在井筒中结晶。

离子毫克当量浓度等于某离子的浓度除以该离子的当量。

地层水的硬度是指地层水中钙、镁等二价阳离子含量的大小。使用化学驱如注入聚合物或表面活性剂等，因水的硬度太高，会产生沉淀影响驱替效果。在油田生产中必须清楚认识地层水的矿化度、硬度。

水型分类的目的是将水的化学成分系统化，又可使分类与成因联系起来，但至今还没有完全令人满意的方法。对油田水而言，常采用的是苏林四类分类法。

一类，硫酸钠水型。硫酸钠水型代表大陆冲刷环境条件下形成的水。一般来说，硫酸钠水型是环境封闭性差的反映。该环境不利于油气聚集和保存。地面水大多为该水型。

二类，碳酸氢钠水型。碳酸氢钠水型代表大陆环境条件下形成的水。碳酸氢钠水型在油田中分布很广，可作为含油良好的标志。

三类，氯化镁水型。氯化镁水型代表海洋环境下形成的水。一般多存在于油气田内部。

四类，氯化钙水型。氯化钙水型代表深层封闭构造环境下形成的水。环境封闭性好，有利于油气聚集和保存，是含油气良好的标志。

地层水在储层压力和温度降低或入侵流体与地层水不兼容时，会生成碳酸钙、硫酸钙和氢氧化钙等无机沉淀。高矿化度盐水可引起进入储层高分子处理剂盐析。

2.1.4 储层岩石的表面性质

储层岩石的表面性质，关系孔隙中油气水分布、孔道中毛细管力的大小和方向以及微粒的运移，也关系储层渗透率的相对变化和绝对变化。所以，了解岩石表面性质是十分必要的。

2.1.4.1 润湿相关的基础知识

1）润湿性与接触角

润湿性是指流体在固体表面流散或黏附的特性，是一种流体在其他非混相流体存在条件下，在固体表面展开或黏附的趋势。在一个岩石、油、水系统中，润湿性是岩石亲水或亲油的一种量度。润湿性大致可分为五种类型，即强亲水润湿、强亲油润湿、中性润湿、部分润湿（选择性润湿）、混合润湿。岩石为水湿时，水具有占据小孔隙和接触大部分岩石表面的趋势。油湿的情形则刚好相反。根据岩石、油和水的特定相互作用关系，系统的润湿性范围可以从强水湿到强油湿。岩石对油或水都没有较强的优先性时，称系统为中性润湿。

最初人们以为所有的储层都是强亲水的，但后来的研究表明，并非所有的储层都是亲水的，不同的储层润湿性相差很大。大多数碳酸盐岩油藏润湿性为中性到亲油，大多数砂岩油藏亲水。实际油藏岩石的润湿性具有多样性。

亲油性是储层岩石对储油相的润湿亲和能力大于对储水相的润湿亲和能力。亲水性是储层岩石对储水相的润湿亲和能力大于对储油相的润湿亲和能力。中性是储层岩石对储水相的润湿亲和能力和对储油相的润湿亲和能力大致相当。选择性润湿是固体表面为一种流体所润湿，不为另外一种流体所润湿。中间润湿是固体表面可被两种流体以同样程度润湿。既有亲油性表面区域又有亲水性表面区域的储层为混合润湿。润湿反转是指岩石表面在一定条件下亲水性和亲油性相互转化的现象。

接触角是在油—水—岩石三相周界上，从选择性润湿流体表面作切线与岩石表面所成夹角。接触角大小表征了岩石表面被流体选择性润湿的程度。接触角一般规定从极性的流体（水）那一方算起。在储层中，一般当油、水、岩石的接触角小于90°为水湿，大于90°为油湿。水在不同的温度下，表面张力的大小不同，25°水的表面张力是7.20mN/m。不同温度下的表面张力可以用 Harkins 的经验公式获得：

$$\sigma_水 = 75.796 - 0.145t - 0.00024t^2$$

式中　$\sigma_水$——水的表面张力；

　　　t——温度，℃。

接触角滞后是前进接触角比后退接触角大得多的现象。平衡接触角是在测定油—水—岩石接触角时发现，水的前进接触角经常随着油与固体表面接触时间的延长而变化，最后趋于平衡的接触角。

岩石中存在两种以上流体时，能优先润湿岩石的流体称为润湿相，不能优先润湿岩石的流体称为非润湿相。在亲水岩石中，水为润湿相。自由水面是毛细管压力等于零的水面。杨氏方程表示接触角与三相界面力之间达到平衡时的关系。阀压（门槛压力）是非润湿相开始进岩石孔隙的最小启动压力，即非润湿相在岩石孔隙中建立起连续流动所需的最小压力值。

储层表面润湿性是控制油水在孔隙中的位置、流动性能与分布的一个主要参数。岩心的润湿性几乎会影响所有的岩心分析测试项目。最精确的结果是在油藏温度和压力下，对天然状态岩心或人工恢复原来润湿与饱和状态的岩心，用天然原油和水测试而得的，这些条件保证了岩心与储层条件下润湿性相同。

2）影响因素

亲水的岩石由于吸附极性化合物和/或原来含于油中的有机物的沉积，润湿性会发生改变。润湿性的改变程度取决于原油组成、矿物表面和地层水化学性质的相互作用关系。在二氧化硅—油—水系统中，多价金属阳离子的示踪量能改变润湿性。阳离子能减少原油中表面活性剂的溶解度，促进阴离子表面活性剂在二氧化硅上的吸附。

影响岩心润湿性测试结果的因素可以分为两大类。第一类是测试前的影响因素，如从井下取心后所用的钻井流体、封装、保存和清洗等准备状况；第二类是测试过程中的影响因素，如测试流体、温度和压力等测试条件。

更高的温度和压力下，可改变润湿性的化合物的溶解度逐渐增加，所以原油—水—岩心系统在油藏条件下通常比大气条件下亲水性更强。另外，即使没有表面活性剂存在，由于温度升高，通过水测得的接触角减小，系统将变得更趋向亲油。

3) 防止润湿性改变的方法

天然岩心或者称新鲜岩心从钻井流体冲洗开始，应采取预防措施，尽量减小润湿性变化。尤其要注意尽量避免使用含有表面活性剂或与地层 pH 值相差很大的钻井流体。为获取天然状态岩心，建议使用合成地层水或者未被氧化的原油或者含最少添加剂的水基钻井流体等三种工作流体。

岩心被带到地面，应预防轻质成分散失、重质成分沉淀和氧化引起的润湿性改变。一般采用两种方法。第一种是在井场用聚乙烯或聚乙二烯薄膜包裹起来，放到铝箔里，包好的岩心再用厚层石蜡或专门设计用来预防氧化和蒸发的特殊塑料密封器密封；第二种方法是，在井场将岩心浸入装有脱氧地层水或配制地层水的玻璃或塑料管中密封，防止流体漏失以及氧气进入。

清洗岩心是使注入溶剂通过岩心来除去所有的流体和吸附的有机物。清洗岩心主要有两个原因：一是测量孔隙度、渗透率和饱和度；二是恢复岩心润湿性。清洗岩心常用的方法是用溶剂灌注法。溶剂不同、岩心不同，清洗效率不同。酸性溶剂清洗砂岩更有效，碱性溶剂清洗石灰岩更有效。最佳溶剂的选择很大程度上取决于原油和矿物表面性质。对于常规岩心分析，氯仿清洗原油非常有效，甲苯清洗沥青原油效果很好。

恢复油藏润湿性一般通过三步获得。第一步，清洗岩心。从岩心表面除去所有化合物；第二步，向岩心中依次注入油藏流体；第三步，在油藏温度下经过足够时间建立吸附平衡。油藏温度下老化足够长的时间，建立起吸附平衡达到储层原始润湿状态，老化时间为 40d 或者 1000h。

得到天然状态岩心或恢复原态岩心，就可以进行岩心分析。由于忽略了润湿性影响，清洁岩心一般可用炼制油在室温和常压下测试。从保持润湿性的角度来说，最好的测试应该是用原态或恢复原态岩心在油藏温度和压力下用原生油和地层水，模拟最佳油藏状况。改变任何条件，润湿性都可能发生变化。

润湿性的变化将影响毛细管压力、相对渗透率、水驱动态、示踪剂的分散、模拟三次采油、束缚水饱和度、残余油饱和度以及电性质。对于要准确推测油藏动态的岩心分析，岩心的润湿性必须与未受破坏的油藏岩石润湿性完全相同。由于岩心处理的许多方面都可以大大影响其润湿性，因此如何恢复、保持和控制岩心的润湿性是一个值得研究的重要问题。

在岩心由地下取至地面的过程中，压力和温度变化也影响润湿性，尚未找到解决这一问题的好办法。

大多数油藏矿物的强亲水性可以被极性化合物的吸附和原油中有机物质的沉积改变。一些原油通过在矿物表面沉积一层有机膜使岩石变为油湿；另一些原油包含可被吸附的极性化合物，使岩石的油湿性更强。一般认为原油中的表面活性剂是含氧、氮和硫等的极性化合物。这些化合物包含一个极性基和一个烃基，极性基吸附在岩石表面上，烃基暴露在外面，使表面亲油性增强。测试证明一些天然表面活性剂足以溶于水中，穿过表面薄水层吸附在岩石表面上。

简单的极性化合物如砂岩表面优先吸附碱性化合物，碳酸盐岩表面优先吸附酸性化合物，也能改变储层的润湿性。

非亲水性矿物如石英、碳酸盐岩、石灰岩等除去表面杂质后强亲水，有少数矿物如硫、石墨、煤和许多硫化物在其表面则是中性弱亲水甚至亲油的。

2.1.4.2　毛细管现象相关的基础知识

毛细管压力是毛细管中弯液面两侧非润湿相压力和润湿相压力之差，或为平衡弯液面两侧的附加压力。液—液、气—液不相混溶的两相在岩石孔隙中渗流，当相界面移动到毛细管欲通过孔喉狭窄口处时，需要克服毛细管阻力，称为贾敏效应。毛细管压力曲线是岩石的毛细管压力与流体饱和度的关系曲线。

饱和历程也称饱和顺序，流体在渗流过程中可分为驱排过程或吸吮过程。在多孔介质中饱和润湿相流体，非润湿相在外力的作用下驱替润湿相的过程称为驱排过程。在多孔介质中饱和非润湿相流体，润湿相自发或在外力作用下驱替非润湿相的过程称为吸吮过程，如亲水岩石中水驱油过程称为吸吮过程。

在毛细管压力曲线测定中，在外压作用下非润湿相驱排岩心中润湿相，所测得的毛细管压力与饱和度的关系曲线称为初始驱排毛细管压力曲线。在毛细管压力曲线测定中，用润湿相排驱非润湿相，所得到的毛细管压力与饱和度的关系曲线称为吸吮型毛细管压力曲线。次级驱排替毛细管压力曲线是次级使润湿相从非润湿剩余饱和度降至束缚饱和度的驱排过程所得到的毛细管压力曲线。

压汞毛细管压力曲线所采用实验流体是非润湿相流体汞，必须在施加压力之后才能进入岩样孔隙中，随着注入压力增大，从大到小依次占据孔隙空间。根据不同注入压力及在相应压力下进入孔隙系统中汞体积占孔隙体积的百分数所作出的毛细管压力—饱和度关系曲线称为压汞毛细管压力曲线。在压汞毛细管压力曲线测定之后，将测定压力逐级降低，压入岩心孔隙中的汞也会逐级退出的过程为退汞过程，用退汞过程的各级压力（毛细管压力）与相应退出的汞饱和度所作的毛细管压力曲线为退汞毛细管压力曲线。退汞效率是测定压力由最大值降低到最小值时，从岩样中退出汞的总体积与在同一压力范围内压入岩样的汞总体积的比值。毛细管准数是一个无量纲数组，其数值是黏滞力与毛细管力之比，又称为临界驱替比。在毛细管压力与饱和度关系的研究中，若沿二次排替曲线，在某些中间的饱和度值即中途改换压力变化方向，形成了一些新的吸吮曲线，这组曲线合称原始吸吮曲线簇。在毛细管压力与饱和度关系的研究中，若沿吸吮曲线，在某些中间的饱和度值即中途改换压力变化方向，形成了一些新的驱排曲线，这组曲线合称原始驱排曲线簇。

2.1.4.3 表面性质对储层伤害的影响

油藏岩石的润湿性影响毛细管压力、相对渗透率、水驱动态、分散性和电性质。此外，模拟三次采油结果也会发生改变，受润湿性影响的三次采油过程包括热力驱、表面活性剂驱、混相驱和碱驱。为了解岩石润湿性对储层伤害的影响，需在实验室人工控制岩石润湿性。

实验室人工控制润湿性最常用的方法有，用化学剂处理清洁、干燥的岩心，用含纯流体的烧结岩心，在流体中加入表面活性剂。

（1）用化学剂处理清洁、干燥的岩心，化学剂包括有机氯硅烷与其他岩心处理剂。使砂岩岩心均匀非水湿的重要方法是用含有有机氯硅烷化合物的溶剂处理岩心。这种处理方法也可用于产生部分润湿填砂模型和混合润湿岩心。一般砂岩岩心用有机氯硅烷溶液，碳酸盐岩用环烷酸。

（2）用含纯流体的烧结岩心。用人造岩心和纯净流体来控制润湿性。考虑岩心组分一致及无表面活性剂两个特点制造人造岩心，提供稳定、一致、可再现的润湿性，制作人造岩心最常用的物质是聚四氟乙烯。含纯流体的聚四氟乙烯烧结岩心是获得一致润湿岩心的较好方法，岩心的润湿性是稳定的和可再现的。

（3）表面活性剂。用清洁岩心和具有表面活性剂浓度的流体是第三种控制润湿性的方法。用有机氯硅烷、环烷酸或表面活性剂处理的岩心润湿性非常易变，依赖于所用化学剂、浓度、处理时间、岩石表面和水的 pH 值。不过，在研究非均匀润湿或润湿性改变时这些处理还是有优点的。

岩石表面性质控制孔隙中油气水分布。亲水性岩石，水通常吸附在颗粒表面或占据小孔隙角隅，油气则占孔隙中间部位；亲油性岩石刚好相反，造成有效渗透率下降。

岩石表面性质还决定岩石孔道毛细管力的大小和方向，毛细管力的方向总是指向非润湿相一方。岩石表面亲水时，毛细管力是水驱油的动力；岩石表面亲油时，毛细管力是水驱油的阻力。因此岩石由亲水变为亲油时，采收率降低。

岩石表面性质还影响储层微粒运移，储层中流动的流体润湿微粒时，微粒容易随之运移，否则，微粒难以运移。微粒运移可能造成储层填塞，降低储层渗透率。

2.1.5　油藏环境

储层伤害是在特定的环境下发生变化时发生的。这些特定的环境包括储层温度、压力、初始地应力和天然驱动能量等。此外，还有流场以及变化的场。

2.1.5.1　储层温度

储层温度也称地温，随着深度增加而增高。常用地温梯度和地温级度研究地层温度随深度的变化规律。地层温度不仅对油气的生成、运移和聚集等有重要作用，对油气水和岩石的物理性质的影响也不可忽视。

根据地下温度的变化，常把地壳划分为四个地温带：地温带之一，温度日变化带。温度受气温变化剧烈，温度日变化幅度可达 50~70℃，变化深度一般不超过 1m。地温带之二，温度年变化带。温度受季节性气温变化影响，深度一般不超过 20m。地温带之三，恒温带。20m 以下，不受季节性气温影响。地温带之四，地热增温带。恒温带以下，受地球内部热力影响，地层温度随埋藏深度的增加而升高。

地球的平均地温梯度为 3℃/100m，称为正常地温梯度。低于此值，称为地温梯度负异常；高于此值，称为地温梯度正异常。

地温场很不均一，主要影响因素包括大地构造性质、基底起伏、岩浆活动、岩性、盖层褶皱、断层、地下水活动及烃类聚集等。其中区域地质构造和深部地壳结构对地温场形态分布起着主要控制作用。岩石物理性质、火山活动、岩浆作用、断裂作用以及地下水活动等因素对局部地温场分布有着重要的影响。

大地构造性质影响地温场的因素甚多，其中起主导作用和具全局性影响的是地壳的性质，如地壳的稳定程度及地壳的厚度等。

基底起伏形态对地温场的控制作用主要是岩石热物理性质侧向的不均匀性所引起的，是来自地球内部的均匀热流在地壳上部实行再分配的结果。

岩浆活动影响地温场主要有两方面。一方面是岩浆侵入或喷出的地质年代。时代越新，所保留的余热就越多，对地温场的影响就越强烈，有可能形成地热高异常区；另一方面包括岩浆侵入体的规模、几何形状及围岩的产状和热物理性质等。

钻井穿过较均匀的岩层时，深度—温度曲线是一条较平滑的直线，即地温梯度为常值；钻井穿过热物理性质差异较大的岩层剖面时，井的深度—温度曲线则成折线，地温梯度有明显变化，曲线转折处往往与不同岩性段的分界面相对应。一般来说，同一井中高热阻率、导热性差的岩石具有较大的地温梯度；低热阻率、导热性良好的岩层具有较小的地温梯度。

盖层中沉积岩的褶皱构造对地温场具有明显的影响。地温和地温梯度由背斜两翼向其轴部或核部增高。地层具有非均质的热导率，顺层面热流比垂直层面更易于传播。当地层倾斜时，沿层面和垂直层面二者之合热流将偏向地层上倾方向，结果造成背斜使热流聚敛，向斜使热流分散，也即背斜构造顶部所通过的热流比向斜与背斜两翼所通过的热流多，所以位于背斜构造顶部的井将比翼部的井能记录到更大的热流密度。构造的地层倾角越陡，载热体就越容易沿层面把深部的热传导到浅部，故背斜构造顶部与两翼的温差也就更大。

断层不仅可以使地温升高，也可以使地温降低。一般的开启性断层是地下水循环的通道，可以将靠近地表温度较低的地下水引至深部，使地温降低，也可因深部地下水沿断层上升使地温增高。一般的封闭性断层或压扭性断层不会成为地下水循环的通道，往往因压扭和摩擦产生热量，形成附加热源，使地温增高。活动地下水在地壳浅部分布广泛，易于流动，且比热容较大，对地温场有重要影响。

烃类聚集上方往往存在地温高异常，一般为 0.2~4.5℃，普遍分布在油气田上方的浅部和地面。烃类聚集上方地温异常的主要原因是油气藏本身提供了由现代仪器可以测出的附加热源。油气藏的附加热源主要来自烃类需氧和乏氧化学放热反应和放射性元素集中。另外，因烃类流体的扩散和对流，流体在向上渗逸时便将油气藏中过剩热量带至浅部和地表，实际上是使油气藏上方增加了一个微小的附加热流值。

影响地层温度分布的因素很多，要根据具体的地区或油气田、起作用的因素，具体分析获得。

2.1.5.2 储层压力

储层压力简称地压，地下采矿中又称矿山压力、岩石压力，也叫地层孔隙压力，指作用在岩石孔隙内流体（油气水）上的压力。没有被孔隙内流体所承担的那部分上覆岩层压力称为基岩应力。地层压力全部由流体本身所承担。储层未被钻开之前，储层内各处的地层压力保持相对平衡状态。一旦储层被钻开并投入开采，储层压力的平衡状态遭到破坏，在储层压力与井底压力产生的压差作用下，储层内的流体就会流向井筒，甚至喷出到地面。

地层压力分类常用的指标是地层压力梯度和压力系数。地层压力梯度是单位长度内随深度变化的地层压力增量，单位为 MPa/km。地层压力系数等于从地面算起，地层深度每增加 10m 时压力的增量，是指实测地层压力与同深度静水压力之比。压力系数是衡量地层压力是否正常的一个指标。压力系数 0.8~1.2 为正常压力，大于 1.2 称高压异常，低于 0.8 为低压异常。

系统中某处的物理参数如温度、速度、浓度等，在与其垂直距离的变化处该参数的增量称为该物理参数的梯度，也即该物理参数的变化率。如果参数为速度、浓度或温度，则分别称为速度梯度、浓度梯度或温度梯度。涉及压力的变化率时，即为压力梯度。

岩层水平地应力是作用在岩层水平方向上的地应力，包括最大水平地应力和最小水平地应力两个分量。上覆岩层压力是由上覆岩层重力产生的铅垂方向的地应力分量，是该处以上地层总重力（包括岩石基质和岩石孔隙中流体）所产生的压力。基岩应力也称骨架应力、有效应力，是岩石颗粒间相互接触支撑的那一部分上覆岩层压力。

静水压力、上覆岩层压力和地层压力三者的关系如下：

（1）地层渗透性能良好，与地表水相连通，地层流体承担的压力（地层压力）即连通孔隙中的静水压力。上覆岩层压力全部由岩石基质来承担。

（2）地层渗透性能较好，但上下左右均被不渗透的隔层所隔，呈透镜体状，流体所承担的压力最终要和上覆地层压力趋于平衡。

（3）地层渗透性能较差，且岩性非均质性较强，孔隙水与地表水有连通，但其连通性不好，流体可缓慢渗透，处于一种半封闭状态。此时上覆岩层压力由孔隙流体和岩层基质共同负担，这种情况下的地层压力小于上覆岩层压力而大于静水压力。

正常压实情况下，孔隙流体压力与静水压力一致，其大小取决于流体的密度和液柱的垂直高度。偏离静水压力的流体压力称为异常地层压力，简称异常压力。孔隙流体压力低于静水压力时称为异常低压或欠压，这种现象主要发现于某些致密气层砂岩和遭受较强烈剥蚀的盆地。孔隙流体压力高于静水压力时称为异常高压或超压，其上限为地层破裂压力（相当于最小水平应力），可接近甚至达到上覆岩层压力。

地层压力与地层所在深度有关，一般表现为地层与地表连通的静液柱压力。油气田的地层压力还与构造的封闭条件有关，穿窿构造的顶部受上覆表层压力的影响，可以形成很高的地层压力。储层压力超过当量钻井流体密度为 $1.2g/cm^3$ 的静液柱压力称为高压储层，低于盐水密度为 $1.07g/cm^3$ 的静液柱压力称为低压储层。地层压力的当量钻井流体密度超过 $1.5~1.6g/cm^3$ 就称为超高压地层。

实际生产中，地层压力是变化的。原始地层压力是指油田未开采时测得的储层中部压力。目前地层压力（静压）指油田投入开发后，在指定井储层中部关井后的恢复压力值。流动压力（流压）指在油井正常生产时测得的储层中部压力。

2.1.5.3 储层初始地应力

1）岩石力学特性

岩石力学性质是岩石在受力作用时的形变特性及强度性质。岩石的形变特性是岩石在应力作用下的应变特性，一般由岩石的应力—应变曲线或应变—时间关系曲线来表示。

应力是物体单位面积上所受的力，如压应力、拉张应力、剪切应力等。应变是物体变形长度与原长度之比。全应力—应变曲线是物体轴向加载直至破坏的完整应力—应变曲线。

岩石强度是岩石抵抗外力破坏的能力，是岩石在外力作用下发生破坏时所承受的最大应力。岩石抗拉强度是岩石单纯受拉伸应力作用时的强度。岩石抗压强度是岩石单纯受压缩应力作用时的强度。岩石抗剪强度是岩石单纯受剪切应力作用时的强度。岩石抗弯强度是岩石单纯受弯曲应力作用时的强度。岩石弹性是岩石的应变随着应力的解除而恢复的特性。岩石塑性是岩石的应变随应力的解除而不能完全恢复的特性。塑性岩石是外载作用下破坏前呈现明显塑性变形的岩石。

岩石弹性模量是在弹性范围内岩石正应力与正应变的比值。岩石体积压缩模量是根据广义胡克定律，作用于岩石单元体上的压应力与单位体积变化量的比值。岩石剪切模量是在弹性范围内，岩石在剪切应力作用下，剪应力与剪切应变的比值。

岩石泊松比是岩石在施加应力方向上的应变与在垂直于此力的方向上所引起的应变的比值。岩石体积压缩系数是岩石在压力作用下，单位体积微变量与压力微增量的比值。

围压是指作用在岩石周围的均匀压应力。岩石强度破坏准则是岩石发生强度破坏所遵循的基本准则；岩石库仑—纳维尔强度准则是由库仑、纳维尔提出的岩石强度破坏准则之一，认为岩石沿剪切面破坏时，剪应力等于岩石的抗剪切强度与剪切面上作用的正应力所产生的摩擦力之和；岩石莫尔强度准则是另一岩石强度破坏准则，用一组莫尔圆包络线作为岩石破坏的条件，莫尔圆包络线内的任何应力状态都不会使岩石破坏，反之，若落在包络线以外，岩石将发生破坏；岩石格里菲斯脆性破坏准则认为脆性材料的破坏是由于材料本身存在微裂纹和缺陷，在应力作用下这些裂纹的顶端周围发生了拉伸破坏造成的。各向压缩效应是岩石的强度和塑性随着围压增大而增大的现象。

岩石杨氏模量是岩石刚度的度量，是岩石应力与应变之比，一般在岩石应力—应变曲线上取线性弹性段计算，其值为应力—应变曲线的斜率。

蠕变是岩石受应力不变的条件下，岩石的应变随时间发生变化的现象，如受力状况下的塑性泥岩、塑性盐岩、泥岩均有蠕变性。

断裂韧性是岩石内裂缝（或新产生）开始扩展延伸的特性。

2）初始应力及其影响

初始应力，即原岩应力、天然应力，在地质学中通常被称为地应力，不是定值，随时间、空间的变化而异，是岩体处于天然产状条件下所具有的内应力。包括自重应力，构造应力，岩石遇水后引起的膨胀应力，温度变化引起的温度应力，结晶作用、变质作用、沉积作用、固结作用、脱水作用所引起的应力，岩石不连续引起的自重应力波动等。其中主要是自重应力和构造应力。

初始应力主要影响地下硐室围岩的应力重分布、围岩的变形和稳定性、山岩压力的大小、岩坡和岩基的稳定性，是工程设计中必不可少的原始资料，一般应通过现场测量的方法如应力解除法来测定。工程中近似计算时，往往用自重应力代替。初始应力在空间的分布状态称原岩应力场或初始应力场。

初始应力使岩体内部的结构面力学效应消失，结构破坏机制转化，改善岩体力学性质。同时，地应力的存在使深部岩体具有储能特征，当爆炸扰动足够大时，会伴随着能量的释放。所以，对于一般的浅埋爆炸，在求解自由场应力建立方程时通常不考虑地应力的影响。爆炸埋深较大时，考虑和不考虑由岩石自重引起的初始应力会使计算结果产生一定的偏差，这种影响在浅埋爆炸时意义不是很大。对于深部岩体中应力波传播和块体运动规律的研究具有很重要的意义。

低应力下，岩石弹性波速随压力增大，增加迅速，增大的梯度在低应力下较高，在高应力下趋于常数。有效应力对波速的影响主要由孔隙空间减小和颗粒接触刚度增大引起。

初始应力增大时，相同距离处的径向应力峰值和位移峰值会降低，而且衰减较快，波形变窄。速度峰值会在初始时刻发生一定的波动，随着计算时间的增加波形基本趋于相同。

块体间的相对位移与初始应力的大小成反比，在离爆炸较近的区域，块体运动参数与地应力的大小有较小的依赖关系，随着距离的增加，地应力的影响变得明显。

2.1.5.4 储层天然驱动能量

油气田开发过程中，油井完成之后经过试油，油气能够从储层运移到井底，甚至自喷到地表，表明储层具有能量。储层能量可以是天然的，也可以是人工补充的。

在没有任何人工补充能量的情况下，储层所具有的能量称为天然储层能量。储层能量的大小表现为储层压力的高低，是油气在储层中流动的动力来源。储层压力高的油井，油气可以自喷到地表。但在自喷开采过程中，如储层得不到人工补充能量，能量逐步衰减，最终油井不能自喷，转为其他方法开采。因此，储层能量的大小决定了油气田的开采方法，同时也决定了油气田的开采特征。

储层未被打开时，油气水处于平衡状态，储层内部承受着较大的压力，具有潜在能量，即天然能量。油气藏的天然能量主要包括水柱压力、流体和岩石弹性能、溶解气弹性膨胀能、气顶压缩气膨胀能和地层油本身的重力等五种类型。

（1）水柱压力。水柱压力通常是油气流动的主要动力。如果岩层有露头，水源供给充足，而且供水区和含油区连通性好，边水或底水的水柱压头便有能力驱动油流。

(2) 流体和岩石弹性能。弹性能是指由于物体的形变释放（或储存）的能量。一个特定油藏，储层岩石承受着上覆所有岩层压力和孔隙中的液压，岩石和流体处在压缩状态。

储层被钻开，井底附近储层压力下降时，压力降落要向外传播。在压力下降的这部分储层内，原来处于压缩状态的岩石和流体的体积发生膨胀。岩石膨胀的结果是使孔隙空间变小。于是，在流体体积增大与孔隙空间变小这两者同时作用下，孔隙中容纳不下原有的流体，就把多余的一部分流体挤入油井。

弹性能量的大小与综合压缩系数、储层超压程度（储层压力高于饱和压力的大小）、压降的大小及储层体积有关。采用这种驱动方式时，储层含流体饱和度一般不变化。

(3) 溶解气弹性膨胀能。储层压力高于饱和压力时，弹性能是驱油的主要能量。但是，储层压力降落到低于饱和压力时，弹性能仍然起作用，只不过居于次要地位。此时溶解在油中的天然气会不断分离出来，分散在油中。在压力不断下降的过程中，气泡不断发生膨胀，气体膨胀释放出来的能量将油推向井底。

储层压力降低得越多，分离出来的气体量也越多，气体的弹性膨胀能也越大。此时储层中含油饱和度不断下降，含气饱和度不断增加。由于气体的压缩系数比综合压缩系数高一个数量级，所以溶解气的弹性膨胀能成为驱油的主要能量。

溶解气的弹性膨胀能大小与地层油的原始气油比、溶解系数、气体及油的组成有关，也与储层温度和压力有关。

(4) 气顶压缩气膨胀能。储层中的原油溶解气量达到饱和后，多余的天然气聚集在油藏顶部形成气顶。气顶气处于高压的压缩状态。油井生产后，储层压力降低，井底地区呈现出溶解气驱特征。压力降传递到气顶，气顶的体积足够大时，气顶就开始膨胀，推动原油流向井内。气顶较大的含油储层，气顶压缩气膨胀能量也可以是采油的重要能量来源。

(5) 地层油本身的重力。储层中的流体始终受重力的作用。采油过程中其他能量充足时，重力虽不足以作为驱油的主导因素，但也有一定影响。在其他能量趋于枯竭时，重力就成为驱动原油向井底流动的主要能量。特别是地层倾角较大、渗透性较好的油藏，重力驱油效果更加显著。

对于一个具体的油藏来说，只要条件具备，可同时具有几种驱油能量。有的起着主导、决定作用，有的起着次要作用，有的则微而不显。

2.1.5.5 油藏与流体相互作用场

1) 作用场边界

在井的附近往往存在着各种边界（例如等势边界和不渗透边界），这些边界的存在对渗流场的等势线分布、流线分布和井的产量等都会产生影响，这种影响称为边界效应。

在平面径向流时，由于井的投产造成地层压力下降（从井壁到供给边缘）。压降形状从整个地层来看像一个漏斗状的曲面，该曲面称为压降漏斗。压力叠加原理是储层中任何一点的压力变化等于各井在该点上引起的压力变化的总和。

供给边缘是油藏内（外）能量供给前缘。如在油藏开采过程中，许多口井同时生产，在每口井的周围都可以划分出一定的、大小相同或不同的供油面积，这个面积的边缘称为油井的供给边缘。

2) 渗流特性

二维渗流是所有质点运动轨迹和物理量都与空间二维坐标有关的渗流。三维渗流是所有质点运动轨迹和物理量与空间三维坐标有关的渗流。如果在一个地层单元中有两相流体参加，并且是二维流动，则流体在该地层单元的渗流称为二维两相渗流。当地下孔隙介质中流动的是含有多种组分的烃混合物（也可包含一部分非烃组分），这些组分可能以流体状态存在，也可能以气体状态存在，它们在地层空间运动时称为多维多相多组分渗流。在数模中，形成具有多种分接口的相。

达西定律是描述一定流体通过多孔介质单位截面积渗流，其速度与沿渗流方向上的压力梯度成正比的定律。该定律是由达西通过统计测试结果所定义的。达西渗流是流体在多孔介质中的流动服从达西定律，流速与压力梯度成直线关系的渗流。非达西渗流是流体在多孔介质中的流动不服从达西定律，流速与压力梯度偏离直线关系的其他渗流方式。

渗流雷诺数是用来判别渗流是否服从达西定律的准数。雷诺数为 0.20~0.30 时，渗流服从达西律；不等于 0.20~0.30 时，不服从达西定律。

在表示渗流流量与压力梯度关系的指数方程中，指数 n 称为渗流指数。测试证明，n 变化范围为 1~1/2。当 $n=1$ 时，渗流量与压力梯度成线性关系，流体渗流是线性渗流；$1/2<n<1$ 时，流量与压力梯度间的线性关系被破坏，流体渗流是非线性渗流。

径向流是流体在平面上从四周向中心井点汇集或从中心井点向四周发散的流动方式。单向流是流线为平行直线的渗流方式。球形流是流线呈直线向井点汇集，其渗流面呈半球形的渗流方式。

黏性指进是两相不混溶流体驱替过程中，由于两相黏度的差异造成前沿驱替相呈分散液束形式即像手指一样向前推进的现象。

水（气）锥是如果在油（气）水接触面很大的油（气）藏的含油（含气）部分钻井，在开采过程中，使油（气）水接触面变形成一锥状或丘状的底水（气体）推进形式。底水锥进是以水压驱动方式开采底水油藏时，油井投产后，井底附近的油水接触面呈锥形上升的过程。交互窜流是双重介质岩层中，裂缝系统和岩块系统之间的流体交换流动。

3) 渗流问题计算及相关参数

汇源反映法是用来解决直线供给边缘这种类型的边界对渗流规律影响的一种方法。油井靠近直线供给边缘时，在这种边界影响下，流体向油井渗流的规律与流体向无限大地层中单独一个点汇渗流时的规律不一样，但与无限大地层中存在等产量的一源一汇（一口注入井和一口生产井）时的渗流规律相同。因此，在均质地层中可以想象以直线供给边缘为镜面，在镜面的另一侧反映出一口油井的镜像，即一个与点汇产量相等的假想点源。这样，可以把井靠近直线供给边缘的渗流问题化成无限大地层中存在等产量的一源一汇的问题，求出油井的产量和地层中压力分布公式，这种方法叫汇源反映法。

流动势是在渗流理论中为了便于分析问题引用的一个新的参数，指单位黏度下流体压力、地层渗透率的乘积。达西渗流定律可写成，地层任一点上渗流速度值等于该点上势对距离的一阶导数的负值。由于势与渗流速度存在这样的关系，因而势也称为流动势或速度势。

导压系数是表示弹性流体在弹性多孔介质中不稳定渗流时，压力变化传递快慢的一个参数，是地层有效渗透率除以流体黏度与综合压缩系数的乘积所得的商。

分流线是流体流向两个点汇（生产井）时，在两个点汇之间存在一条渗流左右分开的流线，这条流线称为分流线。主流线是连接两口注采井中心的流线。主流线上流体质点流速比其他流线上的流速要快。舌进是在注采井网中注入流体先期突进，在二维平面流线图上类似于舌形的现象。

平衡点是两口生产井的分流线上渗流速度等于零的点。例如在均质地层中两口等产量的生产井，并且以两井联线中点为坐标原点，则由于流体流向两口等产量生产井是互相对称的，所以坐标原点渗流速度为零，是平衡点。如果两口生产井产量不相等，平衡点的位置偏向产量小的井一方。平衡点处渗流速度为零，所以在平衡点附近形成死油区。改变两口井各自产量的比例，可使平衡点位置移动，缩小死油区的面积。

地层系数是表示油井产能大小的参数，是地层有效渗透率与有效厚度的乘积。流动系数是表示流体在地层中流动难易程度的参数，是地层有效渗透率与有效厚度的乘积除以流体黏度所得的商。

地层中折算压力相等的点构成等压面，它在平面上的投影称为等压线。混相驱替是在多孔介质中发生混相现象的驱替过程，在数模时，两种流体间不存在分接口。非混相驱替是多孔介质中一种流体驱替另一种流体时，两种流体不发生混相现象的驱替过程，在数模时，存在一个明显的分接口。非活塞式驱替是实际储层中由于存在岩层微观非均质性，并且由于流体性质差异及毛细管现象的影响，当一种流体驱替另一种流体时，出现两种流体混合流动的两相渗流区的驱替方式。

2.2 储层外来伤害因素

在没有外因诱发的情况下，储层潜在伤害因素不可能伤害储层。因此储层伤害控制的关键是研究外因如何诱发内因伤害储层。

油气井作业过程中使用的工作流体（包括钻井流体、水泥浆、完井工作流体、压井工作流体、洗井工作流体、修井工作流体、射孔工作流体和压裂流体等）的性能及工艺参数包括流速、固相温度等都是外来因素。可借助仪器设备，室内评价工作流体储层伤害程度，优化工作流体配方和施工工艺参数。

2.2.1　外来流体引起的储层伤害

外来流体引起的储层伤害，主要有外来流体中的固相颗粒伤害储层、外来流体与岩石不兼容伤害储层、外来流体与地层流体不兼容伤害储层和外来流体进入储层影响油水分布伤害储层等四大类。

2.2.1.1　外来流体中的固相颗粒伤害储层

入井流体常含有两类固相颗粒。一类是为达到其性能要求加入的有用颗粒，如加重剂和桥堵剂等；另一类是岩屑和混入的杂质及固相储层伤害物质，是有害固体。

井眼中流体的液柱压力大于储层孔隙压力时，固相颗粒就会随液相一起被压入储层，缩小储层孔道半径，甚至堵死孔喉伤害储层。影响外来固相颗粒储层伤害程度和侵入深度的因素有固相颗粒粒径与孔喉直径的匹配关系，固相颗粒的浓度和施工作业参数（如压差、剪切速率和作业时间）。外来固相颗粒储层伤害有三个特点：

（1）颗粒一般在近井地带造成较严重的伤害。

（2）颗粒粒径小于孔径的十分之一，且浓度较低时，虽然颗粒侵入深度大，但是伤害程度可能较低。此种伤害程度会随时间的增加而增加。

（3）对中、高渗透率的砂岩储层来说，尤其是裂缝性储层，外来固相颗粒侵入储层深度和所造成的伤害程度相对较大。

2.2.1.2 外来流体与岩石不兼容伤害储层

1）水敏性伤害

进入储层外来流体与储层中的水敏性矿物（如蒙脱石）不兼容时，将会引起这类矿物水化膨胀、分散或脱落，储层渗透率下降。

（1）储层物性相似时，储层中水敏性矿物含量越多，水敏性伤害程度越大。

（2）储层中常见的黏土矿物水敏性伤害强弱顺序为：蒙脱石>伊利石/蒙脱石间层矿物>伊利石>高岭石、绿泥石。

（3）储层中水敏性矿物含量及存在状态均相似时，高渗储层水敏性伤害比低渗储层水敏性伤害要低些。

（4）外来流体的矿化度越低，储层水敏性伤害越强，外来流体的矿化度降低速度越大，储层水敏性伤害越强。

（5）外来流体矿化度相同的情况下，外来流体中高价阳离子的含量越多，诱发储层水敏性伤害的程度越弱。

2）碱敏性伤害

高pH值的外来流体侵入储层时，与其中的碱敏性矿物反应造成分散、脱落、新的硅酸盐沉淀和硅酸盐凝胶生成，储层渗透率下降。影响储层碱敏性伤害程度的因素有碱酸性矿物的含量、流体的pH值和流体侵入量。其中流体的pH值起着重要作用，pH值越大，造成的碱敏性伤害越大。

（1）在碱性溶液作用下，黏土矿物铝氧八面体表面的负电荷增多，晶层间斥力增加，促进水化分散。

（2）隐晶质石英和蛋白石等较易与氢氧化物反应生成不可溶性硅酸盐。硅酸盐可在适当的 pH 值范围内形成硅凝胶，堵塞孔道。

3）酸敏性伤害

储层酸化处理后，释放微粒；矿物溶解释放出的离子可能再次生成沉淀。这些微粒和沉淀可能堵塞储层孔道，轻者可削弱酸化效果，重者酸化失败。

造成酸敏性伤害的无机沉淀和凝胶体有氢氧化铁、氧化亚铁、氟化钙、氟化镁、氟硅酸盐、氟铝酸盐沉淀以及硅酸凝胶等，沉淀生成与酸的浓度有关，其中大部分在酸的浓度很低时才能形成沉淀。影响因素主要有酸液类型和组成、酸敏矿物含量、酸化后返排酸的时间等。

4）岩石由水润湿变成油润湿引起的伤害

岩石由水润湿变成油润湿后，油由原来占据孔隙中间部分变成占据小孔隙角隅或吸附颗粒表面，缩小了油流流道。

毛细管力由原来的驱油动力变成驱油阻力。水润湿储层转变为油润湿储层后，可使油相渗透率降低 15%～85%。

润湿性改变起主要作用的是表面活性剂，影响润湿反转的因素有 pH 值、聚合物处理剂、无机阳离子和温度。

2.2.1.3　外来流体与地层流体不兼容伤害储层

外来流体的化学组分与地层流体的化学组分不匹配时，可能会在储层中引起沉积、乳化，或促进细菌繁殖，储层渗透率降低。

外来流体会冷却地层，发生冷却效应，储层中的沥青、蜡等析出，形成有机垢，堵塞地层。也会发生水锁现象，注水、采油等作业也会降低储层温度，伤害储层。

1）结垢

储层结垢后的产物，主要有无机垢和有机沉淀两大类。

（1）产生无机垢。外来流体与储层流体不兼容，可形成碳酸钙、硫酸钙、硫酸钡、碳酸锶和硫酸锶等无机垢。无机垢的产生与外界流体和储层流体中盐的类型及浓度有关。一般说，两种流体中含有高价阳离子（如钙离子、镁离子和锶离子等）和高价阴离子（如硫酸根离子、碳酸根离子等），浓度达到或超过形成沉淀浓度积时，就可能无机沉淀；此外，外来流体的 pH 值较高时，可能引起碳酸盐沉淀、氧化物沉淀。

（2）有机沉淀。外来流体与储层原油不兼容，可生成有机沉淀。有机沉淀主要指石蜡、沥青质及胶质等物质，堵塞储层孔道，使储层润湿反转、储层渗透率下降。外来流体引起原油 pH 值改变，高 pH 值的流体可促使沥青絮凝、沉积，一些含沥青的原油与酸反应形成沥青质、树脂、蜡的胶状污泥。并且，气体和低表面张力的流体侵入储层，可促使有机垢形成。

2）乳化堵塞

外来流体常含有许多化学添加剂，进入储层后能改变油水界面性能，使外来油与地层水或者外来水与储层中的油相混合，形成油水乳化液。比孔喉尺寸大的乳状液滴堵塞孔喉，地下流体黏度增加，流动阻力增加，降低储层渗透率。乳化液形成的因素主要有表面活性剂的性质和浓度、地层微粒类型和数量、储层润湿性等。

3）细菌堵塞

储层原有的细菌或者随着外来流体一起侵入的细菌，在储层环境中适宜生长时，繁殖迅速。油田常见的细菌有硫酸盐还原菌、腐生菌、铁细菌，繁殖很快，常以体积较大的菌落存在，堵塞孔道；腐生菌和铁细菌能产生高黏度流体，降低油气流动能力；细菌代谢产生的硫化氢、二氧化碳、二价硫离子和氢氧根离子等，可能引起硫化亚铁、氢氧化亚铁和碳酸钙等无机沉淀。影响细菌生长的主要因素有温度、压力、矿化度、pH 值和营养物等环境条件。

2.2.1.4　外来流体进入储层影响油水分布伤害储层

外来水相渗入储层后，增加含水饱和度，降低含油饱和度，增加油流阻力，油相渗透率降低。根据产生毛细管阻力的方式，可分为水锁伤害和贾敏伤害。

水锁伤害是由于非润湿相驱替造成的毛细管阻力，使油相渗透率降低。贾敏伤害是由于非润湿相流体对润湿相流体流动产生附加阻力，使油相渗透率降低。影响因素主要有外来水侵入量和储层孔喉半径。低渗储层中水锁、贾敏伤害更加明显。

2.2.2　施工工艺引起的储层伤害

在储层生产和作业过程中，除外来流体进入储层伤害储层外，生产或作业压差、储层层温度变化、作业或生产时间等工程因素，以及储层环境条件都有可能诱发储层伤害或者加重储层伤害的程度。

2.2.2.1 压差引起的储层伤害

钻井作业的液柱压力与储层间的压差导致滤液进入地层，生产压差太大可能造成速敏、沉淀、应力敏感等。

（1）不合理压差造成微粒运移，降低储层渗透率。大多数储层含有细小矿物颗粒，粒径小于 37μm，成分是黏土、非晶质硅、石英、长石、云母和碳酸盐岩石等。微粒在流体流动作用下运移，单个或多个颗粒在孔喉处堵塞，储层渗透率下降，如图 2.3 所示。

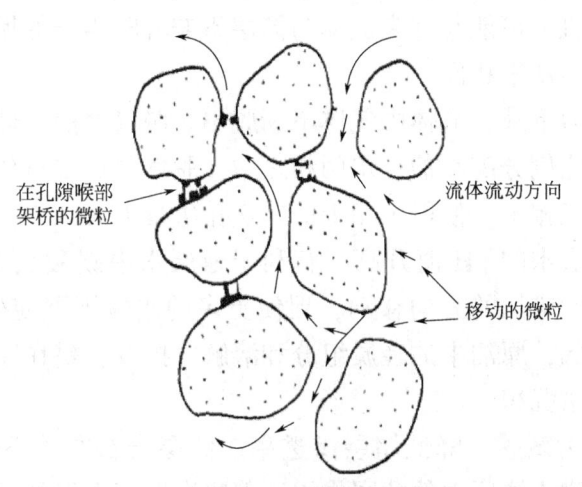

图 2.3 微粒运移堵塞示意图

从图 2.3 中可以看出，只有流速超过临界流速后，微粒才能运移，堵塞孔喉。储层中流体流速的大小，直接受生产压差的影响，即在相同的储层条件下，生产压差越大，相应的流体产出或注入速度越大。因此，虽然微粒运移是由流速过大引起，但其根源是生产压差过大。

储层微粒开始运移的流体速度叫临界流速。临界流速与诸多因素有关，如储层成岩性、胶结性和微粒粒径，孔隙几何形状和流道表面粗糙度，岩石和微粒的润湿性，流体的离子强度和 pH 值，界面张力和流体黏滞力，温度，都是储层临界流动速度的影响因素。

① 颗粒级配和颗粒浓度是影响颗粒堵塞的主要因素。颗粒尺寸接近于孔隙尺寸时，颗粒很容易形成堵塞。颗粒浓度越大，越容易形成堵塞。

② 孔壁越粗糙，孔道弯曲度越大，微粒碰撞孔壁越易发生，堵塞孔道的可能性越大。

③ 流体流速（生产压差）越高，不仅越易发生颗粒堵塞，而且形成堵塞的强度越大。

④ 流速方向不同，影响微粒运移。采油井中流体从储层往井眼中流动。井壁附近发生微粒运移后，一些微粒可通过孔道排到井眼，一些微粒仅在近井地带造成堵塞。注水井恰好相反，流体从井眼往储层中流动，井壁附近产生的微粒运移不仅在井壁附近形成堵塞，还会造成储层深部颗粒沉积堵塞。

（2）不合理压差造成无机垢和有机沉淀堵塞储层。采油过程中，必须具有一定的生产压差才能使储层流体流动，近井地带的地层压力低于储层原始地层压力，无机和有机沉淀物堵塞储层，渗透率下降。无机垢和有机垢可能与外来流体与储层不兼容时生产的垢相同，但是垢形成的机制却不相同。

储层压力下降，流体中气体不断脱出。脱气之前，储层中的二氧化碳以一定比例分配在油、水两相之中，脱气之后二氧化碳就分配在油、气、水三相中，使得水相中的二氧化碳量大大减小，二氧化碳的减少可使地层水的 pH 值升高，有利于地层水中碳酸氢根离子解离，向碳酸根浓度增加的方向移动，促使更多的碳酸钙沉淀生成。同样，储层压力降低，原油中的轻质组分和溶解气挥发，蜡在原油中的溶解度降低，石蜡沉积。

（3）应力敏感，降低储层渗透率。储层岩石在井下受到上覆岩石压力和孔隙流体压力的共同作用。上覆岩石压力仅与埋藏深度和上覆岩石的密度有关，对于某点岩石而言，上覆岩石压力可以认为是恒定的。储层压力则与油气井的开采压差和时间有关。储层压力下降，有效应力相对增加，孔隙渗流通道压缩，储层渗透率下降，尤其是裂缝—孔隙型储层更为明显。影响应力敏感的主要因素是压差、储层自身的能量和油气藏的类型。

（4）液柱压力与地层压力压差大、作业压差较大时，进入储层固相量和滤液量较大，相应的固相伤害和液相伤害的深度加深，加大储层伤害的程度。作业液柱压力过大，有可能压裂储层，工作液进入储层深部，储层伤害加剧。影响储层伤害的主要因素是作业时液柱压差和地层自身的力学性质。

（5）压差过大造成出砂和地层坍塌，降低储层渗透率。储层较疏松时，生产压差太大，可能诱发储层大量出砂，进而造成储层坍塌，伤害严重。疏松砂岩储层在没有采取固砂措施之前，要用适当的生产压差开采。

2.2.2.2　温度引起的储层伤害

一般情况下，储层温度越高，储层敏感性的伤害程度就越强。温度越高,作业流体黏度就越低,工作流体的滤液就更容易进入储层,伤害加剧。温度变化,可能引起无机垢和有机垢沉淀,使储层渗透率降低。

温度降低,放热反应生成沉淀物(如硫酸钡),无机物溶解度降低,析出无机沉淀。原油温度低于石蜡初凝点时,石蜡沉积于储层孔道,有机垢形成。

温度升高,吸热沉淀(如生成碳酸钙、硫酸钙的沉淀反应)更易发生,无机垢形成,储层渗透率降低。

2.2.2.3 作业时间加剧储层伤害程度

生产或作业时间延长,储层伤害的程度增加,如细菌伤害的程度随时间的增长而增加。工作流体与储层不兼容时,伤害的程度随时间的延长而加剧。钻井流体、压井工作流体等随作业时间延长,滤液侵入量增加,滤液伤害深度加深。

【思政内容】

不良情绪多的主要因素是自己精神压力过大,也不排除是家庭因素、激素水平异常、焦虑症、躁狂症、抑郁症等引起的,需要根据具体情况具体分析并采取积极态度解决,还可以通过智能答题发现问题所在。

思考题

1. 储层潜在伤害因素可以分为几种?
2. 外来因素伤害储层主要方式有哪些?
3. 研究储层伤害微观作用机理的方法有哪些?
4. 研究储层伤害宏观作用机制的方法有哪些?
5. 储层环境变化会诱发储层内部哪些伤害类型变化?

3 储层伤害控制方法

储层伤害控制方法是为获得较轻油气井产能伤害而采取的手段与行为方式，即诊断、预防、评价和治理的方式。

诊断是利用理论或者实验诊视和判断可能发生的储层伤害类型和程度；预防是作业过程中做好储层伤害出现偏离主观预期轨道或客观普遍规律的应对措施，防止或者减轻储层伤害；评价是储层作业后判断、分析伤害程度与设计的差距；治理是通过某种途径解除储层伤害或者缓解储层伤害程度。

3.1 储层伤害诊断方法

储层伤害控制无论在室内还是矿场都是防治结合。防治的基础是岩心分析获得的潜在储层伤害因素。岩心分析是指利用仪器设备来观测和分析岩心，岩心是地下岩石（层）的一部分，所以岩心分析是十分重要的获取地下岩石信息的手段。

储层伤害诊断是借助于仪器设备测定储层岩石与外来工作流体作用前后产量变化，或者测定储层物化环境发生变化前后产量改变，诊视和判断储层伤害的一种手段。储层伤害诊断是储层岩心分析的部分内容，目的是弄清储层潜在的伤害因素和伤害程度，为伤害机制分析提供依据，或者在施工之前较准确地评价工作流体储层伤害，优化后续的作业措施和设计储层伤害预防工程技术方案。储层伤害室内评价主要包括储层敏感性评价、工作流体储层伤害评价等两方面的内容。

3.1.1 取心及岩心处理

为了正确地评价储层伤害，不能简单地任选岩心来做测试，用于测试的岩心性质必须能代表所要评价的储层性质。正确选择测试用岩样必须经过两个环节。

（1）岩样准备。选取井场或库房中保存的岩样，岩样交接，检测岩心外观，岩样钻取或者研磨，岩样清洗油、盐及工作流体杂物，岩样烘干，测定岩样孔隙度和气体渗透率并求出岩心克氏渗透率。

（2）岩样选取。建立岩样渗透率—孔隙度关系回归曲线，在曲线上找出要用的岩心样品编号。再根据测井和试井求出的渗透率、孔隙度值，选出具有代表性的岩心备用，登记好每枚岩心的出处（油田、区块、层位、井深）、号码、长度、直径、干重及渗透率、孔隙度值。也就是说，分析的岩心样品渗透率、孔隙度要和储层的基本一致。

3.1.1.1 岩样获取

岩心样品可以来自全尺寸成形的岩心，钻井获取的岩心有两种，一种是直径为100mm的大岩心，一种是直径为65mm的小岩心；也可以来自井壁取心或钻屑。钻屑代表性较差，通常使用成形岩心，多种测试配套分析，找出岩石参数之间的内在联系。从井壁获取岩心样品可采用两种方式，一是使用井壁取心器将取心筒打入地层取心；另一种是使用岩心切割器，用金刚石镶边的刀具从井壁切割长约0.915m、边长为25.4mm的三角柱形岩心。井壁取心可以弥补钻井取心收获率不高或漏取的问题。但是，井壁岩心的体积小，不连续，受钻井流体侵入影响大，在应用上受到限制。

岩心摆放和标记应遵循8项规则：

（1）岩心底部首先出筒。第一块岩心应放在岩心盘、箱或钵的底部，以后出筒的岩心依次往顶部排列。

（2）保持岩心的排列顺序和放置方向，确保每一块岩心都在合适的位置上并且方向没有倒置。对于严重碎裂的岩心应装进厚塑料袋，并置于合适位置。

（3）合理搭配端部不规则的岩心，测量岩心收获率。

（4）不要清洗岩心。如果岩心表面有多余的钻井流体，可以用饱和清洁钻井流体的棉布来擦拭。

（5）用胶带将两支擦不掉颜色的红黑标记笔绑住，从上到下画平行线。当画线操作者从底部向上面对岩心时，红线应在右侧。为了避免混淆，应用箭头指向岩心的顶部。

（6）用擦不掉颜色的笔沿横向、从岩心顶部开始每隔 0.30m 画一条线，每条线标以恰当的深度。

（7）为了得到可靠的岩心分析结果，要求尽量缩短岩心暴露在空气里的时间，在移动、摆放、标记、保存岩心时，速度十分关键。

（8）岩心应保护好并且放置在有标号的集装箱内，以便运送到实验室。建议在井场保护好整个岩心段，包括为实验室选取的岩样。

3.1.1.2 岩样处理

岩心的主要特征用岩石类型描述，主要是指胶结程度、是否有裂缝或溶洞存在、岩石成分（如页岩）和物理性质（如低渗透率）等。岩石的地质描述更加复杂，可以按照特定的岩石类型、结构、胶结类型、颗粒大小等因素分类。在井场进行岩心处理程序时，需要考虑很多因素。

1）胶结岩石

由于胶结作用，胶结岩石比较坚硬，这类岩石在井场无须作特殊处理。岩石的胶结作用是胶结物质在固体颗粒表面沉淀的过程。根据压实和胶结程度，可以把岩石描述为胶结的、弱胶结的和疏松的。胶结岩石一般包括石灰岩、白云岩、砂岩和燧石。

2）疏松岩石

疏松岩石几乎不含胶结物，基本上是压实在一起的沉积物。弱胶结岩石含少量胶结物，不足以使岩石坚硬。疏松岩石和弱胶结岩石最好用内岩心衬筒或者一次性内岩心筒来取心。为了防止岩心破碎，取心时应十分小心，确保岩心顺利出筒并合理保存以便运输。对于含轻质油和气的疏松岩石，应采用便捷有效的方式保存岩心，避免任何无谓的岩心移动。常用的保存方法有两种：一是改变周围环境的方法，如冷冻法或冷却法；二是注环氧树脂、泡沫树脂等的力学固定法。

在地面上处理这类岩心时，容易发生流体损失。对于大多数岩心来说，被提到地面后，由于消除了上覆岩层压力，机械应力得以释放；孔隙内压消失后，会有不同程度的气体膨胀。这些影响会改变岩心，改变程度取决于深度、储层压力、油的密度、流体性质、沉积类型及取心过程等。取心操作应谨慎以防岩心筒内压力恢复，可以在内岩心衬筒或在一次性内岩心筒上预先钻孔。应限制取心段的长度，这样可以防止由于岩心自身的重量太大而损坏岩心。当岩心提到距井口

150m 时，为了防止对岩心造成损坏，应降低上提速度。如果使用冷冻方法来固结疏松岩心，不能在岩心没有全部冻结之前运输，因为部分冻结容易造成岩心结构的损坏。

不使用环氧树脂或固定装置来固定岩心时，应在一次性岩心内筒或衬筒与岩心之间的环形空间充满取心液，但是这种做法会改变流体饱和度和岩心表面的润湿特征。使用环氧树脂或者泡沫时，应把环形空间的钻井流体全部排净，填充材料应恰好将岩心表面包裹住。

3) 含稠油的疏松岩石

对含稠油疏松岩石的处理遇到的最大困难是如何防止或减少岩石中的油气膨胀。膨胀是气体从稠油中缓慢释放的结果，由于气体的低流度，气体不可能在短期内排出。岩石继续膨胀才能使分散气体变为连续的气相，至少需要岩石体积膨胀率在 6%~8% 以上。在衬管中，含稠油的疏松砂岩岩心会迅速膨胀充满空气的环形空间。一旦岩心充满衬管后，气体的进一步释放，可能会产生活塞作用，使岩心从衬管的一端伸出，导致岩心超出 5% 的长度。严禁将伸出的岩心头随意切掉，伸出的岩心应在衬管一端保持原位，可以轻轻地加一塑料端帽来保护伸出的岩心。

为了改善含稠油疏松砂岩的取心质量，需要考虑实行机械约束限制膨胀，将气体排出，增加岩心强度。可以使用内径比取心钻头稍大的衬管减少岩心径向膨胀。在岩心处理与保存的过程中，应避免衬管弯曲、岩心受热以及使岩心的伸出部分暴露时间过长。

对岩心施加轴向约束有助于减少岩心的伸出。可以通过各种方式来施加约束，包括用刚性的衬筒端帽代替胶皮端帽，用螺丝钉将端帽固定在衬筒上，并用螺丝刀拧紧；把衬筒切成与岩心盒等长的几段，然后置于强度足够的岩心盒内，这样岩心盒端面可以施加轴向约束。另外，可以用长度合适的木板将岩心楔进岩心盒内；可以利用现场工作人员总结的各种处理方法，比如用专用圆筒储存或轴向保存方法等。

岩心中气体缓慢地从稠油中释放，这一过程可能持续数月。有人建议用事先钻好孔的衬筒来缩短气体释放的流动通道，消除岩心进入衬筒的活塞效应。直径为 3.18mm 的孔眼在衬筒上的间距不超过衬筒半径。但是，取心时一般不推荐钻孔方法，因为不仅延长了岩心处理时间，还有可能破坏岩心。可以把岩心和衬筒放进圆筒内，用惰性气体（N_2）加压，减少或抑制气体释放的同时，避免氧化。

冷冻含稠油的疏松岩心是必要的，以利于降低气体释放速度、减少气体释放的体积、增加油的黏度、抑制膨胀作用。同时也冷冻了孔间水，这在某种程度上增加了岩心的机械强度，限制了膨胀和破裂。由于孔隙水是盐水，为了保证岩心的机械强度，冷冻温度应降至 -4℃（-40℉）以下。

总之，在运输和储存含稠油疏松岩心的过程中，应对岩心施加机械约束和进行低温处理。但在为岩心分析准备样品时，应缓慢升温，这样可以使释放出的气体逐渐消失。在此过程中应一直施加机械约束，直到岩心达到平衡时为止。由于油的高黏度和低相对渗透率，该过程可能会持续几周。

4）溶孔性碳酸盐岩

大溶孔可能会削弱岩石强度，增加取心难度。在多数情况下，脆性溶孔层段的岩心收获率都会降低，适合使用标准的胶结岩心的保存方法。

5）含盐岩石

除了溶解性，一般情况下可以认为含盐岩石是胶结很好的岩石。在任何情况下，含盐岩石都不能用淡水清洗。因为湿度的任何微小变化，都可能引起含盐岩石物理性质的变化，因此含盐岩石应迅速擦干，保持表面干燥状态进行保存。运输与储存含盐岩心时应牢记岩石的可溶解性。含蒸发岩、硬石膏、石膏或方解石成分的岩心不需要进行特殊处理。

6）裂缝性岩石

很多储层岩石具有天然裂缝，对于裂缝性储层，建议用一次性内筒、铝制的衬筒或玻璃纤维制的衬筒进行取心，可以使用定向岩心筒来确定裂缝的走向及地应力的方向。

7）富含黏土矿物的岩石

黏土矿物在岩石中的含量可能很少，但是其对岩石性质的影响是很大的。在岩心处理时，由于蒙脱石的存在，即使含量低至1%，岩石膨胀能力、阳离子的交换能力及渗透虹吸能力均对取心有很大影响。流体成分、化学组成及表面润湿特征的变化或者外力干扰会引起间隙黏土矿物的流动，从而导致孔隙喉道堵塞、孔隙表面润湿性改变及其他物理变化。与天然孔隙流体相接触的黏土矿物处于热平衡状态，当与其他流体接触时会改变这种平衡，从而导致黏土活性、阳离子交换能力的改变，进而改变力学特性及流动特征。如果自由水存在，围压消失时，即使自由水的性质与孔间水的性质相同，含有蒙脱石的页岩和砂岩也会产生膨胀。应把含有蒙脱石和富含黏土矿物的岩心上多余的流体或者滤饼擦掉后立即保存。

8) 页岩

除介绍含黏土矿物的岩石以外，还有一些易碎页岩岩心处理的问题。易碎页岩具有低强度的易碎面，尽管在处理这类岩心时十分小心，仍可能会在易碎面上裂开。一旦易碎页岩裂开了，有可能得不到足够大的岩样去用作岩心分析。

在处理易碎页岩岩心时，建议按照下列方式操作：避免移动岩心的次数过多；擦去多余的水；为了避免蒸发，应立即保存；用包装袋或玻璃纤维带子垂直于易碎面缠绕包裹在岩心周围，可以减少进一步的破裂；也可以用受热收缩的塑料来包裹岩心。

页岩的渗透率很低，在长期储存过程中，不同的矿层之间在所难免地发生缓慢的潮气迁移。如果不对岩心施加约束，即使不进行干燥处理，也会导致岩心滞后裂开。易碎页岩对温度的变化异常敏感，在运输和储存过程中应保持恒温。不允许把岩心冷冻，因为这样内部会产生大量的微裂缝和潮气流动。

如果有机物含量超过20%，那么含油页岩对温度和氧化作用就会十分敏感。如果需要详细的岩心分析，分析速度应加快。对于有机物含量不到20%的含油页岩，其骨架强度越大，石英含量就越高，一般情况下不需要做特殊处理。

9) 低渗透性岩石

流体蒸发是岩心存在的共性问题。对于低渗透率、低孔隙度的岩心，此问题就更为严重，因为蒸发相同体积的流体，对这类岩心的饱和度影响更大。对于这些岩心来说，保存起来减少蒸发是十分关键的。某些岩样中存在的黏土矿物，不可逆蒸发可能导致岩心损坏。

10) 煤层岩心

层岩心气体的原始含量、气体吸附特性、渗透率、相对渗透率、层理和裂缝分析、岩心组成以及力学特征等是煤层甲烷气生产分析的主要内容。现场可用解吸附筒对气体进行解吸附研究，处理煤层岩心的操作程序中应有关于这些特殊研究的说明。电缆取心筒、带有一次性内筒的岩心筒、衬筒以及保压取心筒都可以用于煤层取心。

通常用常规取心、钻井井壁取心、电缆连续取心得到的岩心或者钻屑，利用解吸附筒法来测定气体含量和气体解吸附速度。煤层岩心段密闭在一个筒里，在保持绝热的状态下测定气体的组分。利用解吸附筒来测定气体含量时需要估算当煤层岩心提到地面时以及将岩样密封在解吸附筒前所丢失的气体体积。因为释放出来的气体并非完全为甲烷，所以应分析气体的组分。

保压取心方法不需要估算损失的气体，能够更准确地确定煤层中的原始含气量。压力筒内从煤层岩心中释放出来的气体体积是时间、温度和压力的函数。如果使用保压取心方法来取煤层岩心，那么需要在筒内放置一个温度传感器，且取心不需要液体冲洗。在取心过程中，整个保压取心筒返回到井底温度下，在卸压前需平衡几天，然后再将取心设备取出。在降温和卸压阶段，应缓慢降温和卸压，以便产生较低的温度梯度和压力梯度。快速卸压会导致煤层岩心内部产生裂缝，快速冷却则可能会产生张力裂缝，这些都会影响岩心的渗透率及力学性质。另外，也可将保压取心取得的煤层岩心切成 0.30m 长的小段，放在解吸附筒中，以便测定含气量和气体的解吸附速度。

由于煤层岩心的非均质特性以及存在于小孔隙中的甲烷受压，现场处理煤层岩心应谨慎。粗心操作、衬筒弯曲或对岩心筒的猛烈碰撞都有可能使岩心破碎，而无法进行岩心分析。内部的气体压力增加了岩心破碎的概率，气体的消失也需要时间。如果打算用与煤接触的取心液进行流动测定和力学测试，那么取心液中不能包含能够使煤的结构发生改变的物质。

暴露在空气中的新鲜煤会很快氧化，改变煤的表面性质与吸附特性，应尽量缩短其与空气接触的时间。需要特别注意的是，要首先从筒里取出岩心段，再用惰性气体或甲烷来冲洗筒。

应使用黄色、白色的标记笔或者蜡笔在岩心表面上标明岩心长度。任何保存方法都应尽量缩短与空气接触的时间，避免潮湿。不建议把煤层岩心冷冻保存。

11）硅藻土

硅藻土一般具有高孔隙度、低渗透率的特性，由乳白色的石英及类型不同的碎屑材料组成，一般采用一次性内筒或者衬筒来取心。硅藻土可以在合适的环境条件下包裹保存。建议尽量恒温保存，不要对其冷冻。在井场以及运输过程中，应保持的温度为 1.0~5.0℃。

3.1.1.3 岩心分析方法

岩石结构与矿物分析、孔隙结构的测定要在了解储层岩性、物性、含油气性、电性的基础上，有重点地选样分析。最好在同一段岩心上取足配套分析的柱塞或者岩样。铸体薄片、扫描电镜、压汞及孔隙度、渗透率需要在同一柱塞上获取，有利于建立孔隙分布与孔喉分布参数间的关系，以及孔隙结构与岩性、物性、黏土矿物之间的联系。取样的位置和样品间关系，如图 3.1 所示。

3 储层伤害控制方法

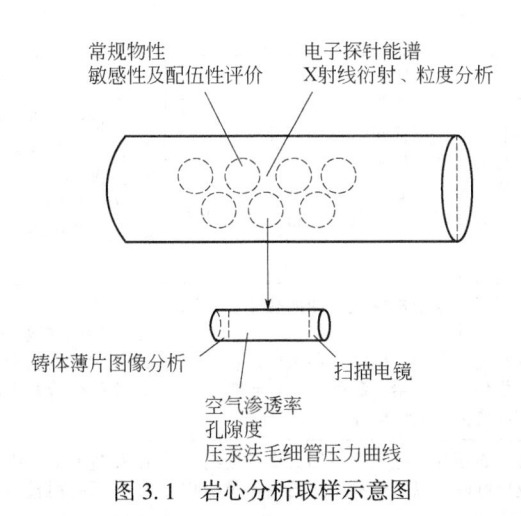

图 3.1 岩心分析取样示意图

从图 3.1 中可以看出，一段岩心可以取足测试所用的样品，满足常规物性测试、敏感性评价以及与工作流体的配伍性评价、电子探针能谱、X 射线衍射、铸体薄片、扫描电镜等观察、分析需要。

（1）铸体薄片的样品应能包括储层剖面上所有岩石性质的极端情况，如粒度、颜色、胶结程度、结核、裂缝、针孔、含油级别等，样品间距 1~5 枚/m。如果各向异性强，要加密取样点。

（2）X 射线衍射和扫描电镜分析样品数量，大约为铸体薄片的 1/3~1/2，储层要加密取样，水层及夹层控制性地分析样品。X 射线衍射分析可以用碎样，但应清除储层伤害部分，否则会影响测试结果。

（3）压汞需要的岩样，一个油组或厚储层的每个渗透率级别至少有 3~5 条毛细管压力曲线，然后可根据物性分布求取该油组的平均毛细管压力曲线。

（4）电子探针分析可用柱塞端部。利用以上方法获得的样品，分析项目全部完成后，分析测试结果和现象，指出潜在的伤害类型及原因，预测不同渗透率级别的储层类型可能的储层敏感程度，正确解释敏感性测试结果。测试选择的主要岩心分析技术优缺点，见表 3.1。

表 3.1 主要岩心分析技术应用

项目内容	优点	缺点
X 射线衍射测试	1. 分析迅速、简便； 2. 分析内容全面； 3. 鉴定黏土矿物类型、间层作用、多型和结晶度； 4. 分析黏土混合物的定量或半定量	1. 微量组分不易鉴定出，全岩分析时应加以注意； 2. 只能提供少量组分分布信息，不能给出产状； 3. 同像替代无序物质产状、部分类型黏土反映不灵敏

续表

项目内容	优点	缺点
扫描电镜分析	1. 消耗样品少，制样简单，不破坏原样； 2. 观察视野大，立体感强； 3. 观测孔隙类型、形态、大小、连通关系； 4. 测试黏土矿物形态、产状及分布不均匀性等信息	1. 不能给出准确的化学成分； 2. 黏土矿物相对含量只能给出大概的比例； 3. 不易识别多型、间层作用； 4. 仅根据形态有时会错误判断矿物类型
铸体薄片分析	1. 特别适用于孔隙结构研究，如面孔率、孔隙形态大小、连通性； 2. 可以观察岩石类型、结构、显微构造； 3. 通过矿物染色，能给出碳酸盐矿物含铁量； 4. 研究矿物成因、晶出顺序	1. 不能测试微孔隙； 2. 很少提供黏土矿物微结构； 3. 不能分析黏土矿物多型、间层
电子探针测试	1. 直接在岩石薄片上分析，不用分离和提纯； 2. 分析灵敏度高，以氧化物形式给出定位矿物的化学成分； 3. 微区范围 1μm，与电镜联合可以给出不同产状、形态矿物的化学成分	1. 微量元素分析精度低； 2. 分析费用较高，限制了大量样品分析； 3. 一般仅用于关键、疑难矿物的鉴定、分析
压汞测试	1. 可以用柱塞测试，也可以用不规则岩样； 2. 与薄片比较，能提供较大体积岩样的孔喉分布状况； 3. 结合铸体薄片孔隙图像分析，能求出一组描述孔隙结构的特征参数	1. 不能直接给出矿物学方面的信息； 2. 根据微孔隙量可以推测大致的黏土含量，成岩作用信息很少
红外光谱分析	1. 制样简单，分析快速； 2. 分析全岩； 3. 非晶质矿物、黏土矿物的成分、结构反映灵敏； 4. 分析膨胀性矿物可获得内部构造中的吸附分、交换性离子、自由水分子、配位水分子以及氧化硅表面的相互作用信息； 5. 定量、半定量分析黏土混合物	1. 不能鉴定微量组分，最低检测极限同 X 射线衍射一样，即 5%~10%； 2. 不能给出各组分的产状及分布； 3. 不能用于鉴定间层黏土矿物、区分类型的有序度

从表 3.1 中可以看出，每一种测试方法都有自身的测试范围，需要联合起来测试储层伤害的潜在因素。每一种测试又都有优点缺点，因此测试时要注意把优点结合起来，避免测试结果偏差。

岩心分析是储层伤害控制系统中不可缺少的重要组成部分，也是储层伤害控制系统工程的起始点。岩心分析包括微观岩心分析与宏观岩心分析两种分析方法。

3.1.2 储层伤害诊断微观方法

储层伤害诊断微观方法是通过分析一种或者几种影响因素，获取储层伤害可能发生的原因。微观岩心分析主要包括采用扫描电镜测试矿物组分特征，薄片分析测试储渗空间特征，X 射线衍射测试矿物组分，润湿性测量测试储层岩石的表面性质。

3.1.2.1 扫描电镜分析

扫描电镜（Scanning Electron Microscope，SEM）能提供孔隙内充填物的矿物类型、产状的直观资料，是研究孔隙结构的重要手段。

扫描电镜通常由电子系统、扫描系统、信息检测系统、真空系统和电源系统五大部分构成。利用类似电视摄影显像的方式，用细聚焦电子束在样品表面上逐点扫描，激发产生能够反映样品表面特征的信息来调制成像。有些扫描电镜配有 X 射线能谱分析仪，分析微区元素。

扫描电镜分析制样简单、分析快速。分析前要对岩石样本进行彻底的抽提和清洗，加工出新鲜面作为观察面，用导电胶固定样品于桩上，自然晾干，最后在真空镀膜机上镀金或碳，样品直径一般不超过 1cm。

近年来，临界点干燥法可以详细地观察原状黏土矿物的显微结构，背散射电子图像能够在同一视域中直接识别不同化学成分的矿物。扫描电镜在储层伤害控制领域的作用有观察储层中地层微粒、黏土矿物、储层孔喉以及检测含铁矿物、监测储层伤害等。

（1）观察储层中地层微粒。扫描电镜能分析孔隙系统中微粒的类型、大小、含量、共生关系。越靠近孔喉中央的微粒，外来流体和储层流体作用越容易失稳。测定微粒的大小分布及在孔喉中的位置，能有效地估计临界流速和速敏程度，针对性地采取措施预防或解除因分散、运移造成的储层伤害。

（2）观测黏土矿物。主要黏土矿物及其在扫描电镜下的特征，比对图谱可以直接识别，借此可确定黏土矿物的类型、产状和含量。如孔喉桥接状、分散质点状黏土矿物易与流体作用，通过形态可以大致估计间层矿物间层比范围。

（3）观测储层孔喉。扫描电镜立体感强，更适于观察孔喉形态、大小及与孔隙的连通关系。孔喉表面的粗糙度、弯曲度、孔喉尺寸揭示微粒捕集、拦截的位置及难易程度，有利于研究微粒运移和外来固相侵入。如样品的溶蚀孔发育状况、微裂缝、孔隙中微量绿泥石包壳、样品微孔隙绿泥石填充、长石溶孔发育、孔隙间以粒间缝连通，以及样品孔隙被绿泥石和高岭石填充、压实程度高低等都可以观测。

（4）检测含铁矿物。扫描电镜配有 X 射线能谱仪时，能半定量元素分析矿物，常用于检测铁元素，如碳酸盐矿物、不同产状绿泥石的含铁量。使用盐酸酸化时，少量铁离子就可以形成二次沉淀物，伤害储层。

(5) 监测储层伤害。利用背散射电子图像，岩心不镀金或镀碳时，直观测定敏感性或工作流体伤害测试前后的变化。观察无机和有机垢的晶体形态、排布关系，还可以为抑垢、除垢，筛选处理剂和优化工艺措施提供依据。

3.1.2.2 薄片分析

应用光学显微镜观察铸体薄片获得的信息比较可靠。制作铸体薄片的样品最好是成形岩心，薄片厚度为 0.03mm，面积不小于 15×15mm^2。建议少用或不用钻屑薄片，因为岩石总是趋于沿弱连接处破裂，胶结致密的岩块则能保持较大的尺寸。若选用钻屑薄片观察，会对孔隙发育及胶结状况得出错误的判断。荧光薄片能提供油气存在的有效储集和渗流空间的性质，如孔隙形状、大小、连通性及裂缝隙发育程度，为更好地了解储层伤害创造了条件。

（1）岩石的结构与构造。薄片粒度分析给出的粒度分布参数可供设计防砂方案时参考。当然，防砂应以筛析法和激光粒度分析获得的数据为主。研究颗粒间接触关系、胶结类型及胶结物的结构可以估计岩石的强度，预测出砂趋势；也可以观察砂岩中泥质纹层、生物搅动对原生层理的破坏；用土酸酸化时，黏土溶解会使岩石结构稳定性降低，诱发出砂。

（2）骨架颗粒成分及成岩作用。沉积作用、压实作用、胶结作用和溶解作用强烈地影响着储层储集性及敏感性。了解成岩变化及自生矿物的晶出顺序对测井解释、敏感性预测、钻完井工作流体设计、增产措施选择、注水水质控制十分有利。

（3）孔隙特征。薄片分析可获得孔隙成因、大小、形态、分布资料，用于计算面孔率及微孔隙率。研究地层微粒及敏感性矿物在孔隙和喉道中的位置及与孔喉的尺寸匹配关系，可以判断储层伤害原因，综合分析潜在的储层伤害，提出防治措施。例如，低渗—致密储层使用高分子有机阳离子聚合物黏土稳定剂时，可有效地稳定黏土。但由于孔喉细小，处理剂分子尺寸较大，伤害储层。

（4）不同产状黏土矿物含量的估计。X 射线衍射和红外光谱均不能给出黏土矿物的产状及成因，薄片分析则可说明同一类型黏土矿物的几种产状及成因的相对比例。因为只有位于孔隙流动系统中的黏土矿物才对外来工作流体性质最敏感。此外，薄片分析还用于黏土总量的校正，如泥质岩屑的存在可能引起黏土总量的升高。沉降法分离出的黏土受粒径限制，不能反映较大粒径变化范围（5~20μm）时黏土的真实组成。

3.1.2.3　X射线衍射分析

X射线衍射可以迅速准确地测定全岩矿物组分和黏土矿物。X射线衍射仪主要由光源、测角仪、X射线检测和记录仪构成。

黏土矿物的含量较低，砂岩中一般为3%~15%。X射线衍射全岩分析不能准确地反映黏土的组成与相对含量，需要把黏土矿物与其他组分分离，分别加以分析。

首先将岩样抽提干净，然后碎样，用蒸馏水浸泡，最好湿式研磨，并用超声波振荡，加速黏土从颗粒上脱落，提取粒径小于2μm（泥、页岩）或小于5μm（砂岩）的部分，沉降分离、烘干、计算其在岩样中的质量分数（%）。

黏土矿物的X射线衍射分析使用定向片，包括自然干燥的定向片（N片）、经乙二醇饱和的定向片（再加热至550℃），或盐酸处理之后的自然干燥定向片。粒径大于2mm或5mm的部分则研磨至粒径小于40μm的粉末，用压片法制片，上机分析。

此外，薄片的X射线衍射直接分析，对于鉴定疑难矿物十分方便，可与薄片中矿物的光性特征对照，综合分析。X射线衍射分析还用于注入和产出流体中的固相分析，明确矿物成分和相对含量，有助于研究解堵措施。

3.1.2.4　润湿性测量

润湿性测量的方法很多，按测量目的不同可分为两大类，即定性方法和定量方法。定性测量方法主要包括渗吸率、显微镜检测、浮选法、玻璃滑动法、相对渗透率曲线法、渗透率与饱和度关系曲线法、毛细管压力曲线法、毛细测量法、排驱毛细管压力法、油藏测井曲线法、核磁共振法以及染色吸附法等。这些方法的基本原理都是自吸法。

自吸法全名是自吸吮法，是指在毛管压力作用下，使润湿流体自发吸入岩石孔隙中，排驱孔隙中非润湿性流体。含束缚水的岩样饱和模拟油后，放入充满水的吸水仪中，测量出水自发吸入所排出的油量。再在残余油状态下，将岩样饱和地层水，放入充满油的吸油仪中，测量出油自发吸入所排出的水量。比较占孔隙体积或饱和液量的百分含量，定性判断出岩样润湿性。若水自发地替代油称亲水；油自发地替代水称亲油；若两者替代均不大或相同时，则称中性。根据大量岩样的润湿性测定结果，即可定性判断出油层岩石的润湿性。测量时使用的岩心必须保持岩石原有的润湿性。

定量方法主要有接触角法、渗吸排驱法（Amott-Harvey 法）和美国矿务局（US Bureau of Mines，USBM）方法。

（1）润湿性的定性测量方法。自吸法是应用最广泛的定性测量方法，因为测量快速，不需要任何复杂装置，能给出岩心平均润湿性的定性判断。

常用相对渗透率曲线法进行润湿性测量；显微镜检测方法常用于流动检测。测量部分润湿（选择性润湿）有核磁共振法和染色吸附法两种方法。但这两种方法的应用都不广泛，还无法判定岩心的混合润湿性。考查如玻璃滑动润湿测试、天然状态岩心的多孔隙体积水驱、不同含水饱和度下恢复原态岩心的水驱、自吸和毛细管压力测量等，判断混合润湿性。

（2）接触角法用于测量特定表面的润湿性，油水系统中测量的是光滑矿物表面油和水的润湿性。石油工业中一般用悬滴法测量接触角，第一步彻底清洗仪器，微量杂质也能改变润湿性，用纯净流体和人造岩心测量接触角法最好。此法也用来检验测试条件影响润湿性程度，如压力、温度和水的化学性质对润湿性的影响。纯水的接触角是65°，润湿角测量有滞后现象。测量的接触角有前进角和后退角两种，前进角是向前推液滴边缘测得的，后退角是向后拉测得的，二者之差就是接触角滞后。引起滞后的原因有表面粗糙度、表面非均质性和大分子水垢的表面固定性等。接触角用于油藏岩石润湿性测试仅仅反映岩石局部润湿性，不考虑岩石表面的非均质性。接触角测量无法反映岩石存在永久有机覆盖物的信息。

测量天然状态岩心或恢复原态岩心时，渗吸排驱法、美国矿务局法好于接触角法，确定岩心是否清洗彻底必须用渗吸排驱法或者美国矿务局法判断。美国矿务局法有时要优于渗吸排驱法。因为渗吸排驱法对中性润湿不敏感。改进的美国矿务局法可以计算美国矿务局法和渗吸排驱法两种方法的指数。

渗吸排驱法把渗吸和驱替结合起来测量岩石的平均润湿性。测量之前，所用的岩心先在水中利用离心作用进行驱油，直至达到残余油饱和度，再用渗吸排驱法测试。

① 将岩心浸入油中，20h 后测量被油自发吸入所排出水的体积。

② 将在油中吸入后的岩心离心，达到束缚水饱和度，测量排出的水的总量。

③ 将岩心浸入水中，20h 后测量被水的自吸排出的油的体积。

④ 将在水中吸入后的岩心离心，达到残余油饱和度，测量排出的油的总量。

测量时注意，岩心可以通过流动达到残余油饱和度或者束缚水饱和度，对于不能用离心机的非固态物质，只能用流动达到此状态。

美国矿务局法也是测岩心的平均润湿性。与渗吸排驱法方法相比，主要优点是对中性润湿敏感。缺点是美国矿务局法的润湿指数只能测量柱塞尺度的岩心。因为岩心必须放在离心机中获得残余油饱和度或者束缚水饱和度。美国矿务局法比较的是一种流体驱替另一种流体所需的功，用润湿流体驱替非润湿流体所需的功肯定少于同等条件下非润湿流体驱替润湿流体。由于所需功与毛细管压力曲线下的面积成正比，所以美国矿务局法通过计算离心毛细管压力曲线来求润湿性的大小。

美国矿务局法经过改进，既可求出渗吸排驱法指数，也可以求美国矿务局法指数，通过五步实现。即①初始油驱；②水自吸；③水驱；④油自吸；⑤油驱。

考虑饱和度变化改进美国矿务局法，渗吸排驱法可以指出系统的非润湿性，美国矿务局法则不能判断出部分润湿或选择润湿。

3.1.2.5 气体吸附量测定

气体吸附量是测量储层表面对特定气体的吸附能力大小的物理量，气体吸附量测定常用静态体积法、动态体积法、流动色谱法和重量法。

（1）静态体积法。将已知量的气体通到自动恒定吸附温度的样品管内。气体在样品表面发生吸附，固定空间内的气体压力不断降低，直到吸附剂与吸附气体达到平衡。平衡压力下吸附质的量就是供气量与残留在气相中的吸附气体量之差。

（2）动态吸附法。动态吸附法与静态体积法密切相关，差别在于气体不是一次通入，而是以低速连续的方式供给样品。测定压力随时间的变化情况，监控流速。通过比较通入吸附气体时的压力升高速度和使用非吸附气体（如氦气）独立校准时的压力升高速度来确定吸附量。由于气体连续供给，动态体积法所需时间比静态体积法要短，但应确保流动速度足够低，使吸附剂与吸附气体始终接近平衡。

（3）流动色谱法。将已知浓度的吸附气体和非吸附载气（如氦气）的混合物连续流过样品管。低温下样品吸附，吸附气体的浓度降低，气体检测器（通常为一个热导池）记录的随时间变化的信号上会产生一个吸附峰。移开杜瓦瓶，记录脱附峰。较尖锐的脱附峰更适于计算吸附等温线。峰的尖锐程度与样品恢复到环境温度的速度有关。

(4)重量法。吸附气体量由样品质量的增加来计算。吸附气体的压力通常以与静态体积法一样的方式逐渐增加或降低。该方法无须校准仪器的体积。需要一台灵敏的天平，并修正浮力。

3.1.3 储层伤害宏观诊断方法

储层伤害宏观诊断方法是储层伤害的综合伤害程度的测量方法。经典储层伤害理论认为主要造成渗透率变化，所以储层伤害评价方法是根据达西定律制订的。在测试设定的条件下注入与储层伤害有关的流体，或改变渗流条件（如流速、静围压等），测定岩样的渗透率及其变化，以评价储层渗透率伤害程度。

将地层水稀释至含盐浓度减半的盐水，称为次地层水。标准地层水的溶解盐配方为氯化钠、氯化钙和六水氯化镁的质量比为 7.0：0.6：0.4，此时的矿化度为 10000mg/L。盐水通常为（模拟）地层水或（模拟）注入水，也可采用标准盐水，根据地层情况，按质量比配制所需矿化度的盐水。

测试使用的岩心柱塞直径 2.54cm，长度不小于直径的 2 倍。应尽量选用接近夹持器允许长度上限的岩样。敏感性评价样品，必须取自敏感性评价岩样相邻部位，同时尺寸尽量保持一致。岩样端面与柱面均应平整，且端面应垂直于柱面，不应有缺角等结构缺陷。应注意尽量减少岩样与空气接触时间，预防表面性质、吸附特性改变。

清洗样中残余盐晶体影响渗透率测定，主要成分为水和盐，建议使用甲醇、氯仿/甲醇（混合比例为 65%：35%）试剂。岩样烘干温度应介于 60~110℃，建议烘干温度为 80℃，特别是未知组分岩样，温度应该试验调节。

相对湿度控制在 40%~45%。烘干 8h，每 2h 称量一次，两次称量的差值小于 10mg 时，记下岩样的实测质量。

不同储层清洗的方法不同。表 3.2 中列出了清洗烃类的溶剂。这些溶剂常用于常规岩心分析的岩心清洗。其中某些溶剂有特殊用途，例如氯仿对北美原油的清洗十分有效，甲苯对高含沥青原油清洗的效率很高。在没有搞清楚原油性质之前，应用各种溶剂试验岩样清洗，检测哪种溶剂的清洗效率最高。溶剂选择及应用方法，见表 3.2。

表 3.2 溶剂选择及应用方法

溶剂	沸点（℃）	溶解性能
甲酮	56.5	油、水、盐

续表

溶剂	沸点（℃）	溶解性能
氯仿/甲醇混合物* 苯/醇混合物*	53.5	油、水、盐
环己烷	81.4	油
氯化乙烯	83.5	油、少量水
己烷	49.7~68.7	油
甲醇	64.7	水、盐
二氯甲烷	40.1	油、少量水
石脑油	160.0	油
四氯乙烯	121.0	油
氧杂环戊烷	65.0	油、水、盐
甲苯	110.6	油
三氯乙烯	87.0	油、少量水
二甲苯	138.0~144.4	油

* 混合物比例为 65%：35%。

由于残余盐晶体对孔隙度、渗透率的测定有较大影响，因此对于地层水矿化度较高的岩样，需要进行除盐处理。可以用甲醇或者其他可溶解盐的溶剂来除掉盐。用于清洗岩样的各种溶剂可以用物理和化学方法回收。

（1）在使用溶剂之前，要建立安全和健康的操作方法，遵循有关规定。

（2）所选择的溶剂不应损害、改变或者破坏岩样的结构。

（3）在使用的过程中，氯仿会水解，并形成盐酸。

（4）在岩心清洗过程中，并不是所有的溶剂与设备都是配伍的，在选择设备和溶剂时，应考虑溶剂与设备的反应问题。

（5）在使用可燃溶剂时，要使用密闭的电加热器。安全注意事项：例如实验室要适当通风，灭火器放置在方便的位置以及安全喷水器应放在明显的地方。

（6）清洗岩样应在通风橱中进行，而且应装有排风设备。

（7）应考虑温度对岩样的清洗效果。

清洗的方法比较多，如直接加压溶剂冲洗、用离心机冲洗、气驱溶剂抽提法、蒸馏抽提法、液化气抽提法等，建议试验选择合适的方法。

（1）直接加压溶剂冲洗。通过在室温下加压将一种或几种溶剂注入岩样来清洗岩样中的烃和盐，施加的压力大小取决于岩样的渗透率，大小为 0.7~7.0MPa。岩样装在承受上覆压力作用的套筒内或者装在可以使溶剂从岩样介质中流过的岩心夹持器中。把岩样洗干净所需的溶剂量取决于岩样中烃类以及所用的溶剂。当岩样中流出清洁的溶剂，就可以认为岩样已经清洗干净。有时需要注入多种溶剂来清洗稠油，或者沥青含量高的原油。

（2）用离心机冲洗。可以利用带有特殊转头设计的离心机向岩样喷射清洁热溶剂（从蒸馏容器），离心力使溶剂流过岩样，驱替并洗去油、水。转速从每分钟几百转到每分钟几千转，取决于岩心的渗透率及胶结程度。大多数溶剂都可以作为清洗剂。

（3）气驱溶剂抽提法。对岩心内部进行重复溶解气驱，直到完全除掉岩心中的烃为止。留在岩心中的溶剂和水用烘箱干燥的方法除掉。

当含油岩心被取到地面后，由于压降，油中的溶解气从油中释放出来，将部分油和水从岩心中驱替出来，在大气压力作用下将导致气体填充到部分孔隙中。在一定的压力下，使含有溶解气的溶剂包围岩心，岩心中的孔隙将被溶剂完全充满。在这种情况下，溶剂与岩心中的油混合，如果再次降压至大气压力，将除掉部分残余油。

二氧化碳由于燃点低和不易爆炸，以及在大多数溶剂中具有高溶解度，因此是最好的驱替气体。气驱溶剂抽提法可用的溶剂有石脑油、甲苯及某些溶剂的混合物。对于某些原油，如果用水浴、蒸汽浴或者电加热器把岩心室加热，可能会缩短清洗时间。该方法在常规岩心清洗方面已经得到了成功应用，例如在岩心内部压力为 1.4MPa、外部压力为 7.0MPa 的情况下，用二氧化碳和甲苯溶剂循环大约 30min 可以将岩心内部的烃类完全除掉。

（4）蒸馏抽提法。可以用索氏抽提器及合适的溶剂来溶解和抽提油和盐水。抽提应通过管汇来进行，每个抽提器充满油水，由于虹吸作用，每个抽提器中的油水进入一个共同的蒸馏器中，来自蒸馏器的新鲜溶剂继续蒸发、冷凝，然后再汇集到各个抽提器中去。

根据抽提器虹吸出来的溶剂的颜色，可以判定岩心是否清洗干净。抽提应连续进行直到抽提物完全清洁为止。对于一种给定的溶剂，判断油已经完全除去的标准是在荧光下抽提液没有荧光显示。应注意到，把岩心中的油彻底洗净，可能需要一种以上的溶剂，事实上一种溶剂与岩心接触后，溶剂已经干净并不能表明岩心中的油已经彻底洗净了。

（5）液化气抽提法。液化气抽提法利用一个加压的索氏抽提器和凝缩的低沸点极性溶剂。液化气抽提过程就是用加压溶剂来清洗岩心的蒸馏抽提过程，通过低温蒸馏使溶剂重复循环使用。由于抽提在室温或低于室温的情况下进行，因此该法适用于热敏感岩心，如含石膏岩心。

清洗岩心的过程中，把岩心中原来含有的流体都清除掉，有利于下一步的测定。为了得到最优测试结果，不同的清洗方法可能需要不同的测试条件；其中某些方法可能更适用于清洗特殊的岩石类型或有特殊清洗要求的岩心。清洗完后烘干，烘干方法见表3.3。

表3.3 岩样烘干方法

岩石类型	方法	温度（℃）
砂岩（黏土含量低）	常规烘箱 真空烘箱	116 90
砂岩（黏土含量高）	可控干湿度烘箱，相对湿度40%	63
碳酸盐岩	常规烘箱 真空烘箱	116 90
含石膏岩石	可控干湿度烘箱，相对湿度40%	60
页岩或者其他高含黏土岩石	可控干湿度烘箱，相对湿度40% 或常规真空烘箱	60

每块岩样应烘干至恒重为止，烘干时间不同，一般超过4h。在对常规分析的样品进行干燥时，应注意下列8个问题。

（1）在制备样品的过程中，含有黏土的样品不能脱水。因此，在干燥这些样品时应小心操作。在某些情况下，为了保证不脱水，烘干温度应比表3.3中列出的温度低。

（2）在制备含石膏样品时，注意不能脱水也不能改变晶体的结构。

（3）在使用蒸馏抽提方法时，要避免清洁用的溶剂腐蚀样品。

（4）在使用萃取方法时，不能人为地损坏岩心。

（5）常用的样品清洁标准是清洁萃取标准，但是很多溶剂并不能清洗掉所有的原油，清洁萃取标准所反映的是油在溶剂中的溶解性，而不是彻底地洗净。

（6）含沥青的岩样可能需要使用一种以上的溶剂循环清洗。

（7）把多种溶剂混合使用，会达到更有效的岩心清洗效果。

（8）在把充满溶剂的样品放到密闭的烘箱进行干燥之前，先放到通风橱中。

实验室内样品的保存方法取决于两次分析间隔时间的长短以及分析的类型。保存的方法应确保岩心的整体结构不变，尽量避免不必要的干燥、蒸发以及氧化。

储层伤害程度测试所用的装置如图3.2所示。

从图3.2中可以看出，储层伤害程度测试使用的设备是统一的，

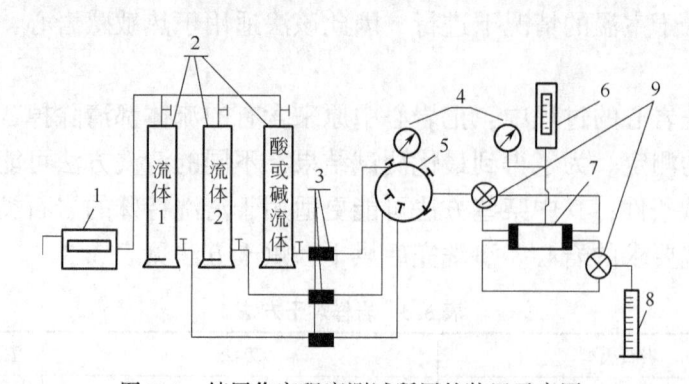

图 3.2 储层伤害程度测试所用的装置示意图

1—高压驱替泵或高压气瓶；2—高压容器；3—过滤器；4—压力计；5—多通阀座；6—环压泵；
7—岩心夹持器；8—计量管或流体流量计；9—三通球阀

而且整个测试系统是开放的。这就要求测试者要关注所用的流体种类。测试所用的工作流体通常指注入水、地层水、标准盐水、酸液、碱液、压井工作流体、压裂流体的滤液、钻井流体的滤液或油田要求的其他流体。除注入水外，所有测试用水均应在测试前放置一天以上，然后用 G5 玻璃砂芯滤斗或 0.45μm 以下微孔滤膜过滤除去微粒物质。岩心样品饱和用气为纯度 99.9% 氮气或者实际指定气体。气测渗透率、酸敏等测试中通入氮气测渗透率。

测量流量及其对应的渗透率，如果流量对应的渗透率满足式(3.1)，说明已发生敏感。

$$\frac{K_{i-1}-K_i}{K_{i-1}} \times 100\% \geqslant 5\% \tag{3.1}$$

式中　K_{i-1}——发生敏感后的前一个计量点对应的渗透率，mD；

K_i——任意测量点对应的渗透率，mD。

敏感程度是按照三七开设定的，即小于 30% 为弱敏感，30%~70% 为中等敏感，大于 70% 为强敏感。渗透率伤害程度的计算见式(3.2)。

$$K_d = \frac{K_{max}-K_{min}}{K_{max}} \times 100\% \tag{3.2}$$

式中　K_d——渗透率伤害程度，%；

K_{max}——渗透率变化曲线中各渗透率点中的最大值，mD；

K_{min}——渗透率变化曲线中各渗透率点中的最小值，mD。

速敏、水敏、盐敏、碱敏、酸敏和应用敏感的伤害程度都可以依据或借鉴式(3.1) 和式(3.2) 计算获取[6]。其值介于 0~1 之间，值越小就说明储层岩石的敏感性越弱。

3.1.3.1 速敏评价方法

储层速敏性是指在钻井、测试、试油、采油、增产作业、注水等作业或生产过程中，流体在储层中流动诱发储层中微粒运移并堵塞喉道造成储层渗透率下降。对于特定的储层，储层中微粒运移造成的伤害主要与储层中流体的流动速度有关。

速敏测试目的是找出由于流速作用微粒运移发生伤害的临界流速，找出由速度敏感引起的储层伤害程度，为确定合理的注采速度提供科学依据。水敏、盐敏等伤害测试为确定合理的测试流速提供依据。一般来说，由速敏测试求出临界流速后，可将其他测试的测试流速定为0.8倍临界流速，因此速敏测试必须要先于其他测试。

测试以不同的注入速度向岩心中注入测试流体，测定各个注入速度下岩心的渗透率。水速敏用地层水，油速敏用油（煤油或实际地层原油），从注入速度与渗透率的变化关系上，判断储层岩心对流速的敏感性，并找出渗透率明显下降的临界流速。测试中要注意的是，对于采油井，要用煤油作为测试流体，并要求将煤油先经过干燥，再用白土除去其中的极性物质，然后用G5砂芯漏斗（孔径1.5~2.5μm）过滤出体积较大的棒状细菌和酵母。对于注水井，应使用经过过滤处理的地层水（或模拟地层水）作为测试流体。

砂芯漏斗的砂芯过滤板由烧结玻璃材料制成，可以过滤酸和用酸处理，也称为耐酸漏斗。根据孔径大小，砂芯滤板可分为G1到G6规格。G1孔径为20~30μm，过滤出粗沉淀物和胶体沉淀物；G2孔径为10~15μm，过滤去除粗沉淀，气体洗涤；G3孔径为4.5~9.0μm，滤出细小沉淀，滤出汞；G4孔径为3.0~4.0μm，滤出细泥沙或极细泥沙；G5孔径为1.5~2.5μm，过滤出体积较大的棒状细菌和酵母；G6孔径小于1.5μm，过滤掉0.6~1.5μm的细菌。

总之，速敏测试用于确定其他敏感性测试的测试流速，确定油井不发生速敏伤害的临界流量，确定注水外不发生速敏伤害的临界注入速率，如果临界注入速率太小，不能满足配注要求，应考虑增注措施。

3.1.3.2 水敏诊断方法

储层黏土矿物在原始地层条件下处在一定矿化度的环境中。淡水进入地层时，某些黏土矿物就会发生膨胀、分散、运移，减小或堵塞地层孔隙和喉道，造成渗透率的降低。储层这种遇淡水后渗透率降低的现象，称为水敏。水敏测试的目的是了解黏土矿物遇淡水后的膨胀、分散、运移过程，找出发生水敏的条件及水敏引起的储层伤害程度，为各类工作流体的设计提供依据。

首先用地层水测定岩心的渗透率，然后用次地层水测定岩心的渗透率，最后用淡水测定岩心的渗透率，用式(3.2)来确定淡水引起岩心中黏土矿物的水化膨胀及造成的伤害程度，用三七开标准描述。

如无水敏，进入地层工作流体的矿化度只要小于地层水矿化度即可，不作严格要求。如果有水敏，则必须控制工作流体的矿化度大于临界矿化度。如果水敏性较强，在工作流体中要考虑使用黏土稳定剂。

3.1.3.3 盐敏诊断方法

储层工作流体具有不同的矿化度，有的低于地层水矿化度，有的高于地层水矿化度。高于地层水矿化度的工作流体滤液进入储层后，可能引起黏土的收缩、失稳、脱落；低于地层水矿化度的工作流体滤液进入储层后，可能引起黏土的膨胀和分散，储层孔隙空间和喉道的缩小及堵塞，渗透率下降。因此，盐敏测试的目的是找出盐敏发生的条件，以及由盐敏引起的储层伤害程度，为各类工作流体的设计提供依据。

进入地层工作流体必须控制其矿化度在两个临界矿化度之间，即低临界矿化度<工作流体矿化度<高临界矿化度。如果是注水开发的油田，当注入水的矿化度比低临界矿化度低时，为避免发生水敏伤害，一定要在注入水中加入合适的黏土稳定剂，或对注水井进行周期性的黏土稳定剂处理。

向岩心柱塞中注入不同矿化度的盐水，测定不同矿化度下盐水的渗透率。用渗透率随矿化度变化评价盐敏伤害程度，确定盐敏伤害矿化度。一般要做升高矿化度和降低矿化度两种盐敏测试。

（1）升高矿化度盐敏测试。第一级盐水为地层水，将盐水按50%的浓度差逐级升高矿化度，确定高临界矿化度或达到工作流体的最高矿化度为止。

（2）降低矿化度盐敏测试，第一级盐水仍为地层水，将盐水按50%的浓度差逐级降低矿化度，直至盐水的矿化度接近零为止，确定低临界矿化度。

敏感性用5%的下降幅度为评价指标，用三七开标准描述程度。一般来说，如果实际地层水矿化度较高，施工中工作流体的矿化度一般不会超过地层水的矿化度，矿化度盐敏测试，可以不做升高矿化度测试。

3.1.3.4 碱敏诊断方法

地层水一般呈中性或弱碱性，大多数工作流体的 pH 值为 8~12，二次采油中的碱水驱工作流体 pH 值也较高。高 pH 值流体进入储层，储层中黏土矿物解理和胶结物溶解后释放微粒，黏土矿物和硅质胶结的结构破坏，储层渗流通道堵塞。此外，氢氧根与某些二价阳离子生成不溶物，储层渗流通道堵塞。碱敏测试指注入不同 pH 值的地层水并测定其渗透率，根据渗透率的变化评价碱敏伤害程度，确定引发碱敏的临界 pH 值，以及由碱敏引起的储层伤害程度，为工作流体设计提供依据。

（1）不同 pH 值盐水的制备。一般要从地层水的 pH 值开始，逐级升高 pH 值，最后一级盐水的 pH 值可定为 12。

（2）岩心柱塞抽真空饱和第一级盐水，浸泡 20~24h，低于临界流速下，用第一级盐水测出岩心柱塞渗透率。

（3）注入第二级盐水，浸泡 20~24h，低于临界流速下，用第二级盐水测出岩心柱塞渗透率。

（4）改变注入盐水的级别，测试柱塞渗透率。

以柱塞渗透率降低 5% 为标准，确定临界的 pH 值，用三七开标准描述。

进入储层的工作流体都必须控制 pH 值在临界 pH 值以下。强碱敏储层，由于无法控制水泥浆的 pH 值在临界 pH 值之下，为了预防储层伤害，建议采用暂堵技术控制进入地层。碱敏储层，三次采油作业中避免使用强碱性的驱油流体。

3.1.3.5 酸敏诊断方法

酸化是油田广泛采用的解堵和增产措施。酸液进入储层后，一方面可改善储层渗透率，另一方面又与储层中的矿物及地层流体反应，生成沉淀物堵塞储层渗流通道。储层酸敏是指储层与酸作用后引起渗透率降低的现象。因此，酸敏测试是研究酸液的酸敏程度，优化酸液与储层配伍性，为储层基质酸化和酸化解堵设计提供依据。

酸敏测试包括一定浓度的盐酸、氢氟酸、土酸等鲜酸的敏感测试和可用鲜酸与另一枚岩心反应后制备残酸的敏感测试。

用地层水饱和后，用煤油测试正向渗透率，反向注入 0.5~1.0 倍孔隙体积的酸液，关闭阀门反应 1~3h，再用地层水正向测出恢复渗透率。用 5% 的储层渗透率下降评价储层酸敏结果，用三七开标准描述程度。为基质酸化设计提供数据支持，协助确定合理的解堵方法和增产措施。

3.1.3.6 应力敏感诊断方法

应力敏感考察在施加有效应力时，岩样的物性参数随应力变化而改变的性质，反映岩石孔隙几何学及裂缝壁面形态对应力变化的响应。模拟围压条件测定孔隙度可以将常规孔隙度值转换成原地条件下的孔隙度，有助于储量评价。求出岩心在原地条件下的渗透率，建立岩心柱塞渗透率与测试渗透率的关系，协助认识地层电阻率。为确定合理的生产压差提供数据支持。

测试选择有效应力测试点从 2~3MPa 围压开始，分别以 1MPa 为间距测试氮气下的渗透率。建立围压与渗透率关系，变化剧烈意味着有效应力的影响大，即岩心的应力敏感性变强，也可以用渗透率下降比例评价储层伤害结果。应力敏感程度可以用三七开评价。值得注意的是，有些破碎性地层的储层伤害是改善的，这与地层的储渗空间、组分相关。

目前，这六种敏感性，作为储层潜在伤害因素，已经写出行业标准。不同时期的标准尽管有所差别，但核心的临界值寻找没有变化。因此，制作储层敏感性评价实验视频（视频 3.1），供学习参考和指导实验。

视频 3.1　储层敏感性评价实验

3.1.3.7 温度敏感诊断方法

外来流体进入储层，降低近井筒附近的地层温度，有机结垢、无机结垢及地层中的某些矿物都可能变化。温度敏感是指外来流体进入地层引起温度下降，地层渗透率发生变化的现象。研究温度敏感引起的储层伤害程度，可以为施工后的产量恢复提供数据支持。

测试流体有两类，一类是用地层水测试，另一类是用地层原油测试。选择测试温度点一般从地层温度开始，用不同温度的地层水或者煤油测试某温度下的渗透率，寻找低于临界流速条件下岩心柱塞的渗透率。按 5% 渗透率下降为敏感伤害点，寻找临界伤害程度结果，可以用三七开描述。

3.1.3.8 解吸敏感诊断方法

作业完成过程中,解吸储层可能发生与压力相关的变化,导致储层解吸压力变化。解吸敏感是指吸附储层在工作流体和施工作业后,煤岩柱塞解吸速率随时间变化的规律。对比吸附气储层伤害前后的解吸量,优选工作流体和施工参数。

测试一般先用直径为 50mm 的岩心柱塞。柱塞断面平整,无掉块、凹陷等缺陷,测试降低解吸压力获得伤害前后的解吸量。对比不同工作流体和施工工艺逐步降压的解吸量,获得解吸敏感程度。

3.1.3.9 扩散敏感诊断方法

作业完成过程中,解吸储层解吸出的游离气,扩散能力发生变化。扩散敏感是指吸附储层在工作流体和施工作业后,煤岩柱塞扩散速率随时间变化的规律。对比吸附储层中游离气伤害前后的扩散量,即敏感程度,优选工作流体和施工参数。

测试一般先用直径为 50mm 的储层柱塞。柱塞断面平整,无掉块、凹陷等缺陷,测试降低解吸压力获得伤害前后的扩散量。再测试相同的压力下,此解吸量从浓度为 0 开始直到扩散平衡时扩散的量。对比不同工作流体和施工工艺的扩散量,获得扩散敏感程度。

3.1.3.10 工作流体伤害储层诊断方法

作业过程中由外因诱发造成的储层伤害机制多种多样。室内尽量模拟地层实际工况条件下,工作流体对储层综合伤害,为优选伤害最小的工作流体和最优施工工艺参数提供数据支持。

测试一般分为静态储层伤害和动态储层伤害两种评价方式。动态伤害评价与静态伤害评价相比能更真实地模拟井下实际工况条件下工作流体储层伤害过程,两者的最大差别在于工作流体伤害岩心时状态不同。静态评价时,工作流体为静止的,动态评价时,工作流体处于循环或搅动的运动状态。

工作流体包括钻井流体、水泥浆、完井液、压井液、洗井液、修井液、射孔工作流体和压裂液等,储层伤害一般利用其滤液来评价。不管是静态还是动态都用伤害前后的渗透率的变化来计算储层伤害结果,具体计算见式 (3.3)[7]。

$$R_s = \left(1 - \frac{K_{op}}{K_o}\right) \times 100\% \quad (3.3)$$

式中 R_s——伤害程度,%;

K_{op}——伤害后岩心的油相有效渗透率，mD；

K_o——伤害前岩心的油相有效渗透率，mD。

伤害程度 R_s 用伤害前后油相渗透率的比值来表示储层伤害值，储层伤害值越大，伤害越严重。结合微观测试结果，可以研究工作流体储层伤害机制，为改进工作流体配方提供支持。

目前，井筒工作液伤害储层程度实验，已经写出行业标准。不同时期标准评价的内容有所差别，但都是对比伤害前后的渗透率。因此，制作入井工作液储层伤害评价实验视频（视频 3.2），供学习参考和指导实验。

视频 3.2　入井工作液储层伤害评价实验

3.2　储层伤害预防方法

储层伤害预防方法是指作业过程中减少储层伤害程度采取的措施。从钻井到提高采收率都需要预防储层伤害。预防方法除了工作流体与储层兼容的化学方法外，还可以采用机械方法，如不压井作业、漏失控制阀等。常用物理化学结合的方法进行储层伤害预防，因此有必要了解化学处理剂的一些基础知识。

3.2.1　化学处理剂相关基础知识

3.2.1.1　驱油剂与聚合物

驱油剂是从注入井注入地层，将油驱至采油井的物质。化学驱是以多种化学剂组成的流体作驱油剂的驱油法。聚合物驱是以聚合物水溶液作驱油剂的驱油法。稠化剂是能明显提高流体黏度的化学剂。流度控制剂可增加流体的黏度或减小孔隙介质渗透率来控制流度。

聚合物是由重复单元组成的高分子化合物。合成聚合物由单体聚合反应得到。均聚物是由一种单体聚合形成的高聚物。共聚物通常为两种或两种以上不同单体经共聚反应得到的高聚物。部分水解聚丙烯酰胺是分子中含丙烯酰胺和丙烯酸盐链节的聚合物，可由聚丙烯酰胺部分水解或相应单体共聚得到。

天然聚合物是来自自然界的聚合物。聚糖（多糖）是能水解生成单糖的聚合物。葡聚糖是能水解生成葡萄糖的聚糖。葡甘露聚糖是能水解生成葡萄糖和甘露糖的聚糖。生物聚合物是生物代谢过程中产生的聚合物。

黄胞胶也称黄原胶，是在黄单胞杆菌属细菌作用下，由碳水化合物溶液发酵得到的生物聚合物。硬葡聚糖是在小核菌属真菌作用下，由葡萄糖溶液发酵得到的生物聚合物。生物葡聚糖是明串珠菌属作用下，由葡萄糖溶液发酵得到的生物聚合物。

水溶性聚合物是分子可在水中分散的聚合物。油溶性聚合物是分子可在油中分散的聚合物。聚合电解质是能电离的导电高聚物，有天然的，也有合成的。阴离子型聚合物是能在水中产生聚阴离子的聚合物。阳离子聚合物是能在水中产生聚阳离子的聚合物。非离子型聚合物是不能在水中解离的聚合物。交联是线型聚合物分子间形成化学键，产生体型聚合物的过程。交联剂是能将聚合物的线型结构交联成体型结构的化学剂。

3.2.1.2 化学处理剂相关性质表征

Mark-Houwink 方程是表征特性黏度和相对分子质量关系的经验公式。相对黏度是指聚合物溶液黏度与溶剂黏度之比。增比黏度是指聚合物溶液的黏度与溶剂黏度之差，同溶剂的黏度之比。比浓黏度是指聚合物溶液的增比黏度与聚合物溶液的质量浓度之比。固有黏度是指相对黏度的对数值与聚合物溶液的质量浓度之比。用一系列聚合物溶液的质量浓度为自变量，对比浓黏度或固有黏度作图，将直线外推至纵轴，纵轴上截距的绝对值，即为特性黏度。

黏均相对分子质量是经过测量聚合物溶液（聚合物相对分子质量未分级）黏度，并将 Mark-Houwink 方程计算出的参数。其大小一般介于数均相对分子质量与重均相对分子质量之间。聚合物由同一化学组成，聚合度不等（链长不同，相对分子质量不同）的同系混合物组成，聚合物的相对分子质量表现为多分散性。如将其各级分开，测定其重量或体积并对相对分子质量作图，就会得到聚合物相对分子质量分布情况。

构象是指分子中的取代原子绕碳—碳单键旋转时所形成的任何可能的三维或立体图形。离子强度是电介质溶液中阴、阳离子浓度与其对应电荷数平方的乘积的总和数的一半。盐敏效应仅指部分水解聚丙烯酰胺溶液的黏度发生显著变化，即柔顺的部分水解聚丙烯酰胺分子在良性溶剂或低浓度盐水中，由于它链节上的电荷相互排斥使分子舒张，故黏性显著变大，反之在高浓度盐水中由于静电引力使分子蜷缩，故黏性显著减小。

阻力因子是聚合物驱过程中水的流度与聚合物溶液的流度之比。残余阻力因子又称渗透率下降因子，指储层注聚合物前水的流度与注聚合物后水的流度之比。不可进入的孔隙是指储层中部分孔隙小于聚合物分子的等效直径，致使聚合物溶液不能进入的孔隙。

胶体分散胶是指体系中所用聚合物浓度（多在 200~400mg/L）低到不能与交联剂形成连续的三维冻胶，而是形成多数由分子内交联，极少数由分子间交联的悬浮或胶体溶液。高压差时自身可流动，低压差时却能阻挡水的流动。

降解是在物理因素、化学因素或生物因素作用下使聚合物相对分子质量降低的过程。聚合物降解是聚合物受外界因素，作用发生分子链断裂，使原有功能改变或丧失的现象。热降解是由温度升高引起的聚合物降解。化学降解是由化学作用引起的聚合物降解。剪切降解是由剪切作用引起的聚合物降解。生物降解是由生物作用引起的聚合物降解。

稳定性是物质在某些因素作用下保持其原有性质的能力。热稳定性是物质在热作用下保持其原有性质的能力。剪切稳定性是物质在剪切作用下保持其原有性质的能力。化学稳定性是物质在化学因素作用下保持其原有性质的能力。生物稳定性是物质在微生物作用下保持其原有性质的能力。黏度半衰期是聚合物溶液黏度在一定温度条件下保持初始黏度一半时经历的时间。黏度指数衰减模型是在稳定性研究中，描述聚合物溶液在高温下，黏度与时间的相互关系。

碱驱是以碱的水溶液作驱油剂的驱油法。碱耗是碱驱过程中碱与地层矿物和地层流体反应及吸附所引起的损耗。

3.2.1.3 表面活性剂

表面活性剂是分子由亲水的极性部分和亲油的非极性部分组成，少量存在就能大大降低表面张力的物质。表面活性剂驱是以表面活性剂作驱油剂的驱油法。阴离子型表面活性剂是解离后由阴离子部分起活性作用的表面活性剂。羧酸型表面活性剂是通式为 RCOOM 的阴离子型表面活性剂，R 为烃基，M 为金属离子。磺酸盐型表面活性剂是通式为 RSO_3M 的阴离子型表面活性剂。石油磺酸盐是用磺化剂将石油或石油馏分磺化，再用碱中和后制成的磺酸盐型表面活性剂。

阳离子型表面活性剂是解离后由阳离子部分起活性作用的表面活性剂。非离子型表面活性剂是活性作用部分不能解离的表面活性剂。两性表面活性剂是活性作用部分带两种电学性质的表面活性剂。高分子表面活性剂是指具有表面活性剂性能的高分子化合物。生物表面活性剂是生物代谢过程中产生的表面活性剂。亲水亲油平衡值是表示表面活性剂的亲水能力与亲油能力关系的数值，其值越小，表面活性剂越亲油。

胶束是其大小在胶体范围内的带电分子团或分子聚集体。临界胶束浓度是表面活性剂在溶液中开始明显生成胶束的浓度。胶体是分散物质颗粒大小在 $10^{-9} \sim 10^{-6}$ m 内的分散系。克拉夫特点是离子型表面活性剂在水中溶解度急剧上升时的温度。浊点指温度升高时，某些非离子表面活性剂水溶液存在的一个由透明到混浊的温度。

3.2.2 机械方法

预防储层伤害的机械方法，主要是机械工具控制工作流体进入储层，防止工作流体与储层作用降低相对渗透率和绝对渗透率。常见的机械方法有井下漏失控制阀阻隔工作流体进入储层和不使用工作流体的不压井作业两类。

3.2.2.1 井下漏失控制阀

控制工作流体进入漏失储层的井下漏失控制阀主要由打捞头、单流阀、液压滑套开关和密封插头等组成，用于减少、防止入井工作流体漏入地层，以控制储层伤害。

井下漏失控制阀通过密封插头密封油气通道，油气通过密封插头内腔上行至上部单流阀。单流阀上行进入上部井筒，提供油气向上流动通道，正常采油。单流阀下行，液压滑套开关处于关闭状态，阻止入井工作流体漏入地层。

储层需要酸化、驱油等解堵措施时，利用工作流体向下挤压 6~9MPa，顶开井下漏失控制阀滑套开关，解堵流体下行进入储层。

井下漏失控制阀不受井斜限制。油井如果防砂施工，直接利用防砂丢手封隔器，井下漏失控制阀密封插头与防砂丢手封隔器鱼腔配套，从井筒内自由下落或助推至防砂丢手封的鱼顶位置，密封插头插入丢手封鱼腔，起到密封的作用，阻止入井工作流体漏入地层。

3.2.2.2 不使用工作流体的不压井作业

油水井修井作业传统模式需要实施压井和放喷作业，修井耗时长，作业成本较高，压井作业经常伤害储层。不压井作业装置应用到修井作业中，不压井、不放喷，利用具有自密封作业的防喷器起下油水管。不压井作业与传统修井作业相比，无工作流体伤害储层，不需要后续处理工作流体等优势。

不压井设备按作业形式，可以分为辅助式和独立式；按液压缸行程可分为短冲程（1.829~4.267m）式和长冲程（10.973~12.192m）式；按搬运方式可分为自走式和撬装式。

3.2.3 化学方法

化学控制储层伤害是控制储层伤害的主要手段。从钻井、完井到储层改造乃至提高采收率，优选优化储层工作流体的兼容性等方面实现储层控制。

石油勘探开发过程中，工作流体是直接与储层相接触的流体，其类型和性能好坏直接关系到储层伤害程度。工作流体添加处理剂可以满足工艺需求，同时需要保证储层伤害控制，油气需求增长促进工作流体迅速发展，总体看可以分成水基工作流体、油基工作流体和气基工作流体等几大类。

3.2.3.1 水基工作流体

由于水基工作流体具有成本低、配制处理维护较简单、处理剂来源广、可供选择的类型多、性能容易控制等优点，并具有较好的储层伤害控制效果，因此是世界上储层中常用的工作流体。

1) 无固相清洁盐水流体

无固相清洁盐水流体不含膨润土和人为加入的固相，密度靠加入不同数量和不同种类的可溶性盐调节，一般为 $1.0~2.3 \text{g/cm}^3$。控制其滤失量和黏度靠加入储层无伤害或低伤害的聚合物；防腐应加入储层无伤害或伤害程度低的缓蚀剂。

现场常用的盐主要有食盐。近年来，甲酸钾、甲酸钠、甲酸铯为主要材料所配制的工作流体兴起，密度可以达到 2.3g/cm^3，可根据要求调节密度，方便地实现低固相、低黏度。高矿化度的盐水能预防大多数储层黏土水化膨胀、分散运移，同时，以甲酸盐配制的盐水不含卤化物，腐蚀速率极低，不需缓蚀剂。

无固相清洁盐水用于钻井，可以降低固相堵塞和水敏，适用于储层为单一压力的裂缝性储层或强水敏性储层，套管下至储层顶部的作业中。流体成本高、工艺复杂、对处理剂要求苛刻、固控设备要求严格、腐蚀较严重和易发生漏失等问题限制其推广应用，但在射孔与压井工作中使用广泛。

无固相清洁盐水用于射孔，一般在清洁淡水中加入无机盐类、pH 调节剂和表面活性剂等配制而成。盐类的作用是调节射孔工作流体的密度和暂时性地预防储层中的黏土矿物水化膨胀分散造成水敏伤害。无固相清洁盐水添加高分子聚合物配制成工作流体或者不加直接使用。利用聚合物提高射孔工作流体的黏度，降低滤失速率和滤失量，清洗孔眼。高分子聚合物进入储层吸附岩石表面，减小孔喉有效直径，伤害储层，一般不宜在低渗透储层中使用，适合在裂缝性或渗透率较高的孔隙性储层中使用。清洁盐水中需加入缓蚀剂、pH 调节剂和表面活性剂：缓蚀剂的作用是降低盐水的腐蚀性；pH 调节剂的作用是调节清洁盐水的 pH 值在合适范围内，控制碱敏；表面活性剂的作用是降低滤液的界面张力，利于进入储层滤液返排，清洗岩石孔隙中析出的有机垢。为控制乳化堵塞和润湿反转，最好使用非离子活性剂。

2）水包油流体

水包油流体是将一定量油分散于水或不同矿化度盐水中形成以水为分散介质、油为分散相的无固相水包油流体。除油和水外，还有水相增黏剂、主辅乳化剂。调节油水比以及加入不同数量和不同种类的可溶性盐实现密度控制，最低密度可达 $0.89\text{g}/\text{cm}^3$。水包油钻井流体的滤失量和流变性可通过在油相或水相中加入低伤害的处理剂来调节，特别适用于技术套管下至储层顶部的低压、裂缝发育、易发生漏失的部分。试井、修井作为压井流体都有应用。

3）无膨润土暂堵型流体

无膨润土暂堵型流体由水相、聚合物和暂堵剂固相粒子组成，密度依据储层孔隙压力，采用不同种类和数量的可溶性盐来调节。流变性能通过加入低伤害聚合物和高价金属离子来调控，滤失量可通过加入与储层孔喉直径相匹配的暂堵剂来控制，暂堵剂在储层中形成内滤饼，阻止钻井流体中固相或滤液继续侵入。使用过程中必须加强固控工作，减小无用固相的含量。中国现有的暂堵剂按可溶性和作用原理可分为酸溶性、水溶性、油溶性、单向压力四类，暂堵剂依据储层特性可以单独使用，也可联合使用。

（1）酸溶性暂堵剂，常用的有细目或超细目碳酸钙、碳酸铁等能溶于酸的固相颗粒。油井投产时，可通过酸化消除储层井壁内、外滤饼，解除这种固相堵塞。此类暂堵剂不宜用于酸敏储层。

（2）水溶性暂堵剂，常用的有细目或超细目氯化钠和硼酸盐等，仅适用于加有盐抑制剂与缓蚀剂的饱和盐水流体中。低密度流体用硼酸盐饱和盐水或其他低密度盐水作基液，流体密度为 $1.03 \sim 1.20 \mathrm{g/cm^3}$。氯化钠盐粒加入密度 $1.20 \mathrm{g/cm^3}$ 盐水中，密度为 $1.21 \sim 1.56 \mathrm{g/cm^3}$。选用高密度流体时，需选用氯化钙、溴化钙和溴化锌饱和盐水，然后再加入氯化钙盐粒，密度可达 $1.5 \sim 2.3 \mathrm{g/cm^3}$。暂堵剂在油井投产时，用低矿化度水溶解盐粒解堵。

（3）油溶性暂堵剂，常用的为油溶性树脂、石蜡、沥青类产品等，按其作用可分为脆性油溶性树脂、可塑性油溶性树脂两类。脆性油溶性树脂主要用作架桥粒子，主要有油溶性聚苯乙烯在邻位或对位上被烷基取代的酚醛树脂、二聚松香酸等。可塑性油溶性树脂微粒在压差下可以变形，在使用中作为填充粒子。油溶性树脂有乙烯—醋酸乙烯树脂、乙烯—丙烯酸酯、石蜡、磺化沥青、氧化沥青等。作业后，储层中的原油或凝析油溶解解堵，也可注入柴油或亲油的表面活性剂解堵。

（4）单向压力暂堵剂，常用的有改性纤维素或粉碎颗粒极细的改性果壳、改性木屑等。在压差作用下进入储层，与储层孔喉直径相匹配的颗粒堵塞孔喉。当油气井投产时，储层压力大于井内液柱压力，在反方向压差作用下，将单向压力暂堵从孔喉中推出，实现解堵。

无膨润土暂堵型钻井流体通常只宜使用在技术套管下至储层顶部、储层为单一压力系统的井。优点很多，但成本高，使用条件较苛刻，在实际钻井过程中使用不多。

暂堵性聚合物射孔工作流体主要由基液、增黏剂和桥堵剂组成，基液一般为清水或盐水，增黏剂为伤害储层较轻的聚合物，桥堵剂为颗粒尺寸与储层孔喉大小和分布相匹配的固相粉末。酸化压裂投产井用酸溶性桥堵剂，含水饱和度较大、产水量较高的储层可用水溶性桥堵剂，其他情况下最好用油溶性暂堵剂。

4）低膨润土流体

为减少储层伤害，钻开储层之前，改性钻井流体与储层特性相匹配，不诱发或少诱发储层潜在伤害因素。降低工作流体中膨润土和无用固相含量，调节固相颗粒级配。按照所钻储层特性调整钻井流体配方，提高钻井流体与储层岩石和流体的兼容性。选用合适类型的暂堵剂及计算添加量。降低静滤失量、动滤失量以及高温高压滤失量，改善流变性与滤饼质量。

低膨润土流体作为钻井流体广泛用于钻开储层，成本低、工艺简单、对井身结构和钻井工艺没有特殊要求、储层伤害程度较低。原钻机试井和老井改造也使用改性低膨润土钻井流体作为工作流体。

5) 隐形酸工作流体

隐形酸工作流体由过滤海水或过滤盐水、隐形酸、黏土稳定剂、隐形酸螯合剂、防腐杀菌剂和密度调剂（如食盐、氯化钙、氯化钙/溴化钙、氯化钙/溴化锌等）组成。隐形酸工作流体利用酸消除滤液由于不兼容在储层深部产生的无机垢、有机垢沉淀，利用酸性介质预防无机垢、有机垢的形成，利用酸消除酸溶性暂堵剂、有机处理剂对储层堵塞和伤害，以及利用螯合剂预防高价金属离子二次沉淀或结垢堵塞和伤害储层。

隐形酸工作流体用作射孔时由醋酸或稀盐酸、缓蚀剂等配制而成。利用盐酸、醋酸本身具有溶解岩石与杂质的能力，使孔眼中的堵塞物以及孔眼周围的压实带得到一定的溶解，并且酸中的阳离子有预防水敏功能。使用该类射孔工作流体应注意酸与岩石或地层流体反应生成物的沉淀和堵塞孔隙，设备、管线和井下管柱的防腐等问题。一般不适合在酸敏性储层、硫化氢含量高的储层使用。

3.2.3.2 油基工作流体

油基工作流体以油为连续相，滤液为油，有效避免储层水敏，控制储层伤害，但成本高、污染环境、容易起火等，现场使用受到限制。

针对油基钻井流体使储层润湿反转降低油相渗透率、与地层水形成乳状液堵塞储层、储层中亲油固相颗粒运移和油基钻井流体中固相颗粒侵入等储层伤害缺点，可采用无乳化剂的全油钻井流体。

油基射孔工作流体可以用油包水型乳状液，或直接采用原油，或柴油与添加剂配制。油基射孔工作流体可避免储层水敏、盐敏危害，但这类射孔工作流体比较昂贵，很少使用。

合成基工作流体以人工合成或改性的有机物为连续相，盐水为分散相，再加入乳化剂、降滤失剂、流型改进剂、加重剂等组成。合成基液有酯类、醚类、聚 α-烯烃、醛酸醇、线性 α-烯烃、内烯烃、线性石蜡、线性烷基苯等。合成基液不与水混溶，不含芳香族化合物、环烷烃化合物和噻吩化合物，无毒、可生物降解，对环境无污染。但成本高，特殊井使用较多。

3.2.3.3 气基工作流体

低压裂缝油气田、稠油油田、低压强水敏或易发生严重井漏的油气田及枯竭油气田，储层压力系数往往低于 0.8，为了降低压差的伤害，需实现近平衡压力钻井或负压差钻井。气体类流体以气体为主要组分以减小压差。气基工作流体主要可以分为空气流体及可用于降低压差的气体流体、泡沫流体、充气流体。

（1）空气流体及可用于降低压差的气体流体。空气流体是由空气或天然气、防腐剂、干燥剂等组成的循环流体，用于漏失地层、强敏感性储层和低压储层。流体密度低、无固相和液相，可减少储层伤害。但受到井壁不稳定、地层出水、井深等限制，应用范围有限。

雾是空气、发泡剂、防腐剂和少量水混合组成的流体，是空气工作流体的常见形式。地层流体进入井中足够多，不能再继续采用空气作为循环流体钻进时，可向井内注入少量发泡液，使返出岩屑、空气和流体呈雾状。作业压差低，控制储层伤害，但使用范围受限。

（2）泡沫流体。泡沫流体是由空气（或氮气或天然气等）、淡水或咸水、发泡剂和稳定剂等制成的密集细小气泡，气泡外表为强度较大的、由液膜包围而成的气—水型分散体系。较低速度梯度下有较高的表观黏度，携屑能力较好。泡沫流体无固相，密度低（常压下为 $0.032 \sim 0.065 \text{g/cm}^3$），控制储层伤害，适用于低压易发生漏失且井壁稳定的储层。

（3）充气流体。充气流体以常规工作流体为主，注入气体为分散相，液相为连续相，加入稳定剂使之成为气液混合均匀稳定体系。经过地面除气器后，气体从充气流体中脱出，再入井循环。

充气流体密度低，最低可达 0.6g/cm^3，可用于低压易发生漏失储层，近平衡压力作业；可减少液柱压差，控制储层伤害；但因成本高、工艺复杂，仅在特殊作业中使用。

3.3 储层伤害评价方法

储层伤害的矿场评价技术是储层伤害控制系统工程的重要组成部分。使用此项技术，可以判断和评价钻井、完井直到油气井生产，以及提高采收率技术等各项作业过程中储层伤害程度，评价储层伤害控制在现场实施后的实际效果，分析存在的问题。正确使用矿场评价技术，可以及时发现储层，正确评价储层，减少决策失误。此外，还可以利用矿场评价所获得储层伤害程度的信息，及时研究解除储层伤害的技术措施，并可以结合井史分析判断储层伤害原因，进一步研究调整各项作业中储层伤害控制措施及增产措施。

矿场评价不同于室内岩心评价，室内岩心评价分析的受伤害情况范围小，且又多是静态的；矿场评价是对油气井实际情况进行动态分析，其评价范围大，可反映井筒附近几十米甚至几百米范围内的储层有效渗透率和受伤害程度。

储层伤害的矿场评价包括试井评价、产量递减分析及测井评价等，储层伤害的评价参数分别是表皮系数、流动效率、井壁阻力系数、完善程度、产率比等。这些参数的物理定义及数学描述虽不相同，但它们的本质是一样的，各参数是有相互联系的，其通式为式(3.4)[8]。下标 t 代表理想井；a 代表实际井。

$$FE = PF = PR = CR = \frac{1}{DR} = \frac{\Delta p_t}{\Delta p_a} = \frac{(CI)_t}{(CI)_a} = 1 - DF \tag{3.4}$$

$$\begin{aligned} S = C &= 2.303 \lg \frac{r_w}{r_c} = 1.15 \frac{\Delta p_s}{m} \\ &= 1.151 DF \cdot CI \\ &= 1.151(1-PR) \cdot CI \\ &= 1.151(1-FE) \cdot CI \\ &= \cdots\cdots \end{aligned} \tag{3.5}$$

式中 FE——流动效率；

PR——产率比；

CR——条件比；

C——井壁阻力系数；

S——表皮系数；

r_w——井眼半径；

r_c——有效半径；

CI——完善指数；

PF——完善程度；

m——压力恢复直线段斜率，$\dfrac{\text{MPa}}{\text{对数周期}}$；

DR——堵塞比；

DF——伤害系数；

Δp_s——附加压降。

只要已知其中一个参数，则可利用通式求得所需的参数。有了这些参数以后就可给出表皮系数定性评价指标，见表3.4，均质地层定性评价参数及指标，见表3.5，并作出储层伤害程度表皮系数评价指标，见表3.6。

表3.4 表皮系数定性评价指标

储层	伤害	未伤害	强化
均质储层	>0	0	<0
裂缝性储层	>-3	-3	<-3

表3.5 均质地层定性评价参数及指标

序号	评定指标	符号	伤害	未伤害	强化
1	表皮系数	S	>0	0	<0
2	井壁阻力系数	C	>0	0	<0
3	附加压降	Δp_s	>0	0	<0
4	伤害系数	DF	>0	0	<0
5	堵塞比	DR	>1	1	<0
6	流动效率	FE	<1	1	>1
7	产率比	PR	<1	1	>1
8	完善程度	PF	<1	1	>1
9	条件比	CR	<1	1	>1
10	完善指数	CI	>8	7	<6
11	有效半径	r_e	<r_w	r_w	>r_w

表3.6 均质储层伤害程度表皮系数评价指标

伤害程度	轻微伤害程度	比较严重伤害	严重伤害
S	0~2	2~10	>10

裂缝—孔隙性油藏由于储层存在裂缝，一旦作业不当就会造成地层严重伤害甚至给油藏开采带来致命的影响。因此必须正确认识裂缝性油藏的伤害机理，其伤害机理可以归纳为固相颗粒侵入、化学剂吸附、黏土矿物伤害、结垢、应力敏感等五类。

以上这五种伤害类型对渗流的影响主要分为两个方面，一方面造成裂缝渗流能力的降低，另一方面造成基块与裂缝的窜流能力降低。

对于裂缝—孔隙性或孔隙—裂缝性双重介质，常规油气藏的矿场评价标准不能满足裂缝性油藏储层伤害控制与评价需要，因此针对裂缝性双重介质储层提出新的评价标准，见表3.7。

表 3.7 裂缝性双重介质表皮系数新评价标准

油藏类型	评价参数	改善	伤害	未伤害
均质常规油气藏	表皮系数	<0	>0	0
裂缝性双重介质	裂缝表皮系数	>−3	−3	<−3
	基质与裂缝窜流表皮系数	<0	>0	0

随着对储层认识的深入，储层伤害引起人们的高度重视，储层伤害矿场评价参数已经发展到 10 个以上。

3.3.1 实验法

和室内测试工作流体储层伤害程度一样，取现场实际工作流体如钻井流体、水泥浆、完井液、压井液、洗井液、修井液、射孔工作流体和压裂流体等，测量在工作环境下，静态或者动态测试伤害前后渗透率的变化，结合电镜扫描、薄片分析等技术分析，确定工作流体储层伤害程度和机制，为治理储层伤害提供支持。

岩心流动实验是测定岩心与各种外来工作液接触前后渗透率的变化来评价储层损害程度的室内实验方法。渗透率恢复值也称渗透率恢复率，是指岩心与工作液作用后的渗透率与作用前渗透率的比值。

随着非常规油气勘探开发成为常态，以渗透率为测试标准的实验无法吻合吸附储层的解吸伤害、扩散伤害和渗流伤害一体发生的现象，如煤岩储层、页岩储层等。为此，根据解吸是压力差造成的、扩散是浓度差造成的以及渗流是流动压力造成的这些原理，研制了吸附储层解吸、扩散和渗流三种伤害的潜在伤害评价仪器，同时能在线测试入井工作流体的储层伤害程度。

目前，此设备的操作还没有完全推广。因此，制作吸附解吸渗流一体化评价实验视频（视频 3.3），供学习参考和指导实验。

视频 3.3 吸附解吸渗流一体化评价实验

3.3.2 试井法

试井是为了确定井的生产能力、研究储层参数及储层动态的专门测试油井的工作。按测试时流体在储层中的流动性质及所依据的基本理论，试井分为产能试井和不稳定试井。由于试井通过流动试验完成，测试资料的处理依据是地下渗流力学理论，所以试井研究采用水动力学方法。

3.3.2.1 试井方法及相关参数

1) 试井方法

储层伤害程度可以通过分析试井过程中所获得的测试压力曲线，定性或定量地加以确定。压力恢复曲线转折点处曲线越接近直角，开井流动压差越大，储层伤害越严重。在勘探开发不同阶段，运用试井分析方法，经过对测试取得的压力、产能、流体物性等资料的分析处理，便可得到表征储层伤害程度的表皮系数、堵塞比、附加压降等重要参数及表征储层特征的其他参数。

（1）产能试井是指稳定试井和等时试井等，是改变若干次油井、气井或水井的工作制度，测量在各个不同的工作制度下的稳定产量和对应的井底压力，确定测试井的产能方程或无阻流量的一种试井方法。

（2）稳定试井又称系统试井，是指系统地、逐步地改变油井的工作制度（自喷井改变油嘴直径；抽油井改变冲程和冲数），然后测量出每一工作制度下的井底流压、产油量、产气量、产水量、含砂量和气油比等。根据这些试井资料为油井制订出产油量高、气油比低、出砂量和出水量小的合理工作制度，利用水动力学计算出储层有效渗透率。由于每次改变工作制度后，必须待产量和压力稳定后才能测量有关数据，因此称为稳定试井。所谓稳定是指产量和压力基本不随时间变化。稳定试井操作时间长、工作量大。由于稳定试井需要系统地改变工作制度，因此又称为系统试井。注水井系统试井时，一般通过改变注入压力来改变工作制度，并测试各个注入压力下的稳定注水量。

（3）气井试井的目的是了解气井的储层参数、无阻流量、含砂量、含水量、井底流动压力、井口压力与产量的关系，以及气层压力的变化和井温等资料，生产测试及研究气井的不同工作制度下的工作状况。新井投入生产之前和生产井生产一段时间后都要试井，以便确定气井的合理工作方式。确定气井参数常用气体不稳定试井理论为基础的气井压力恢复试井方法，确定气井产能通常采用以稳定流动理论为基础的气井产能试井方法。气井产能试井是不同井底压力下，气井可能提供的稳定产气量、气井的绝对无阻流量。气井产能试井方法主要分为常规回压法试井、等时试井、改进等时试井。上述方法均可得出气井稳定流动的产能方程、气井井底压力与产气量的产能曲线、气井的无阻流量等资料。无阻流量是指理论上井底流压为 0.1MPa 绝对压力时的气井产量，是衡量气井产能的指标。

（4）回压试井又称逐次变流量试井，是气井从关井状态开井后逐次更换节流孔板或调节节流嘴以改变流量，测量每次改变流量后的稳定产气量、压力、含砂、含水等资料。产量可用正态序列从小到大或反向序列从大到小两种方式改变。完整的常规回压试井需改变 4~5 次产量。利用回压试井测得的稳定产气量、井底流压和实测或计算的气藏平均压力在方格纸上绘制关系曲线，则可得到气井的指数式流动方程。

（5）等时试井是气井以某一稳定产量生产一段时间，然后关井直到压力恢复至稳定状态，再开井以稳定产量生产相同的时间，然后再关井直到压力恢复至稳定状态，如此循环四次以上的测试；最后一个生产时间应延长至达到稳定流状态。除最后一个流动期外，每个流动期的时间相等，关井期间井底压力逐渐上升至近似等于平均地层压力，因此关井时间不相等。改进等时试井是关井压力恢复时间与开井时间相等的等时试井。

（6）探测液面法试井是利用回声仪等仪器探测液面高度随时间降低或上升规律，将液面高度换算成井底压力，获得压力降落或压力恢复资料的一种试井方法。

（7）不稳定试井改变井的工作制度，使地层压力发生变化，并测量地层压力随时间的变化，根据压力变化资料来研究确定地层和井筒有关参数。利用该项技术可确定测试井控制范围内的地层参数和井底完善程度，推算地层压力，分析判断测试井附近的外边界等。由于本法是根据井底压力变化规律来研究问题的，井底压力变化过程是一个不稳定的过程，所以称为不稳定试井。

（8）压力恢复试井是一种不稳定试井方法。测试时，将原来以某一工作制度稳定生产的油（气）井关闭，井底压力即随关井后的时间不断上升。利用井下压力计记录井底压力随时间恢复的资料，分析该资料确定油藏、油井参数。常规试井分析方法多用此法。常规试井分析方法是 20 世纪 70 年代中期以前发展成熟的以特征曲线分析为主的试井分析方法：MBH 分析方法是由 Mathews、Brons 和 Hazebroke 于 1954 年提出的一种试井分析方法，主要利用有界供油区中压力恢复资料计算平均地层压力；霍纳分析方法是由 Horner 于 1951 年提出的一种试井分析方法，主要利用压力恢复资料的径向流阶段分析计算地层渗透率和井表皮系数；MDH 分析方法是由 Miller、Dyes 和 Hutchinson 于 1950 年提出的一种试井分析方法，主要用于分析压力恢复资料的径向流动段，分析得到地层渗透率和表皮系数等数据，适用于关井时间比测试时间长得多的情形。

（9）压降试井是一种不稳定试井方法。试井时，需将关闭较长时间的测试井以某一稳定产量开井生产，使测试井井底压力随时间连续下降。井下压力计记录井底压力随时间下降的数据。利用压力降落试井可确定有关地层和测试井数据。

（10）探边测试是通过井的压力降落（或压力恢复）的试井方法，测试时间足够长，达到拟稳态流动，分析压力降落（或压力恢复）数据，计算井到边界的距离和确定测试井控制面积，计算单井控制储量。

（11）井间干扰试井需要选择包括一口激动井和一口（或若干口）与激动井相邻的观测井组成测试井组，改变激动井的工作制度，使地层中压力发生变化，利用高精度和高灵敏度压力计记录观察井中的压力变化，根据记录的压力变化资料确定地层连通情况，并求出井间地层流动系数、导压系数和储能系数等地层参数。

（12）脉冲试井是选择包括一口激动井和一口（或若干口）与激动井相邻的观测井组成测试井组，周期性地改变激动井的工作制度，使地层中压力发生变化，利用高精度和高灵敏度压力计记录观察井中的压力变化，根据记录的压力变化资料确定地层连通情况，并求出井间地层流动系数、导压系数和储能系数等地层参数。激动井是进行干扰试井和脉冲试井时，人为地改变工作制度，在地层中造成压力变化的井。观察井是进行干扰试井和脉冲试井时，在激动井周围下入压力计记录压力变化的井。

（13）多级流量试井是试井前测试井已多次改变流量，或试井过程中多次改变流量造成地层压力变化的试井方法。地层测试器试井又称钻杆地层测试（Drill Stem Testing，DST）试井，在钻井过程中或完井后，利用地层测试器取得地层产能、压力和流体性质等资料的一种测试方法。

（14）计算机辅助试井分析方法是一种人工计算机交互试井解释方法，由计算机完成模型计算、参数计算、结果检验计算和绘图等，由解释人员选择解释模型和判断解释质量等。

对试井过程所获得的测试压力曲线进行解释时，在均质油藏单相流动情况下，如测压时间足够长，压力—时间半对数曲线出现直线段

(即达到径向流阶段)，可用霍纳法求出储层有效渗透率和表皮系数。但对于某些非均质性、多相流的储层，达到直线段的时间可长达数月，实际试井时间只有 3~5d，因此无法使用霍纳法。近十几年来，发展了多种现代试井解释方法，例如典型曲线拟合法、灰色指数法等。利用试井早期资料，根据地层情况选用不同解释方法可求得地层参数及储层伤害参数。

试井解释模型是试井解释中对测试井和油藏的理论描述及解释，由三部分组成：反映油藏基本特征的基本油藏模型；反映井筒及井筒附近情况的内边界条件；反映油藏外边界情况的外边界条件。三部分的任意组合都可构成一个试井解释模型。试井解释图版是由试井解释模型计算得出的理论压力反映曲线所构成的图件。一般横坐标为无因次时间或时间，纵坐标为无因次压力或压力，曲线一般由控制参数控制。

2) 试井相关参数

稳定时间是压力不稳定过程达到测试井周围非流动边界所需要的时间。探测半径是当井的产量改变后，造成的不稳定压力过程向地层内部推移的距离。

关井后，由于与地层连通的井筒中的流体是可压缩的，故地层中的流体会继续流入井筒，这种现象称为续流。续流随关井时间的延长逐渐减小，对压力恢复的早期资料有影响。

在测试过程中，由于井筒中的流体的可压缩性，关井后地层流体继续向井内聚集，开井后地层流体不能立刻流入井筒，这种现象称为井筒储存效应。描述这种现象大小的物理量为井筒储存系数，定义为同地层相通的井筒内流体体积的改变量与井底压力改变量的比值。

由于钻井、完井、开采作业或采取增产措施，使井底附近地层渗透率变差或变好，引起附加流动压力的现象，称为表皮效应。表皮效应大小的无因次参数称为表皮系数。油井折算半径又称油井有效半径，是将表皮系数转化为具有物理意义的油井特征的一种表示方法。油井折算半径可根据表皮系数和油井半径来计算，物理意义为用产量相同的假想完善井代替实际不完善井的表皮系数、半径后，假想完善井的半径。

窜流系数是反映双重介质地层中低渗透系统中流体向高渗透系统中窜流能力大小的系数。储能比是反映双重介质地层中高渗透系统弹性储能和总渗透系统弹性储能比大小的系数。地层系数比是反映双重介质地层中高渗透系统地层系数和总系统地层系数比大小的系数。

无限导流裂缝是指裂缝具有无限大的渗透率，因此裂缝中的各点压力处处相等，也就是说沿着裂缝没有压力降落。有限导流裂缝是指压裂裂缝具有一定的渗透能力，即沿裂缝存在压力降落。裂缝导流能力定义为裂缝渗透率与裂缝宽度的乘积，反映裂缝传导能力的大小。

无因次量一般来说是被度量的、与测量单位制无关的物理量，试井解释中引进无因次量使数学表达式简洁清晰，更利于对压力反映分析、对比，包括无因次压力、无因次时间、无因次距离、无因次压力导数等。

3.3.2.2 表皮系数计算

设想在井筒周围有一个很小的环状区域，由于种种原因，如钻井流体的侵入、射孔不完善、酸化、压裂等，使这个小环状区域的渗透率与储层不同，如图3.3所示。

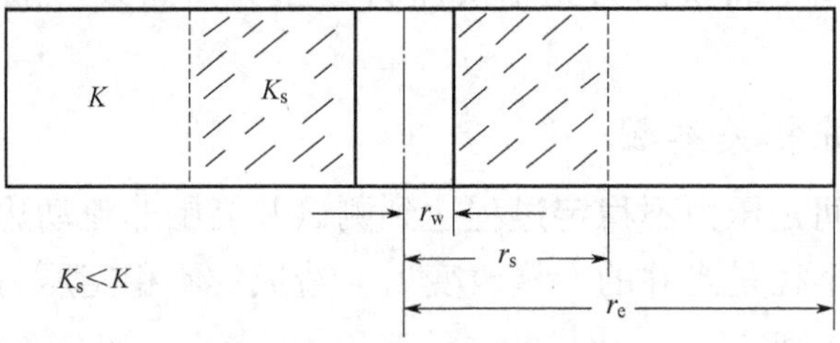

图 3.3 井筒附近伤害示意图

K—未伤害地层渗透率；K_s—伤害区地层渗透率；r_w—井筒半径；
r_s—伤害区半径；r_e—供给边缘半径

井壁附加压降是产量相等的理想完善井工作压差与实际油井的工作压差的差值，表示由于实际油井的不完善性在井壁附近产生的附加阻力的大小。当原油从储层流入井筒时，在这里会产生一个附加压降，叫作表皮效应。一般情况下，试井可以得到附加压降。把这个附加压降无因次化，得到无因次附加压降，称为表皮系数，表征一口井表皮效应的性质和储层伤害的程度，具体计算见式（3.6）。

$$S = \frac{Kh}{1.842 \times 10^{-3} q \mu B} \Delta p_s \tag{3.6}$$

其中

$$\Delta p_s^2 = 2.828 \times 10^{-21} \frac{\beta \gamma_g Z T q_{sc}^2}{h^2} \left(\frac{1}{r_w} - \frac{1}{r_{nDe}} \right)$$

式中 S——表皮系数；
K——未伤害地层渗透率，μm^2；
h——储层有效厚度，m；
q——油井地面产量，m^3/d；
B——流体地层体积系数；
μ——流体黏度，$mPa \cdot s$；

Δp_s——附加压降，MPa；

β——压缩系数；

γ_g——气体相对密度；

Z——气体压缩因子；

T——温度，K；

q_{sc}——标准条件下的流量，m^3/s；

r_w——井筒半径，m；

r_{nDe}——非达西流动时某位置的有效半径，m。

表皮系数的大小表示储层受伤害或改善的程度：

$S>0$，储层受到伤害，S越大，受伤害程度越大；

$S=0$，储层未受到伤害，或伤害完全解除；

$S<0$，井底处于超完善状态。

1) 拟表皮系数

试井求出的表皮系数并不一定是钻井完井或其他井下作业中纯伤害引起的表皮系数，它要包含一切引起偏离理想井的拟伤害，这些拟伤害区别于纯伤害，称之为拟表皮系数。由试井测量出的表皮系数称作总表皮系数或视表皮系数，具体计算见式(3.7) 至式(3.23)。

$$\sum S' = \frac{172.8\pi K_e h}{qB\mu}\Delta p_s \quad (3.7)$$

式中 $\sum S'$——拟表皮系数，为伤害区内无因次附加压力降；

K_e——地层有效渗透率，μm^2；

μ——流体黏度，mPa·s。

总表皮系数 S 为纯伤害表皮系数 S_d 与拟表皮系数 $\sum S'$ 之和：

$$S = S_d + \sum S' \quad (3.8)$$

纯伤害表皮系数由下式定义：

$$S_d = \left(\frac{K_o}{K_s}-1\right)\ln\frac{r_s}{r_w} \quad (3.9)$$

式中 K_o——井筒附近渗透率，μm^2；

K_s——伤害区地层渗透率，μm^2；

r_s——伤害区半径，m；

r_w——井筒半径，m。

当地层受到伤害后，一个显著的特征是渗透率会发生一定程度的减小，因此 S_d 的正负取决于 $\ln\frac{r_s}{r_w}$。当伤害区半径大于井筒半径时，$S_d>0$；当伤害区半径小于井筒半径时，$S_d<0$。$S_d>0$，表示井底有堵塞产生节流效应；若 $S_d<0$，表示增产措施改善了井底周围渗透性能，降低了井底流动阻力。

储层拟伤害主要包括井斜、油藏形状变化、储层打开、流体非达西流、射孔对储层造成的伤害。因此，拟表皮系数便是各部分表皮系数之和。拟表皮系数可展开为下式：

$$\sum S' = S_\theta + S_A + S_P + S_{ND} + S_{PF} \tag{3.10}$$

其中，S_θ 为井斜表皮系数：

$$S_\theta = -\left(\frac{\theta'_w}{41}\right)^{2.06} - \left(\frac{\theta'_w}{56}\right)^{1.865} \lg\left(\frac{h}{100 r_w}\sqrt{\frac{K_h}{K_v}}\right) \tag{3.11}$$

式中 θ'_w——井斜角度，表示井眼的倾斜角度，(°)；

K_v——地层垂直渗透率，表示地层在垂直方向上的渗透性，μm^2；

K_h——水平渗透率，表示地层在水平方向上的渗透性，μm^2；

h——油层厚度，m。

S_A 为油藏形状产生的表皮系数：

$$S_A = \frac{1}{2}\ln\frac{31.62}{C_A} \tag{3.12}$$

式中 C_A——油藏形状因子。

S_P 为部分打开储层表皮系数：

$$S_P = \left(\frac{h}{h_p} - 1\right)\left[\ln\left(\frac{h}{r_w}\sqrt{\frac{K_h}{K_v}}\right) - 2\right] \tag{3.13}$$

式中 h_p——井眼穿透厚度，表示井眼实际穿透储层的垂直厚度，m。

S_{ND} 为非达西流产生的表皮系数：

$$S_{ND} = Dq \tag{3.14}$$

式中 D——常数因子，与非达西流动特性有关；

q——产量，m^3/s。

S_{PF} 为射孔产生的表皮系数：

$$S_{PF} = \frac{2Kl_p h_p}{K_G r_p^2 N} + \frac{12 h_p}{l_p N}\left(\frac{K}{K_{dp}} - \frac{K}{K_s}\right)\ln\frac{r_{dp}}{r_p} + \ln\frac{r_w}{r'_w(\varphi)} + c_1 \exp\left(\frac{c_2 r_w}{l_p + r_w}\right)$$
$$+ 10^a \left(\frac{h_p}{l_p N}\sqrt{\frac{K}{K_v}}\right)^{b-1} r_{dp}^b \tag{3.15}$$

式中 l_p——孔间距，表示射孔的间隔距离，m；

K_G——射孔地层的渗透率，μm^2；

K_{dp}——射孔周围压实带渗透率，μm^2；

r_dp——射孔周围压实带半径，m；

r_p——射孔半径，m；

c_1——经验常数，通常从实验数据中拟合得到，反映了特定地层或井筒条件下的射孔效率、压裂液侵入等因素的影响；

c_2——经验常数，常用于调整井筒半径和射孔长度对表皮系数的影响；

a——经验常数，用于调整某项的量级的指数，调整射孔参数对表皮效应的影响，反映了某些复杂的非线性效应或实验中观测到的特性；

b——经验常数，用于调整无量纲参数 r_dp 的指数，它反映了某些非线性效应，与射孔分布、井筒周围地层的渗透性等有关。

2) 伤害表皮系数

用拟表皮系数、堵塞比、伤害半径等作为储层伤害评价参数是否合适，主要依据是，看其是否可以准确地评价储层伤害程度，为增产措施提供决策依据。以上各评价参数均与总表皮系数相关，所以一般采用表皮系数来表征储层伤害程度。但是，由于拟表皮系数包括了非理想渗流的表皮系数，用它们作为评价储层伤害参数不太合适。所以，比较合理的方法是采用伤害表皮系数 S_d，增产率 η_0 及伤害半径 r_s 作为评价储层伤害参数。伤害表皮系数具体计算见式(3.16)。

$$S_\text{d} = S - S_\text{P} - S_\text{PF} - S_\text{ND} - S_\theta - S_\text{cp} - S_\text{grav} - S_\text{an} - \cdots \quad (3.16)$$

式中 S_d——伤害表皮系数；

S_cp——化学处理等各种因素导致的表皮系数；

S_grav——砾石充填拟表皮系数；

S_an——环空砾石充填拟表皮系数。

3) 其他表皮系数

其他表皮系数计算如下：

（1）两条垂直相交不渗透直线边界表皮系数 S_vnf 计算见式(3.17)：

$$S_\text{vnf} = \frac{1}{2}\left[-\text{Ei}\left(-\frac{L_1^2}{\chi}\right) - \text{Ei}\left(-\frac{L_2^2}{\chi}\right) - \text{Ei}\left(-\frac{L_1^2 + L_2^2}{\chi}\right)\right] \quad (3.17)$$

式中 χ——比例系数；

L_1，L_2——边界长度。

（2）两条垂直相交定压直线边界表皮系数 S_vcp 计算见式(3.18)：

$$S_\text{vcp} = \frac{1}{2}\left[\text{Ei}\left(-\frac{L_1^2}{\chi}\right) + \text{Ei}\left(-\frac{L_2^2}{\chi}\right) + \text{Ei}\left(-\frac{L_1^2 + L_2^2}{\chi}\right)\right] \quad (3.18)$$

（3）渗透率线性间断表皮系数 S_{kl} 计算见式（3.19）：

$$S_{kl} = -\frac{1}{2}\frac{K-K_2}{K+K_2}\mathrm{Ei}\left(-\frac{L^2}{\chi}\right) \tag{3.19}$$

式中　K——地层渗透率；

K_2——间断层的渗透率。

（4）渗透率垂直间断表皮系数 S_{kv} 计算见式（3.20）：

$$S_{kv} = \frac{1}{2}\frac{K-K_2}{K+K_2}\left[-\mathrm{Ei}\left(-\frac{L_1^2}{\chi}\right)-\mathrm{Ei}\left(-\frac{L_2^2}{\chi}\right)-\frac{K-3K_2}{K+3K_2}\mathrm{Ei}\left(-\frac{L_1^2+L_2^2}{\chi}\right)\right] \tag{3.20}$$

（5）各向异性地层表皮系数 S_{an} 计算见式（3.21）：

$$S_{an} = -\ln\frac{\delta^2+1}{2\delta} \tag{3.21}$$

式中　δ——地层各向异性系数，用于描述地层在不同方向上渗透率的不同程度。

（6）变产量表皮系数 S_{vq} 计算见式（3.22）：

$$S_{vq} = -\frac{1}{2}\sum_{j=1}^{N}\frac{q_j-q_{j-1}}{q_N}\ln\left(1+\frac{1}{t_p-t_{j-1}}\right)+\frac{1}{2}\ln\frac{t_p+1}{t_p} \tag{3.22}$$

式中　q_j——第 j 个产量值，m^3/s；

q_N——第 N 个产量值，m^3/s；

t_p——步骤值，用于描述产量随时间变化的过程，s。

（7）压力敏感表皮系数 S_p 计算见式（3.23）：

$$S_p = \frac{86.4\pi\alpha K_i h}{qB\mu}(p_i-p_w)^2 \tag{3.23}$$

式中　α——常数，与流体及地层特性相关；

h——地层厚度，m；

B——岩石体积系数；

K_i——地层原始渗透率，μm^2；

p_i——注入压力，Pa；

p_w——井底压力，Pa。

3.3.2.3　阻力系数计算

实际的油井都不是完善井，不完善的原因有很多，如打开不完善、射孔不完善、泥浆侵入、酸化改善，渗流阻力会因此发生变化，可能增大，也可能减小，实际油井的渗流阻力是阻力系数与折算半径的计算关系，具体计算见式（3.24）与式（3.25）。

$$C = \ln\frac{r_w}{r_c} \tag{3.24}$$

式中　　C——阻力系数；
　　　　r_w——井筒半径；
　　　　r_c——有效半径。

阻力系数用井筒半径与有效半径比值的对数值表示，阻力系数是描述物体在流体或介质中运动时所受阻力大小的一个参数，它是一个无量纲的量。

假设油层损害后的渗流仍然可用理想平面径向渗流模型，则

$$q_a = \frac{2\pi K_e h(p_e - p_{wf})}{\mu \ln(r_e/r_c) + C} \tag{3.25}$$

式中　　q_a——产量，m^3/d；
　　　　h——地层厚度，m；
　　　　K_e——地层有效渗透率，μm^2；
　　　　p_e——供给压力，Pa；
　　　　p_{wf}——井底压力，Pa；
　　　　r_e——供给边缘半径，m；
　　　　r_c——有效半径，m；
　　　　μ——黏度，$mPa \cdot s$。

3.3.2.4　完善程度计算

完善程度是当井的产量恒定时，理想井的生产压差与实际井的生产压差之比。

$$PF = \frac{\Delta p_t}{\Delta p_a} = \frac{\ln(r_e/r_w) q_t}{\ln(r_e/r_c) q_a} \tag{3.26}$$

式中　　PF——理想井的生产压差与实际井的生产压差之比；
　　　　q_t——理想产量；
　　　　q_a——实际产量。

由于生产压差是产量的一个因子，并且一个井的完善程度可以理解成该井向理想井的靠近程度，反映到生产上便是实际产量与理想产量的接近程度，由于生产压差直接关系到一口井的产量，因此，理想井的生产压差与实际井的生产压差的比值大小可以用来衡量该生产井的完善程度。

3.3.2.5　条件比

条件比有两种定义，一是稳定试井的渗透率与不稳定试井的渗透率的比值；二是地层的平均渗透率与绝对渗透率的比值。条件比是通过渗透率的变化表示井的完善程度的物理量。$CR>1$，说明井处于超

完善状态；$CR=1$，说明储层未受到伤害；$CR<1$，说明储层受到伤害，且 CR 值越小，储层受到伤害的程度越大。

$$CR = \frac{K_J}{K_m} = \frac{\Delta p_t}{\Delta p_a} = \frac{\overline{K}}{K} \qquad (3.27)$$

式中　CR——平均渗透率与绝对渗透率的比值；
　　　K_J——稳定试井渗透率；
　　　K_m——不稳定试井渗透率；
　　　$\overline{K}$——地层平均渗透率；
　　　K——地层绝对渗透率。

3.3.2.6　有效半径计算

已知储层渗透率、排液半径、储层伤害表皮系数条件下，用已有公式并不能同时求得 r_s 和 K_s。为了解决这个问题，引入井筒有效半径 r_c 的概念，设此半径能使理想井（未改变渗透率）的压降等于实际井（具有表皮效应）的压降，在该半径处，理想渗流的压力等于实际井的井底压力。有效半径定义为油气层污染堵塞区到井眼中心的距离，是判断油气层伤害程度的指标之一，即

$$\ln\frac{r_e}{r_c} = \ln\frac{r_e}{r_w} + S \qquad (3.28)$$

$$r_c = r_w e^{-S} \qquad (3.29)$$

有效半径对储层伤害的表征：
$S>0$，有 $r_w>r_c$，说明井径小于实际的井径，储层受到伤害；
$S=0$，有 $r_w=r_c$，说明井径等于实际的井径，储层未受到伤害；
$S<0$，有 $r_w<r_c$，说明井径大于实际的井径，储层得到改善。

流动效率、产率比、条件比和堵塞比等参数的物理定义虽不相同，但本质是一样的，它们之间存在如下关系。

$$FE = PR = CR = \frac{1}{DR} = \frac{p_e - p_{wf} - \Delta p_s}{p_e - p_{wf}} \qquad (3.30)$$

此外，还有其他评价参数，如伤害半径、储层伤害指数等。

3.3.2.7　伤害半径

伤害半径和有效半径的物理意义类似，都是用来衡量储层伤害的物理量，只是看待储层伤害的角度不同，计算见式(3.31)。

$$r_s = r_w \exp\left(\frac{K_s}{K-K_s}S\right) \qquad (3.31)$$

式中 r_s——地层渗透率发生改变的半径；

K_s——伤害区的地层渗透率，μm^2。

地层受到伤害后，渗透率减小，$\dfrac{\pi K_s}{K-K_s}>0$。

伤害半径对储层伤害的表征：

$S>0$，有 $r_s>r_w$，说明伤害半径大于实际的井径，储层受到伤害；

$S=0$，有 $r_s=r_w$，说明伤害半径等于实际的井径，储层未受到伤害；

$S<0$，有 $r_s<r_w$，说明伤害半径小于实际的井径，储层得到改善。

由伤害半径计算伤害表皮系数的公式见式(3.32)：

$$S_d=\dfrac{h}{h_p}\left\{\dfrac{K}{K_0}\ln\dfrac{r_a}{r_w}-\ln\dfrac{r_s}{r_w}+\left(\dfrac{K}{K_0}\right)^{\frac{r_s}{r_s-r_a}}\left[-\text{Ei}\left(-\dfrac{r_a}{r_s-r_a}\ln\dfrac{K}{K_0}\right)+\text{Ei}\left(-\dfrac{r_s}{r_s-r_a}\ln\dfrac{K}{K_0}\right)\right]\right\} \tag{3.32}$$

式中 r_a——井筒半径，m。

由伤害表皮系数计算措施增产率 η_0 见式(3.33)。

$$\eta_0=\dfrac{0.8686mS_d}{p_i-p_{wf}-0.8686mS_d} \tag{3.33}$$

式中 p_i——注入压力，Pa；

p_{wf}——井底流压，Pa；

m——比例因子，用于调整表皮效应的影响。

3.3.2.8 储层伤害系数

储层伤害系数 DF 是储层伤害后产量减少的程度，DF 大于 1 为改善，DF 小于 1 为伤害。

$$DF=1-PR=1-PF=1-FE=1-CR \tag{3.34}$$

3.3.3 测井法

伤害储层的因素是多方面的，钻井条件和钻井流体是重要因素。一般地，利用测井资料可准确地判断储层是否受到钻井流体滤液的侵入，并能计算侵入的深度。但严重的储层伤害会给测井评价带来很大困难。

测井评价储层伤害是储层伤害矿场评价的重要组成部分。它与试井评价互为补充。要全面评价储层伤害，应加强试井和测井这两种方法的系统性和配套性。

3.3.3.1 测井方法及相关知识

1）测井方法及模型

测井是在勘探和开采石油过程中，利用仪器测量井下地层物理参数及井的技术状况，分析所记录的资料、地质和工程相关参数的技术。开发测井主要阐述在油气田开发过程中使用的测井方法、仪器设备和解释技术。

测井曲线是记录测量的地层物理参数按一定比例随井深连续变化的曲线。测井系列是针对不同的地层剖面和不同的测井目的确定的一套测井方法。测井仪器标准化是利用标准物质及其装置对同类型测井仪器按操作规范统一的刻度。

电阻率测井是测量地层电阻率的测井方法。微电极测井是使用微电极系的测井。侧向测井是采用聚焦电极系，使供电电流向井眼径向聚焦并流入地层的电阻率测井方法，根据电极的不同组合，分为三侧向、七侧向、双侧向、微侧向、邻近侧向及微球形聚焦测井等。感应测井是采用一组特定的线圈系，利用电磁感应原理测量地层电导率的测井方法。介电常数测井是使用特定天线测量地层介电常数的测井方法，根据测量目的的不同，又分为幅度介电测井、相位介电测井。电磁波传播测井是介电常数测井的一种，它测量电磁波在地层中的传播时间和衰减率。自然电位测井是测量井内自然电场的测井方法。自然伽马测井是在井中连续测量地层天然放射性核素发射的伽马射线的测井方法。自然伽马能谱测井是在自然伽马测井基础上，进行能谱分析，定量测量地层铀、钍、钾含量的测井方法。密度测井是在井中测量地层电子密度指数的测井方法，用来确定地层体积密度。岩性密度测井是在井中测定地层电子密度指数和光电吸收指数值的测井方法。补偿中子测井是一种双探测器热中子测井，采用大强度的同位素中子源和不同源距的两个探测器，用比值法补偿井眼的影响。声波测井是测量声波在地层中传播特性的测井方法。声波变密度测井是记录在井壁介质中声波的整个波列中的前 12~14 个波幅度的一种测井方法。

API 测井单位是美国石油学会规定的自然伽马和中子伽马的计量单位。规定在美国休斯敦大学自然伽马测井刻度井中测得的高放射性地层和低放射性地层读数差的 1/200 为一个 API 自然伽马测井单位。将中子测井刻度井中仪器零线与孔隙度为 19% 的印第安纳石灰岩层中子测井幅度差值的 1/1000 为一个 API 中子测井单位。

测井资料综合解释是对用多种测井方法获得的资料进行综合地质解释。测井解释模型是测井解释中采用的简化地层模型，它是建立测井响应方程的基本工具。测井响应方程是测井方法测量的物理参数与地层各部分的物理参数及其相对体积的关系式。

岩石体积物理模型是测井解释中最常用的一种简化地层模型，它按岩石成分在物理性质上的差异分别累积其体积，使岩石总体积等于各部分体积之和。岩石某一物理量是各部分相应的物理量之和（求和方法要视物理量的性质而定），由后者导出测井响应方程。

物质平衡方程是岩石体积物理模型内各部分相对体积之和为 1 时得到的方程。纯砂岩模型是指地层不含泥质或泥质含量很少的砂岩模型，它认为岩石由骨架和有效孔隙两部分组成。泥质砂岩模型考虑了泥质含量对测井参数的影响，使测井响应方程能同时适用于纯砂岩和泥质砂岩而建立的简化地层模型，泥质砂岩模型由骨架、泥质和有效孔隙三部分组成。双水模型是为了计算泥质砂岩的含水饱和度而采用的一种简化地层模型。它认为泥质砂岩由岩石颗粒（骨架及干黏土）和总孔隙体积两部分组成。总孔隙体积除了含油气外，还含有两种电阻率不同的水，紧贴孔隙表面的束缚水（近水）和离孔隙表面较远的自由水（远水）。

地层电阻率因子是完全含水时的岩石电阻率与该岩石孔隙中地层水电阻率的比值。电阻率指数是储层岩石电阻率与该岩石完全含水时电阻率的比值。阿尔奇公式由阿尔奇建立，反映地层因子与岩石有效孔隙度的关系，可绘制地层电阻率指数与含水饱和度的关系式交会图，判断岩性和选择岩性的模型。岩石骨架识别图是用测井资料绘制的岩石骨架密度和骨架时差的交会图。

测井资料归一化是在岩相研究中，主成分分析之前将常规测井数据和地层倾角合成曲线的数据都变成小于等于 1 的数的数据处理方法。测井相分析是根据一组测试资料表征沉积物特征、辨别沉积物性质的测井响应，用计算机自动确定岩相时，测井相是最终模式对应的一组测井资料，每个测井相都对应于一个岩相。截止值是挑选出某类地层所用的地质参数下限值和上限值。

2) 测井分析软件

目前所用的测井资料分析软件如下：POR 程序是 Atlas 公司只用一种孔隙度测井资料对泥质砂岩进行分析的程序；SAND2 程序是改进的泥质砂岩程序，采用多种方法计算泥质含量，用中子密度交会图计算孔隙度和泥质含量；NEWSAND 程序是德莱塞公司针对 SAND2 程序改进的较成熟的泥质砂岩分析程序，提供了求准泥质砂岩储层孔隙度和泥质含量的可靠方法；CRA 程序是 Atlas 公司复杂岩性分析程序，用于解释石英、方解石、白云石、硬石膏四种常见矿物中任两个矿物加上黏土组成的复杂岩性；CLASS 程序是 Atlas 公司应用测井资料分析地层中黏土矿物，并运用瓦克斯曼—史密茨模型评价泥质砂岩地层的分析程序；ELAN 程序是斯伦贝谢公司推出的最优化解释程序，可使用一个或多个解释模型所描述的最佳联立方程对地层一步步地定量求解。

3.3.3.2　时间推移测井资料能反映钻井流体滤液侵入

在裸眼井中，用电阻率测井方法，在不同时间测井，根据测井曲线数值变化，可分析出钻井流体滤液储层伤害。时间推移测井要求采用的测井仪器性能稳定、测量条件一致，否则时间推移测井资料容易造成假象。微电极曲线有幅度差、前后不同时间测量的 0.45m 和 4m 梯度电极数值有较大变化、感应测井曲线幅度有较大变化、自然电位有负异常都说明该地层为渗透性地层，并反映出随着时间的推移，钻井流体滤液侵入逐渐加深，井壁形成滤饼。

储层电阻率随时间推移略有降低，水层电阻率则明显增加。这是在钻井流体滤液电阻率大于地层水电阻率时，时间推移测井电阻率变化的情况。当钻井流体滤液电阻率低于地层水电阻率时，尤其是饱和盐水钻井液时，地层电阻率则明显降低。

3.3.3.3　深、浅双侧向测井和微球形聚焦测井求侵入带直径

不同的测井方法，探测范围不相同。深、浅双侧向测井和微球形聚焦测井的探测范围依次是深、中、浅。储层受到钻井流体滤液侵入时，深、浅双侧向和微球形聚焦测井曲线显示有幅度差，侵入带直径可以用经过井眼和围岩校正后的深、浅双侧向测井的读值及微球形聚焦测井读值一起在侵入校正图版上求得。方法实施依赖于一系列的图版，仅能提供侵入直径近似值，得不到井周围地层流体性质的变化规律，阻碍了测井评价储层伤害深度工作的顺利实施。

采用正压差钻井过程中，井眼周围的储层将不同程度地受到钻井流体滤液和一些固相颗粒的侵入，如果这种侵入使储层渗透率减小，表明储层受到钻井流体伤害。利用测井资料可准确判断储层是否受到钻井流体滤液的侵入，并计算侵入的深度和评价伤害深度。

钻井流体或滤液侵入地层过程，就是钻井流体或滤液在正压差作用下驱替地层原始流体的过程，在这个过程中还将同时产生水基钻井流体或滤液与地层水的混合，以及不同矿化度流体间的离子扩散过程。因此，钻井流体或滤液驱替地层中原始流体、相容流体间的混合和不同浓度溶液间的离子扩散，构成了钻井流体或滤液侵入的全

过程。该过程可以通过流体在多孔隙介质中的渗流、不同矿化度溶液的对流传质、不同矿化度溶液间的离子扩散等数学模型定量分析。

孔隙性地层孔径小、孔隙多且分布均匀。钻井液滤液侵入深度一般在 1~5m 范围内，内滤饼厚度 3cm 左右，外滤饼厚度在 2cm 以内。对于孔隙性地层，如果忽略内滤饼的形成过程，那么钻井流体侵入地层过程可以看成钻井流体滤液驱替地层孔隙中流体的过程。这一过程服从达西定律和多相渗流方程，并且侵入量主要取决于滤饼和地层渗透性，其次与油、气、水的黏度和压缩性、钻井流体柱与地层压差、地层孔隙度、含油饱和度、残余油和残余水饱和度、毛细管压力特性及相渗特性等有关。

滤液侵入地层，在径向上将形成驱替程度不同的三个带：井壁附近受到强驱替的冲洗带；冲洗带外驱替较弱的过渡带；未驱替的原状地层。滤液与地层水产生流体混合及离子扩散过程，混合过程服从单相渗流传质方程，且这一过程仅发生在冲洗带和过渡带内；离子扩散过程是指不同浓度的盐溶液接触时，高浓度一方的盐类离子在渗透压的作用下，向低浓度一方扩散的过程，这一过程服从扩散定律。

因为盐离子的扩散速度较低，所以盐离子的扩散过程在钻井流体滤液侵入地层时表现不明显，主要发生在侵入结束之后。由于离子总是从浓度高的一方向低的一方扩散且速度极慢，所研究井均为淡水钻井流体钻井，因此，离子扩散过程不会引起径向盐浓度的明显变化，所以不考虑离子扩散过程对侵入深度的影响。

由于钻井流体液柱压力与地层孔隙压力不平衡所造成的流体流入流出地层，使得井眼附近地层中所含流体性质与原地层性质不同。当钻井流体柱压力高于地层孔隙压力，钻井流体侵入深度取决于岩石的孔隙度和渗透率、钻井流体的失水因素，以及井眼和地层的压差。对于给定的钻井流体类型，在与其接触的地层渗透性、润湿性及压差一定时，孔隙度越小，侵入深度越大。在测井曲线上，显示出探测半径不同的仪器响应值不同，如微电极曲线、深浅电阻率测井曲线和时间推移测井曲线将出现幅度差，井径曲线显示井径有缩径。

3.3.4 采油法

流入动态关系曲线又称流入动态曲线或者 IPR (inflow performance relationship) 曲线，表示在一定的油藏压力下，油井产量与井底流动压力的关系曲线。该曲线反映油藏向油井供油的特性和能力，是油井设计和分析的基础。可根据系统试井资料绘制，也可利用某一工作制度下测得的产量和流压，根据驱动方式选取相应的公式来计算。该曲线形状为直线或曲线，或两者的组合：直线说明油藏中的流动为单相流体流动，且符合达西流动定律，为线性渗流；曲线则说明油藏中是油气两相渗流（溶解气驱）或在井底附近发生非达西流动。

采油指数是单位生产压差下的油井日产油量，或井底流压改变1.0MPa时油井日产油量的变化值。采油指数表示油井产能大小，其值根据流入动态曲线的形状，可以是常数，也可能随着流动压力而变化。采液指数是单位生产压差下的油井日产液量，或井底流压改变1MPa时的油井日产液量的变化值，是表示油井产能大小的重要参数。其值根据流入动态曲线的形状，可以是常数，也可能随着流动压力而变化。吸水指数是水井单位生产压差下的日注水量。

对于采气井，在此专门介绍凝析气井测井。凝析气井试井是指为探明是否为凝析气藏，并为了解井的产能和生产特征而在凝析气井上进行的专门的生产测试工作。其方法一般是先按气井回压法，测取4~5个点的压力、产量等资料，并做出产气指数方程式或二项式。在上述各测试点测试的同时，准确地取得气样（井口取样或井底取样），利用高压物性测试装置，测定露点及不同条件下凝析气油比和气体及凝析油的相对密度。测试报告中除一般试井项目外，还应分析该井是否属凝析气井，如为凝析气井，则注明气层温度下不同压力下的凝析气油比，并给出露点压力。

油气井的生产动态随着时间的推移而变化，油气井产量递减分析对于正确诊断和识别储层伤害是非常有用的。根据油气田或油气井产量的正常递减规律，当油气田或油气井的年（月）产量递减率过大时，或者是在油井开采的初期或修井作业后出现产量锐减，都可根据产量递减动态分析来判断是由储层伤害还是地层能量衰减或水淹造成的。产量递减可通过产量—时间关系曲线，产量—时间半对数关系曲线，产量—累积产出量关系曲线，产量—累积产出量半对数关系曲线等四种曲线分析储层伤害。

3.3.4.1　堵塞比计算

堵塞比是流动效率的倒数，是用来描述井底附加地带的油气层受污染和堵塞程度的物理量。其值为在相同生产压差下，理论产量与实际产量之比，即

$$DR=\frac{Q_t}{Q_a}=\frac{J_t}{J_a} \qquad (3.35)$$

式中　Q_t——理论产量；

　　　Q_a——实际产量；

　　　J_t——理论生产指数；

　　　J_a——实际生产指数。

进一步根据生产压差推导，得：

$$DR=\frac{p_i-p_{wf}}{p_i-p_{wf}-\Delta p_s} \qquad (3.36)$$

式中　p_i——地层静压力，MPa；

　　　p_{wf}——井底流动压力，MPa；

　　　Δp_s——附加压降，MPa。

当 $\Delta p_s<0$ 时，$DR<1$，井底处于超完善状态；当 $\Delta p_s>0$ 时，$DR>1$储层受到伤害；当 $\Delta p_s=0$ 时，$DR=1$，储层未受到伤害。

3.3.4.2　流动效率计算

流动效率是油井的实际采油指数与无表皮效应时的采油指数之比，也是在相同产量下，理想井所需生产压差与实际井所需生产压差之比。具体计算公式见式(3.37)。

$$FE=\frac{p_e-p_{wf}-\Delta p_s}{p_e-p_{wf}}=\frac{\Delta p_t}{\Delta p_a} \qquad (3.37)$$

式中　p_e——地层静压，MPa；

　　　p_{wf}——井底流动压力，MPa；

　　　Δp_a——实际井的压差，MPa；

　　　Δp_t——理想井的压差，MPa。

$\Delta p_s=0$ 时，$FE=1$，储层未受到伤害；$\Delta p_s<0$ 时，$FE>1$，井底处于超完善状态；$\Delta p_s>0$ 时，$FE<1$，储层受到伤害，且数值越小，储层受到伤害程度越大。

堵塞比与流动效率成倒数关系：

$$DR=\frac{1}{FE} \qquad (3.38)$$

流动效率和堵塞比描述了理论产能与实际产能的关系，这两个参数在储层、油气井伤害评价及增产措施设计中有广泛的应用，其定量地反映了储层、油气井伤害程度。

3.3.4.3　产率比计算

产率比 PRJ，是油层损害后与损害前的产量（采油指数）之比。

$$PRJ = \frac{J_a}{J_t} = \frac{q_a}{q_t} = \frac{\ln\left(\frac{r_e}{r_w}\right)}{\ln\left(\frac{r_e}{r_c}\right)} \quad (3.39)$$

式中 J_a——油层损害后的采油指数；

J_t——油层损害前的采油指数；

q_a——油层损害后的产量，即实际产量；

q_t——油层损害前的产量；

r_e——储层泄油半径；

r_w——油井井眼半径；

r_c——储层被损害区域的半径。

3.3.4.4 产能比计算

产能比是在相同生产压差下，实际产量与理论产量之比。

$$PR = \frac{q_a}{q_i} \quad (3.40)$$

式中 PR——产能比；

q_a——实际产量；

q_i——理论产量；

产率比和产能比都是反映伤害前后产量变化的物理量。

3.3.4.5 完善指数计算

完善指数 CI 是同一井的生产压差 Δp 与其压力恢复曲线径向流直线段斜率 m 的绝对值之比。

$$CI = \frac{\Delta p}{m} = \frac{p_e - p_{wf}}{m} \quad (3.41)$$

代入条件比 CR 式中可得出：

$$CR = \frac{2\ln(r_e - r_w)}{CI} \quad (3.42)$$

将理想井与实际井比较：

$$\frac{CI_t}{CI_a} = \frac{(\Delta p/m)_t}{(\Delta p/m)_a} = \frac{\Delta p_t}{\Delta p_a} = FE = PF = PR = \frac{1}{DR} \quad (3.43)$$

式中，下标 a 代表实际井，下标 t 代表理想井。

3.4 储层伤害治理方法

作业过程中解除储层伤害的过程，称为解堵。根据堵塞原因、程度、类型，可采取不同的解堵措施。一般常用的方法有物理解堵和化学解堵两大类。

物理解堵常用的有水力振荡解堵、循环脉冲解堵、电脉冲振荡解堵、超声波解堵等技术。这些方法的共性就是利用外来能量，打开近井地带的渗流通道，但适用的领域有限，多数情况下用化学解堵。

化学解堵是将一定量的化学解堵剂挤入堵塞伤害的储层和注水层，在物理、化学作用下，恢复产能。化学解堵常用降堵剂、解堵剂、酸洗等方法，并考虑储层伤害因素，主要有以下五个方面。

（1）与地层流体的相容性。一方面地层中的油、气、水三相流体的混合物将从地层流入井眼并与循环的钻井流体接触，可能产生高黏度的稳定乳化物；另一方面为抑制乳化，使用表面活性剂时，要预防钻井流体漏失到地层中引起润湿性变化及预防地层水与钻井流体滤液作用产生结垢和沉降物。

（2）地层产出液对钻井流体的稀释。循环钻井流体可能被相容的地层产出液迅速稀释，侵害钻井流体。同时应测量储层产出物的苯胺点和浊点，以确定产出油再循环时不会影响泵和井下马达的正常运转，并保证产出液与温度较低的钻井流体接触时不发生析蜡。

（3）防腐。如果使用氮气或空气实现欠平衡钻井条件，盐水与循环钻井流体中的微量氧结合会产生极高的腐蚀性。如果地层产出气中含有硫化氢，腐蚀会更严重。因此，要仔细分析游离气、溶解气和地层水，如果井下设备长期使用，必须对侵蚀程度进行监测，并采取一项或多项经常性的措施（提高 pH 值，添加去氧剂，钻杆涂塑，使用特殊材料的井下钻具等）。

（4）钻井流体的黏度。如果丧失了欠平衡条件，基浆中固有的高黏度物质将缓慢地侵入地层，通常在人工诱导的欠平衡钻井中，不考虑使用高黏度的钻井流体，以便维持紊流。同时泵送高黏度钻井流体产生的高摩擦力会使钻头处难以维持欠平衡条件，特别是在流钻作业中，一般要维持一定黏性，以预防产出气体上窜过快，给地面井控带来困难。

（5）对流自吸作用。如果在低渗透的水润湿储层（气层）中进行欠平衡钻井，毛细管压力作用可能造成储层伤害，即使是在连续的欠平衡压力梯度下，水基钻井流体也会因对流，自吸进近井眼地带。

钻井过程中的储层伤害一般采取射孔、酸化、压裂等措施进行控制，采油过程中储层伤害的解堵方法还不够完善。控制生产压差及限制产量，对沉淀和出砂有一定的抑制作用；解除垢堵塞，一般采用热洗、注抑制剂、酸洗等化学方法；未来发展方向是采用磁化、震荡、超声波等现代物理方法。

储层伤害控制与解堵是油藏有效开发和效益管理的最重要问题之一。储层伤害控制与解堵既是一门科学，又是一门艺术，需因地制宜，没有万能的办法。一般可选择任其发展、储层改造和重新钻井等处理方式，但选择何种方式主要依据经济效益来决定同时要通过室内优选、现场试验优化，选择最佳解决方案。

3.4.1 物理解堵

储层伤害控制所用的物理解堵方法是指不与储层产生新物质的方法。

3.4.1.1 高温热处理

用高温热处理来改善黏土膨胀和水锁，高温会使黏土脱水并破坏黏土的晶格、使堵塞水蒸发，并且热导应力会在近井区产生微裂缝，增加富含黏土地层的渗透率，最终有利于消除或缓解水锁损害。

3.4.1.2 近井地带水力压裂

水力压裂改造储层是消除储层伤害的有效技术。水锁、滤失时的细粒侵入、黏土膨胀，尤其是在低渗透油层中所形成的基质伤害通常对产能造成不利影响。采用配伍流体和适当选择的滤失控制添加剂压裂的井，产能会大幅度提高。

改变流体的渗流状态，使原来径向流动改变为油层与裂缝近似的单向流动和裂缝与井筒间的单向流动，裂缝内流体流动阻力小，降低了井底附近地层中流体的渗流阻力，消除了径向节流损失，降低了能量消耗。

3.4.1.3 超声波作用

波的频率在 0.02~20kHz 称为可听声波，大于 20kHz 的声波称为超声波。超声波处理储层系统由地面设备和井下仪器两部分组成。连接装置由地面声波—超声波发生器，传输电缆和井下大功率电声转换装置等三大部分组成。作用机理主要有机械振动作用、空化作用和热作用。

（1）机械振动作用。超声波作用于油层、原油流体，储油岩层随声波一起振动。由于油、气、水及岩石物质密度不同，各自产生的振动加速度和振幅也不相同，致使两种相态物质界面产生相对运动，达到一定强度就有撕裂趋势，使原油与岩层的亲和力减弱，原油脱离岩砂。水与油的界面在声波的作用下会形成油包水或者水包油的乳状液，有利于原油流至井筒内。另外，油层内毛细管在声波的机械振动作用下，直径会发生时大时小的变化。毛细管胀大时，表面张力减小，有利于毛细管内的原油流入井筒，达到解堵目的，提高岩石渗透性。

（2）空化作用。原油在地层饱和压力下溶解碳氢气体，由于大功率声场作用，井下原油发生空化效应，使原油分解出大量气泡，举升原油，促进油井诱喷和增加产量。达到空化状态后的原油物质分子键撕裂，相对分子质量减小，降低原油黏度。

（3）热作用。井筒内流体及管柱在声场中会发生强烈的声波振荡，使界面产生一定的摩擦热，可使井壁的结蜡变软和熔化。加之超声波的空化作用使局部形成高温高压，这些阻碍了蜡在管壁上的聚结。

超声波不仅可以处理高含水期的油层，还可以处理常规技术无法处理的高含黏土油藏、低渗透油藏、致密油藏和稠油油藏。

3.4.1.4　水力振荡

水力振荡解堵施工流程由地面设备和振动管柱两部分组成：地面设备为一台泵车、一台储液罐车和一部修井机；振动管柱由井口、油管、扶正器、振荡器组成。

振动来自物体的运动，固体物质的机械运动会产生振动，在周围介质中以波的形式传播，流体运动也会产生振动，也能以波的形式在介质中传播。水力振荡解堵技术利用液体的振动原理在井底产生压力脉冲，直接作用于油层，以解除油田钻井、开采及修井过程中，井下和地层液体乳化、黏土颗粒运移、沉淀物析出及机械杂质堵塞等对地层造成的污染，恢复近井地带地层渗透率，改善其流体的流动状况，达到提高水井注水量、增加油井产油量的目的。

3.4.1.5 井下低频电脉冲

井下低频电脉冲处理油层技术也称电液压冲击法处理油层技术或电爆炸处理油层技术。整套设备分为两部分，即井下设备和地面设备。地面设备为一体积很小的整流变频器。井下设备是整套技术的核心，由升压单元、储能单元、放电单元和电极组成。

井下低频电脉冲解堵的实质是高压击穿充满井内的局部介质，在容积很小的通道内迅速释放出大量能量。在液体中脉冲放电具有很高的能量密度，实际上是爆炸。电爆炸能够产生大密度的高压等离子体和强大的冲击波，作用在储层上，解除近井地带的伤害，造成微裂缝，改善其渗流特性，使原油储集层渗透性增强。

该技术适用于脆性的致密岩石、灰质白云岩、粉砂岩等纵向非均质的地层。处理效果最好的是低渗透、致密性地层，有一定储层改造作用。砂岩效果最差，主要原因是需要改造的区域大，井下低频电脉冲解堵作用在局部，无法波及较大区域。

3.4.1.6 低频振动

低频振动处理油层是将弹性振动能量作用于油层，增加油相对渗透率及毛细管渗流速度，促使石油中的原始溶解气及吸附在地层中的天然气分离，达到提高采收率的目的。

低频振动处理油层设备主要包括人工振源设备和振动监测与分析系统。人工振源设备由可调频起振机和可调重基础构成。振动监测与分析系统由两个子系统组成，即井下监测与分析子系统和振动地面公害监测与分析子系统。

井下监测与分析子系统通过扫描激振和生产动态监测，优化激振频率和扰动力，认识波动场沿井深的衰减特征。振动地面公害监测与分析子系统通过测量周围结构物的自振特性和振动响应以及自激振点向各方向不同距离的加速度和衰减情况，找出最大加速度和相应的地震强度，以评价发生振动公害的可能性。

低频振动处理油层技术适应于构造比较简单、区块比较完整、油层连通性好、原油黏度中等的油藏，有效厚度大于14m，产油量小于6t/d的油井效果较好，不适用于特低和较高渗透率的油藏。

3.4.2 化学解堵

化学是最常用的解堵方法，对特定油田，需要室内岩心试验和修正。化学解堵时，首先应确定伤害的类型和位置，以选择适当的处理剂。另外，应注意避免可能由于乳化、润湿性变化、水锁、结垢、有机沉淀（石蜡和沥青）、混合沉淀（垢与有机质的混合物）、粉砂和黏土以及细菌沉淀等造成的伤害。在多数情况下，虽不能准确地判定储层伤害的类型（一种或多种），但可确定一种或多种最有可能的伤害类型。处理液的选择取决于具体应用和目的。通常利用室内岩心试验和数学模型确定处理液的用量，处理液应含有达到不同目的的添加剂。

处理液设计的主要目的是有效地消除伤害。添加剂则用来预防过度的腐蚀、淤泥沉淀与乳化作用，保持处理液的均匀分布、改善清洗效果以及预防反应产生沉淀。除此之外，还将添加剂用于前置液和后置液中，以稳定黏土、分散石蜡和沥青、抑制结垢和有机沉淀。添加剂的选择主要取决于处理流体、井的类型、井底条件、管柱类型以及充填技术等。在水平井中必须使用转向剂以获得均匀的处理液分布。每种添加剂的用量依具体情况而定。例如表面活性剂的浓度常为0.2%~0.5%，以降低表面和界面张力并形成水湿。一般来说，添加剂的用量尽可能最小。正常情况下，推荐的浓度应根据试验结果而定。

3.4.2.1 化学法解堵相关概念

微乳液是通常由油、水、表面活性剂、辅助表面活性剂和电解质等组成的透明或半透明的稳定流体。相是指流体内部物理性质和化学性质完全均匀的部分。上相微乳液是与过量盐水处于平衡状态的微乳液。中相微乳液是与过量盐水和油处于平衡状态的微乳液。下相微乳液是与过量油处于平衡状态的微乳液。最佳含盐量是产生最佳驱油效果时驱油剂的含盐量。

协同效应是两种或两种以上化学剂复配后的使用效果优于同条件下化学剂单独效果简单加和的效应。增溶作用是难溶的固体或流体在表面活性剂溶液中溶解度显著增加的作用。增溶参数是单位体积或质量的表面活性剂在油中增溶水或在水中增溶油的体积或质量。重力分异是指驱油剂密度与储层中原油密度或油藏中可流动盐水密度不等而引起的超覆现象。萃取是利用适当溶剂从固体或流体混合物中分离出可溶组分的过程。

等效烷烃碳数是当原油与某一正构烷烃对表面活性剂钻井流体的界面张力特性相同时，该正构烷烃的碳数。超低界面张力是低于10^{-3}N/m的界面张力。泡沫特征值是泡沫中气体体积与泡沫总体积的比值。酸值是衡量成品油或原油中含酸量的度量。

辅助表面活性剂是能改变表面活性剂的亲水亲油平衡，影响流体的相态和相性质的微乳成分。牺牲剂是以自身损耗来减少其他化学剂损耗的廉价化学剂。

胶束溶液驱通常是指微乳驱，也指以浓度大于临界胶束浓度但小于2%的表面活性剂溶液作驱油剂的驱油法。泡沫驱是以泡沫作驱油剂的驱油法。微乳液驱是以微乳液作驱油剂的驱油法。乳状液驱是以乳状液作驱油剂的驱油法。复合驱是以聚合物、碱、表面活性剂、水蒸气等两种或两种以上物质的复合流体作驱油剂的驱油法。

混溶剂是在一定条件下能与原油混相的物质。混相驱是以混溶剂作驱油剂的驱油法。混相流体是在一定条件下，当两种流体按任何比例都能混合在一起，并且混合物保持单相时，这两种流体即为混相流体。最小混相压力是指注入的二氧化碳流体在储层温度下与油藏中原油达到混相的最低压力。

3.4.2.2 黏土稳定剂

黏土与低矿化度溶液接触时，储层伤害的原理有两种。一是膨胀型黏土吸水进入晶体结构使体积增大，堵塞孔隙空间；二是黏土的移动、运移和沉淀堵塞孔喉。

有效的黏土稳定剂，尤其是用于致密地层中的黏土稳定剂，相对分子质量低且均匀，以预防其在孔隙通道中形成桥堵；稳定剂在砂岩表面应是非润湿性的，以降低含水饱和度；在二氧化硅和黏土表面有很强亲和力，以利于与凝胶溶液的凝胶聚合物竞争吸附，阻止被流动的油气和盐水带走；分子应具有适当的阳离子电荷，有效中和黏土表面阴离子电荷。

（1）无机阳离子。水溶液的矿化度高于原生水矿化度时，可以保持黏土稳定性。作为黏土膨胀指标的基面间距与盐浓度的关系可通过 X 射线衍射测出，认为基面间距大于 21Å 时，黏土就会分散。钾离子和铵离子浓度即使很低，黏土仍是稳定的；要保持黏土稳定，钠离子的浓度要足够高。所以，钾离子和铵离子是天然的黏土稳定剂，但不能持久，因为它们会与钠离子发生交换。钙离子可以保持黏土稳定，但因其可能与地层盐水和化学添加剂发生反应，因而不合适用作黏土稳定剂。低浓度的铯离子也非常有效，但它非常稀有且昂贵。黏土膨胀及其移动、运移和二次沉淀造成的伤害可通过在修井和注入液中添加一些黏土稳定剂来预防，含5%氯化钙、氯化钾以及氢氧化铝的溶液可能是有效的。

(2) 阳离子无机聚合物。为了获得某种程度上持久的黏土稳定性，人们引入了阳离子无机聚合物，如氢氧化铝和二氯氧化锆这些化学剂阻止阳离子交换，但它们适用于不含碳酸盐的砂岩中的黏土稳定，且地层再处理宜应用于酸化处理后。

(3) 阳离子有机聚合物。四价阳离子有机聚合物可用来持久有效地稳定黏土（尤其是蒙脱石黏土），并控制砂岩和碳酸盐岩地层颗粒运移和出砂。它们可用于酸化和压裂处理。因为可获得多阳离子吸附位，所以它们提供的伤害控制是持久性的。但在致密地层中，它们的适用性仅限于低浓度阳离子。因这些高分子、长链聚合物的分子尺寸与孔隙岩石中的部分孔隙尺寸相当，所以会堵塞孔隙，造成渗透率伤害。因为它们含有憎水基和亲水基，因此还可以增加孔隙岩石束缚水含量。由于凝胶在黏土表面的吸附竞争，它们在水力压裂和砾石充填使用的凝胶水溶液中的效果明显变差。

(4) 阳离子低聚物。低分子的阳离子有机分子平均长度为 0.017μm。与阳离子有机聚合物相比，低聚物在黏土稳定方面有许多潜在优点：低聚物的多重复位和对黏土表面的强大亲和力较用于水力压裂和砾石充填的凝胶水溶液更有竞争性；由于低聚物的尺寸比孔隙尺寸小，处理造成的渗透率伤害明显较轻；因为它们属弱水湿（接触角72°），因此也会使束缚水含量降低。

低聚物是由少数链节组成的聚合物，如二聚体、三聚体、四聚体或这些低聚物的混合物。复位是设定一个初始值，在经过一定的变化后回到初始值的状态；多重复位就是通过多种渠道恢复初始状态。

利用临界含盐浓度方法检验了阳离子聚丙烯酰胺和非离子聚丙烯酰胺对蒙脱石黏土的稳定效果，认为聚合物通过覆盖孔隙表面并控制黏土颗粒预防细粒运移。研究发现，低分子聚合物与高分子聚合物的稳定能力不相上下，低分子聚合物因渗透率伤害小更具优势。

可利用有机硅烷化合物作为酸流体的添加剂来预防酸溶作用造成的岩石松软。添加剂通过水解反应形成硅烷醇，附着在硅质矿物表面的晶格上，形成聚硅烷覆盖层，将黏土和硅质细粒束缚在原地。

3.4.2.3 酸液

在酸化工作液中加入缓冲剂，有效控制 pH 值，主要是因为氢离子活度不随环境变化而变化。缓冲能力代表了水溶液 pH 值对加入强碱的敏感性。

高岭石向迪开石、珍珠石和埃洛石的转变遵循氧化反应，在碱金属类氢氧化物存在的高 pH 值下，产生微粒。建议将 pH 值缓冲至 8

或更低并避免注入流体暴露于空气中，以预防高岭石破碎造成储层伤害，还建议加入氯化铵和硫酸铵缓冲剂来预防硅酸盐在高 pH 值环境中分解。

通过对工作流体的研究表明，砂岩储层伤害，可利用能溶解伤害物质的流体；碳酸盐岩（灰岩）地层极易与酸发生反应，所以，可溶解或产生绕过伤害区的溶蚀孔来减轻伤害。如果存在粉砂或黏土伤害，应采用盐酸来绕过伤害区。由氟化钙沉淀造成的伤害则不能用盐酸或氢氟酸处理。被钻井、完井或生产作业带来的粉砂和黏土细粒伤害的地层应视地层类型、伤害位置和温度的不同采用不同的酸处理配方。

氟硅酸与盐酸或其他有机酸，如乙酸的混合物可以溶解黏土和长石，不与石英发生反应。这些酸流体可消除砂岩地层深处的黏土伤害，但不会出现常规盐酸或氟硅酸处理时通常出现的不利的二次沉淀效应。设计得当的酸混合液可大幅降低油田地层表皮系数。氟硅酸和盐酸平衡条件控制着氢氟酸与硅酸铝一次反应和二次反应的程度。

氟硼酸是一种缓速酸，可与黏土的氧化铝层发生反应生成硼硅酸盐膜。在高的流动剪切速率下，硼硅酸盐膜可预防原地黏土和粉砂细粒的运移，因此可稳定含油层中的细粒。氟硼酸应用的有效范围为距井眼 3~5ft。

3.4.2.4 杀菌剂

注入井中细菌的生长，会带来包括近井地层堵塞在内的许多问题。建议用 10% 质量的苛性蒽二酚二钠盐与控制其他种类细菌的传统杀菌剂结合来控制硫酸盐还原菌的生长。

用强碱性的次氯酸钠溶液处理注入井中细菌造成的储层伤害，之后用盐酸后置液中和。

3.4.2.5 除垢剂与防垢剂

无机垢可用多种方法消除。碳酸盐垢可利用盐酸、有机酸和乙二胺四乙酸将其溶解；氢氧化物结垢可用盐酸和有机酸溶解；硫酸盐垢可用乙二胺四乙酸逐渐溶解；氯化物结垢可用弱盐酸水溶液或盐水溶解；硅质垢需要用土酸溶解；铁垢可用盐酸和某种铁稳定剂溶解；如果存在硫化亚铁，则需要在处理液中加入铁还原剂和螯合剂（或多价螯合剂）来避免发生沉淀。螯合剂在 pH 值大于 2.5 时能够以化学方式束缚水合金属离子并改变它们的活性，预防氢氧化铁沉淀。三价铁离子与硫化氢的反应会造成硫化物沉淀。pH 值大于 1.9 时，二价铁离子与硫化氢的反应会产生硫化亚铁沉淀。

防垢剂也会通过闭锁晶体生长位和阻止垢对金属表面的附着来预防结晶作用。一些常用的螯合剂，如乙二胺四乙酸和次氮基三乙酸在井底温度条件下未必有效，因为在温度大于等于120℃时它们会发生分解。建议用硫化氢清除剂除去硫化氢作为预防硫化亚铁产生的唯一方法。

芳香族溶剂、互溶剂、芳香族溶剂与互溶剂的混合物，以及它们在水中的扩散会使有机沉淀溶解，如石蜡和沥青。加入树脂和芳香族化合物可预防沥青的絮凝和沉淀。采用混合的多种非芳香族溶剂溶解性能最佳。清除石蜡沉淀的溶剂处理试验是挤注结晶改良剂预防石蜡结晶。

防垢剂挤注法可用于预防无机盐的析出沉淀，包括硫酸钡、硫酸锶、硫酸钙、碳酸钙、碳酸钡、碳酸镁以及氟化钙。在大多数井况普遍存在高温高压下，因热解作用会使防垢剂的效能大大降低。五磷酸盐、六磷酸盐、磷基聚羧酸盐、聚乙烯基磺酸盐和磺化聚丙烯酸酯共聚物的热稳定性研究表明，防垢剂适用温度为175℃。

有机和无机混合沉淀可采用分散于有机溶剂中的酸将其溶解。低级醇溶剂可以同时溶解有机物和无机物。因为低级醇溶剂是极性溶剂，具有极性的物质之间可以互溶；低级醇溶剂介于有机物和无机物二者之间，溶解性较广，可以同时溶解有机物和无机物。

3.4.2.6 破乳剂

在砾石充填作业中某些混合物可有效地使完井液和原油配伍。与钻井、完井、油层改造和修井作业有关的聚合物伤害，可利用适当的酶性降解反应，将长链分子破裂变为短链分子来处理。为预防钻井流体和压裂流体中的细粒和滤液侵入油层，一般可利用滤饼形成剂在砂岩表面形成非渗透性滤饼。

提出采用α-甲基葡萄糖苷和β-甲基葡萄糖苷，即玉米淀粉产葡萄糖的化学衍生物，因而满足环保要求。这些低界面张力的孔隙桥塞物质可在中、高渗透地层砂层表面形成低渗透性滤饼。

3.4.2.7 润湿性反转剂

可用互溶剂、互溶剂与表面活性剂混合物，以及表面活性剂使地层润湿性从油湿转向水湿。

水包油乳状液可利用互溶剂水溶液、溶剂与表面活性剂混合液、乙醇与互溶剂混合液分解，油包水乳状液可利用芳香族溶剂与互溶剂混合液分解，如甲苯和二甲苯。

互溶剂、芳香族溶剂与互溶剂混合液、乙醇与互溶剂混合液和柴油中含10%冰醋酸的无水乙酸均可消除水锁。

【思政内容】

生活工作中，需要做到以下六件事，以使人工作愉快，并且享受生活：换位思考，一吐为快，接受帮助，降低标准，减少琐事，锻炼身体。

思考题

1. 如何制备储层伤害评价所用的岩心样品？
2. 储层伤害微观和宏观的评价方法有什么联系和区别？
3. 储层伤害的敏感性评价指标为什么不一样？
4. 预防储层伤害的主要方法有哪些？
5. 治理储层伤害的方法有哪些？

4 储层伤害控制工艺

任何现场施工作业，都是系统工程。因此，作业过程中的储层伤害控制，是理论方法和工艺的综合运用，运用成功后形成技术。

钻井过程中预防储层伤害是储层伤害控制系统工程的第一个作业环节。钻井的目的是钻出无伤害或低伤害、固井质量优良的油气井。储层伤害具有累加性，钻井过程中储层伤害不仅影响储层的识别和油气井的初期产量，还会使今后的作业储层伤害程度加剧。因此，控制钻井过程中的储层伤害，关系油气田勘探开发经济效益，必须把好这一关。

完井作业是油气田开发总体工程的重要组成部分，和钻井作业一样，完井作业过程中也会伤害储层。如果完井作业处理不当，就有可能严重降低油气井的产能，使钻井过程中的储层伤害控制措施功亏一篑。因此，了解完井过程储层伤害控制的特点，了解储层伤害控制的完井技术，了解根据油气藏的类型和特性选择最适宜的完井方式十分重要。

油气田开发过程是储层发生动态变化的过程。储层一旦投入开发生产，储层压力、温度及其储渗特性都在不断地发生变化。同时，各个作业环节带给储层的各类入井流体及固相微粒也参与了以上的变化。

（1）在储层的储集空间中，油气水不断重新分布。例如注气、注水引起含水、含气饱和度改变。

（2）储层岩石储渗空间不断改变。例如黏土矿物遇淡水发生膨胀，引起储渗空间减少，严重时堵塞孔道；外来固相微粒或垢的堵塞作用，使储渗空间减少。

（3）岩石的润湿性改变或润湿反转。例如阳离子表面活性剂能改变储层岩石表面性质。

（4）储层水动力学场（压力、地应力、天然驱动能量）和温度场不断破坏和不断重新平衡。例如注蒸汽使地层压力、温度升高，改善了油的黏度，使油的相对渗透率增加，但是，由于热蒸汽到地下冷却后可凝析出淡水，很可能会造成水敏伤害。

开发生产过程中储层伤害的本质是储层有效渗透率的降低。有效渗透率的降低包括绝对渗透率的降低和相对渗透率的降低。绝对渗透率的降低主要指岩石储渗空间的改变。引起变化的原因有外来固相的侵入、水化膨胀、酸敏伤害、碱敏伤害、微粒运移、结垢、细菌垢塞和应力敏感伤害；相对渗透率的降低主要是由水锁、贾敏效应、润湿反转和乳化堵塞等引起的。二者伤害的最终结果表现为储渗条件的恶化，不利于油气渗流，即有效渗透率降低。

如果开发生产中措施得当，避免了伤害，就可改善油气的相对渗透率，有望获得高的采收率；反之，若措施不当，伤害了储层，则可能降低油气水的相对渗透率，得到的是一个低的采收率。因此，油气田开发生产中储层伤害控制的核心是预防储层储渗空间的堵塞和缩小，控制油气水的分布，使之有利于油气的采出。

造成储层伤害的本质原因是外来作业流体（含固相微粒）进入储层时，与储层本身固有的岩石和所含流体性质不兼容；或者是外部工作条件如压差、温度、作业时间等改变，引起相对渗透率变化。储层岩石本身和所含流体的性质是客观存在的，是储层伤害的潜在因素，油气田开发生产过程中其原始状态和性质是不断改变的。因此，在油气田开发生产过程中，对储层岩石和流体的性质应不断地再认识，再分析，必须把着眼点放在动态上。

开发生产中各作业环节的入井流体和工作方式是诱发地层潜在伤害的外部因素，是可以人为控制的，它们是实施储层伤害控制的着眼点。与钻井、完井储层伤害控制相比，储层开发生产过程的储层伤害具有周期长、范围宽、更复杂和累积性等特点，但因钻井完井储层伤害研究更早，相关理论、方法和工艺更多。其特点具体如下：

（1）周期长。几乎贯穿于油气田开发生产的整个生命期。

（2）范围宽。不仅仅局限于近井地带，还涉及储层深部，即由点（一口井）到面（整个储层）。

（3）更复杂。井的寿命不等，先期伤害程度各异，伤害类型和程度更为复杂，地面设备多、流程长，工艺措施种类多而复杂，极易造成二次伤害。

（4）累积性。每一个作业环节都在前面一系列作业的基础上进行累积，加之作业频率比钻井、完井次数高，因此，伤害的累积性强。

4.1 钻井过程中储层伤害控制

钻井是第一次接触储层的勘探开发作业，一般指储层钻井作业。因此，了解整个钻井过程，全方位控制钻井流体伤害储层意义重大。

钻开储层时，在正压差、毛细管力的作用下，钻井流体的固相进入储层造成孔喉堵塞，其液相进入储层与储层岩石和流体作用，破坏储层原有的平衡，诱发储层潜在伤害因素，造成渗透率下降。钻井过程中储层伤害原因可以归纳为分散相堵塞、钻井流体滤液与储层岩石不兼容、相渗透率变化和负压差急剧变化等五个方面。

（1）钻井流体中分散相堵塞储层，包括固相颗粒堵塞、乳化液滴堵塞。

① 固相颗粒堵塞储层。钻井流体中存在多种固相颗粒，如膨润土、加重剂、堵漏剂、暂堵剂、钻屑和处理剂的不溶物及高聚物鱼眼等。钻井流体中小于储层孔喉直径或裂缝宽度的固相颗粒，在钻井流体有效液柱压力与地层孔隙压力形成的压差作用下，进入储层孔喉和裂缝中堵塞渗流通道，伤害储层。伤害的严重程度随钻井流体中固相含量的增加而加剧，特别是分散得十分广的膨润土的含量影响最大。其伤害程度还与固相颗粒尺寸大小、级配及固相颗粒侵入储层深度有关。

② 乳化液滴堵塞储层。对于水包油或油包水钻井流体，不互溶的油水两相在有效液柱压力与地层孔隙压力形成的压差作用下，可进入储层孔隙空间形成油—水段塞；连续相中的表面活性剂还会使储层岩心表面的润湿性反转，伤害储层。

（2）钻井流体滤液与储层岩石不兼容引起的伤害，水敏、盐敏、碱敏、润湿反转和表面吸附等五方面的潜在储层伤害因素。

① 水敏。低抑制性钻井流体滤液进入水敏储层，引起黏土矿物水化、膨胀、分散，是产生微粒运移的伤害源之一。

② 盐敏。滤液矿化度低于盐敏的低限临界矿化度时，可引起黏土矿物水化、膨胀、分散和运移。当滤液矿化度高于盐敏的高限临界矿化度时，则有可能引起黏土矿物水化、收缩破裂，造成微粒堵塞。

③ 碱敏。高 pH 值滤液进入碱敏储层，引起碱敏矿物分散、运移堵塞及溶蚀结垢。

④ 润湿反转。当滤液含有亲油表面活性剂时，这些表面活性剂

有可能被亲水岩石表面吸附，诱发储层孔喉表面润湿反转，造成储层油相渗透率降低。

⑤ 表面吸附。滤液中所含的部分处理剂被储层孔隙或裂缝表面吸附，缩小孔隙或裂缝尺寸。

（3）钻井流体滤液与储层流体不兼容产生无机盐沉淀、形成处理剂不溶物、发生水锁效应、形成乳化堵塞和细菌堵塞等五种潜在储层伤害。

① 无机盐沉淀。滤液中所含无机离子与地层水中无机离子作用形成不溶于水的盐类，例如含有大量碳酸根、碳酸氢根的滤液遇到高含钙离子的地层水时，形成碳酸钙沉淀。

② 处理剂不溶物。当地层水的矿化度和钙、镁离子浓度超过滤液中处理剂的抗盐和抗钙、镁能力时，处理剂就会形成新的沉淀。例如腐殖酸钠遇到地层中的钙离子，就会形成腐殖酸钙沉淀。

③ 水锁效应。岩石的孔道是地层中流体流动的基本空间。当液滴或气泡运移到狭窄孔喉处时，界面会发生变形，致使前后端弯液面的曲率出现差别，产生的毛细管阻力效应称作贾敏效应。如果遇阻变形的是气泡，又称为气阻效应；如果遇阻变形的是液滴，又为液阻效应。当油为连续相，作为分散相的水滴在孔喉处遇阻变形时，常称为水锁效应。水锁效应在低孔、低渗气层中最为严重。

④ 乳化堵塞。特别是使用油基钻井流体、油包水钻井流体、水包油钻井流体时，含有多种乳化剂的滤液与地层中原油或水发生乳化，可造成孔道堵塞。

⑤ 细菌堵塞。滤液中所含的细菌进入储层，如储层环境适合其繁殖生长，就可能造成喉道堵塞。

（4）相渗透率变化引起的伤害。钻井流体滤液进入储层，改变了井壁附近地带的油气水分布，油相渗透下降，增加油流阻力。对于气层，液相（油或水）侵入能在储层渗流通道的表面吸附而减小气体渗流面积，甚至使气体的渗流完全丧失，液相圈闭。

（5）负压差急剧变化造成的储层伤害。中途测试或负压差钻井时，如选用的负压差过大，可诱发储层速敏，诱发储层出砂及微粒运移。对于裂缝性地层，过大的负压差还可能引起井壁表面的裂缝闭合，产生应力敏感伤害。此外，还会诱发地层中原油组分形成有机垢。

钻井过程储层伤害严重程度不仅与钻井流体类型和组分有关，而且随钻井流体固相和液相，与地层岩石、流体的作用时间和侵入深度的增加而加剧。作用时间和侵入深度的影响因素主要有压差、浸泡时间、环空返速和钻井流体性能等四项。

（1）压差。压差是伤害储层的主要因素之一。通常钻井流体的滤失量随压差的增大而增加，因而钻井流体进入储层深度和伤害储层严重程度均随正压差的增加而增大。此外，当钻井流体有效液柱压力超过地层破裂压力或钻井流体在储层裂缝中的流动阻力时，钻井流体就有可能漏失至储层深部，加剧储层伤害。负压差可以阻止钻井流体进入储层，控制储层伤害，但过高的负压差会诱发储层出砂、使裂缝性地层产生应力敏感、形成有机垢，反而会伤害储层。许多实例证实压差过高会伤害储层。美国阿拉斯加普鲁德霍湾油田针对油井产量调研发现，钻井过程中，由于过平衡压力条件下钻井促使固相或液相侵入储层，渗透率下降10%~75%。

（2）浸泡时间。当储层被钻开时，钻井流体固相或滤液在压差作用下进入储层，其进入数量和深度及储层伤害程度均随钻井流体浸泡时间的增加而增加，浸泡时间对储层伤害程度影响不可忽视。

（3）环空返速。环空返速越大，钻井流体对井壁滤饼的冲蚀越严重，因此，钻井流体的动滤失量随着环空返流的增高而增加，钻井流体固相和滤液对储层侵入深度及伤害程度也随之增加。此外，钻井流体当量密度随环空返高而增加，因而钻井流体对储层压差也随之增加，伤害加剧。

（4）钻井流体性能。钻井流体性能好坏与储层伤害程度高低紧密相关。因为固相和液相进入储层深度及伤害程度均随钻井流体静滤失量、动滤失量、高温高压滤失量的增大和滤饼质量变差而增加。钻井过程中起下钻、启动钻井泵产生的激动压力随钻井流体的塑性黏度和动切力增大而增加。此外，井壁坍塌压力随钻井流体抑制能力变弱而增加，维持井壁稳定所需钻井流体密度随之增高。若坍塌层与储层在一个裸眼井段，且坍塌压力又高于储层压力，钻井流体液柱压力与储层压力之差增加，储层伤害加剧。

在复杂结构井，如定向井、丛式井、水平井、大位移井、多目标井等的钻井作业中，钻井流体性能的优劣性对储层伤害影响更加显著，除了上述已经阐述的钻井流体的流变性、滤失性和抑制性外，钻井流体的携带能力和润滑性直接影响着进入储层井段后作业时间的长短，不合理的钻井流体携带能力和润滑性将使钻井流体对储层浸泡时间延长，储层伤害加剧。

钻井过程中，针对钻井工艺技术措施中储层伤害影响因素，可以采取降低压差，实现近平衡压力钻井，减少钻井流体浸泡时间，优选环空返速，预防井喷井漏等措施来减少储层伤害。钻开储层钻井流体不仅要满足安全、快速、优质、高效的钻井工程施工需要，而且要满足储层伤害控制的技术要求。

（1）钻井流体密度可调，满足不同压力储层近平衡压力钻井需要。一般中国储层压力系数从0.4到2.87，部分低压、低渗、岩石坚固的储层，需采用负压差钻井来减少储层伤害，因而必须研究出从空气到密度为3.0g/cm³的不同类型钻井流体才能满足需要。

（2）钻井流体中固相颗粒与储层渗流通道匹配。钻井流体中除保持必需的膨润土、加重剂、暂堵剂等外，应尽可能降低钻井流体中膨润土和无用固相的含量。依据所钻储层孔喉直径，选择匹配的固相颗粒尺寸大小、级配和数量，用以控制固相侵入储层数量与深度。此外，还可以根据储层特性选用暂堵剂；在油井投产时再解堵。对于固相颗粒堵塞会造成储层严重伤害且不易解堵的井，钻开储层时，应尽可能采无固相或无膨润土相钻井流体。

（3）钻井流体必须与储层岩石相兼容。对于中、强水敏性储层应采用不引起黏土水化膨胀的强抑制性钻井流体，例如氯化钾钻井流体、钾铵基聚合物钻井流体、甲酸盐钻井工作流体、两性离子聚合物钻井流体、阳离子聚合物钻井流体、正电胶钻井流体、油基钻井流体和油包水钻井流体等。对于盐敏性储层，钻井流体的矿化度应控制在两个临界矿化度之间；对于碱敏性储层，钻井流体的pH值应尽可能控制在7~8；如需调控pH值，最好不用烧碱作为碱度控制剂，可用其他种类的、控制储层伤害的碱度控制剂；对于非酸敏储层，可选用酸溶处理剂或暂堵剂；对于速敏性储层，应尽量降低压差和严防井漏。采用油基或油包水钻井流体、水包油钻井流体时，最好选用非离子型乳化剂，以免发生润湿反转等。

（4）钻井流体滤液组分必须与储层中流体相兼容。确定钻井流体配方时，应考虑滤液中所含的无机离子和处理剂不与地层中流体发生沉淀反应；滤液与地层中流体不发生乳化堵塞作用；滤液表面张力低，以防发生水锁作用；滤液中所含细菌在储层所处环境中不会繁殖生长。

（5）钻井流体的组分与性能都能满足储层伤害控制的需要：所用处理剂对储层渗透率影响小；尽可能降低钻井流体的滤失量及滤饼渗透率，改善流变性，降低当量钻井流体密度和起下管柱或开泵时的激动压力。此外，钻井流体的组分还必须有效地控制处于多套压力层系裸眼井段中的储层可能发生的伤害。

实施储层伤害控制时，实际油藏类型并不单一。针对不同的储层类型，将不同类型储层伤害控制技术予以有机的组合，近年来形成了一系列钻井流体储层伤害控制的新技术。

4.1.1 近平衡压力钻井

平衡压力钻井是指钻井时井内钻井流体柱有效压力等于地层孔隙压力，即压差为0。近平衡压力钻井即控制储层压差处于安全的最低值，此时钻井流体控制储层伤害最优。一般钻油层时，井内钻井流体静液压力高于地层孔隙压力 $0.05 \sim 0.10 \text{g/cm}^3$；钻气层时，井内钻井流体静液压力高于地层孔隙压力 $0.07 \sim 0.15 \text{g/cm}^3$。

为了尽可能将压差降至安全的最低限，对一般井来说，钻进时努力改善钻井流体流变性和优选环空返速，降低环钻屑浓度；起下钻时，调整钻井流体触变性，控制起抽吸压力。对于地层孔隙压力系数小于0.8的低压储层，可依据实际的地层孔隙压力，分别选用充气钻井、泡沫流体或空气钻井，降低压差，甚至可采用负压差钻井，控制储层伤害。

地层孔隙压力、破裂压力、地应力和坍塌压力是钻井工程设计和施工的基础参数，依据上述四个压力才有可能设计合理的井身结构，确定出合理的钻井流体密度，实现近平衡压力钻井，减少压差对储层所产生的伤害。

井身结构设计原则有许多条，其中最重要的一条是满足储层伤害控制实现近平衡压力钻井的需要，因为中国大部分油气田均属于多压力层系地层，只有将储层上部的不同孔隙压力或破裂压力地层用套管封隔，才有可能采用近平衡压力钻进储层。如果不采用技术套管封隔，裸眼井段仍处于多压力层系。当下部储层压力大大低于上部地层孔隙压力或坍塌压力时，如果用依据下部储层压力系数确定的钻井流体密度来钻进上部地层，则钻井中可能出现井喷、坍塌、卡钻等井下复杂情况，使钻井作业无法继续；如果依据上部裸眼段最高孔隙压力或坍塌压力来确定钻井流体密度，尽管上部地层钻井工作进展顺利，但钻至下部低压储层时，就可能因压差过高发生卡钻、井漏等事故，并且因高压差给储层造成严重伤害。综上所述，选用合理的井身结构是实现近平衡压力钻井前提。

但实际钻井工程施工中，井身结构设计因经济效益或套管程序限制或井下压力系统不清楚等多种原因，难以确保裸眼井段仅处于一套压力系统之中。因而钻进多套压力层系地层，如何搞好储层伤害控制工作是一个技术难题。

4.1.2 减少钻井流体浸泡时间

钻井过程中，钻井流体浸泡储层时间为从钻开储层开始直到固井结束，包括纯钻进时间、起下钻接单根时间、处理事故与井下复杂情况时间、辅助工作与非生产时间、完井电测、下套管及固井时间，为了缩短浸泡时间、减少储层伤害，可采用以下5种方式。

（1）采用优选参数钻井，并依据地层岩石可钻性选用合适类型的牙轮钻头或聚晶金刚石复合片钻头及喷嘴，提高机械钻速。

（2）采用与地层特性相匹配的钻井流体，加强钻井工艺技术措施及井控措施，预防井喷、井漏、卡钻、坍塌等井下复杂情况或事故的发生。

（3）提高测井一次成功率，缩短完井时间。

（4）加强管理，降低机修、组停、辅助工作和其他非生产时间。

（5）为了早期及时发现储层，准确认识储层特性，正确评价储层产能，搞好中途测试。中途测试是一项有效地打开新区勘探局面，指导下一步勘探工作部署的技术手段。大量事实表明，只要在钻井中采用与储层特性相匹配的优质钻井流体，中途测试就有可能获得储层真实的自然产能。中途测试时，需依据地层特性选用负压差。不宜过大，以预防储层微粒运移或泥岩夹层坍塌。

储层岩石中因压裂流体浸泡、冲刷脱落下来的微粒被统称为压裂残渣。大颗粒的残渣在岩石表面形成滤饼，可以降低压裂流体的滤失，并阻止大颗粒继续流入储层深部。较小颗粒的残渣则穿过滤饼随压裂流体进入储层深部，堵塞孔喉及孔隙。缝壁上的残渣随压裂流体的注入，沿支撑缝移动，压裂结束后，这些残渣返流，堵塞填砂裂缝，降低了裂缝的导流能力，严重时使填砂裂缝完全堵塞，致使压裂失败。

4.1.3 预防井喷井漏

钻井过程中一旦发生井喷就会诱发大量储层潜在伤害因素，如因微粒运移产生速敏伤害、有机垢或无机垢堵塞、应力敏感损失、油气水分布发生变化引起相渗透率下降等，使储层遭受严重伤害，如压井措施不当将加剧伤害程度。因而钻井过程应严格执行石油与天然气钻井井控技术规定，搞好井控工作。

钻进储层过程中，一旦发生井喷，大量钻井流体进入储层，造成固相堵塞，其液相与岩石或流体作用，诱发潜在伤害因素。因而钻进易发生漏失的储层时，尽可能采用较低密度的钻井流体保持近平衡压力钻进，也可预先在钻井流体中加入能解堵的暂堵剂和堵漏剂来防漏。一旦发生漏失，尽量采用在完井投产时能用物理或化学解堵的堵漏剂堵漏。

4.1.3.1 多套压力层系地层储层伤害控制

前面阐述过中国许多裸眼井段存在多套压力层系，由于受到条件的制约，不可能再下套管封隔储层以上地层，因而在钻开储层时难以实行近平衡压力钻井，压差所造成的储层伤害难以控制。对此类地层可采取以下几种方法减轻油气层的伤害，这些方法不一定是最佳的储层伤害控制方案，但往往在经济效益上是可行的。

（1）储层为低压层，其上部存在大段易坍塌高压泥页岩层。对此类地层可依据上部地层坍塌压力确定钻井流体密度，以确保井壁稳定。为了减少对下部储层伤害，可在进入储层之前，转用与储层相匹配的屏蔽暂堵钻井流体。

（2）裸眼井段上部为低压漏失层或破裂压力低的地层；下部为高压储层，其孔隙压力超过上部地层破裂压力。对此类地层，可在进入高压储层之前堵漏，提高地层承压能力，堵漏结束后试压，证明上部地层承受的压力系数与下部地层相当时，再钻开下部储层，否则一旦用高密度钻井流体钻开储层就可能发生井漏，诱发井喷，储层伤害。

（3）多层组高坍塌压力泥页岩与多层组低压易漏失储层相间。应提高钻井流体抑制性，降低坍塌压力，按此值确定钻井流体密度。为了减少储层伤害，应尽可能提高钻井流体与储层兼容性，采用屏蔽暂堵储层伤害控制钻井流体技术。

4.1.3.2 调整井储层伤害控制

油气田开采进入中、晚期。为了重新认识储层，改善和提高开发效果，实现油气田稳产，需对已投入开发的油气田，以开发新层系或井网调整为主要目的再钻一批井，这些井为调整井。由于长期采油与注水，钻调整井时的地层特性与油田勘探开发初期所钻的探井、开发井相比，已经发生较大变化，因而钻调整井时所发生的储层伤害原因和预防伤害措施也有所改变。

（1）同一井筒中形成多套压力层系或低压层。部分储层由于长期采油或注采不平衡，造成孔隙压力与破裂压力大幅度下降；部分地层因注水憋成高压，其孔隙压力甚至超过上覆压力或同一井筒中另一组地层破裂压力；部分未投入开发的储层仍保持原始地层压力。上述这些地层与井筒中原有高坍塌应力地层、易发生塑性变形的盐膏层或含盐膏泥岩层组合形成多套压力层系，这些地层孔隙压力或破裂压力与原始压力相差较大。

（2）储层孔隙结构、孔隙度、渗透率、岩石组成与结构等均发生变化。例如压裂会使储层裂缝增多，连通性发生改善等。

（3）油气水分布发生变化，相渗透率也随之而改变。

这些变化大幅度增加部分调整井钻井流体密度，钻井过程中喷、漏、卡、塌不断发生。井漏大多发生在低压储层中，对储层产生较大的伤害。对于部分低压层即使没有发生井漏，高的液柱压力所形成的高压差加剧了储层伤害。高的液柱压力还有可能超过低压储层破裂压力诱发裂缝，造成井漏。另一部分调整井，由于地层孔隙压力大幅度下降，储层连通性得到改善，采用原有的水基钻井流体钻进，不断发生井漏。部分储层甚至已经无法采用密度大于 $1.0g/cm^3$ 的钻井流体钻进。综上所述，井喷、井漏、高压差等因素加剧了调整井钻井过程中的储层伤害程度。

调整井储层伤害控制仍需依据发生变化的储层特性，按照前两节所阐述的原则优选。除此之外，还需依据调整井的特点采取一些特殊技术措施来减少储层伤害。

（1）采用重复式地层测试器、岩性密度测井、长源距声波测井或地层测试、电子压力计测压等方法，搞清调整井区地层孔隙压力，建立孔隙压力和破裂压力曲线。

（2）对于裸眼段均为低压层井，可依据地层压力选用与储层特性相兼容的各类低密度钻井流体，实现近平衡压力钻井，预防井漏。为了提高防漏效果，必要时可在钻井流体中加入单封和暂堵剂。

（3）如果裸眼段是多压力层系，高压层是长期注水引起的，则应在钻调整井之前，停注泄压或控制注水量或停注停采。如个别地层压力极高，可预先打泄压井，降低地层压力。

（4）如果高压层是原始的高压储层，且裸眼段还存在压力系数相差较大的低压层，或高压层孔隙压力超过其他地层破裂压力，则应设计合理井身结构，或者在钻开低压层后，预防性堵漏，提高地层承压能力，预防在钻进高压层时因提高钻井流体密度发生井漏。或在钻高压层后，进入低压层之前，往钻井流体中加入暂堵剂或堵漏剂，采取预防性的循环堵漏。

如果漏层是储层，无论预防性堵漏还是漏失后堵漏，所采用的堵漏剂都需采用油井投产时能用物理或化学法解堵的材料。

4.1.4 欠平衡钻井

欠平衡钻井不但能提高油井的产能，还能大幅度提高机械钻速。欠平衡钻井分为流钻也叫边喷边钻、人工诱导欠平衡钻井两种。广泛使用的欠平衡钻井工艺主要有泡沫钻井、空气钻井、雾化钻井、充气钻井流体钻井、井下注气钻井。欠平衡钻井是一种储层伤害控制的好方法，可克服近平衡和过平衡造成的储层伤害。

（1）可避免因钻井流体滤失速度高造成的细颗粒和黏土颗粒运移。

（2）可避免钻井流体中加入的固相和地层产生的固相侵入地层。

（3）在高渗层中可避免钻井流体侵入。

（4）可避免对水相或油相敏感的地层在与钻井流体接触时产生影响地层渗透率的反应。

（5）可避免黏土膨胀、化学吸附、润湿反转等一系列物理、化学反应。

（6）不会产生沉淀、结垢等不利的物理化学反应。

（7）不存在旨在抑制侵入深度的低渗滤饼的设计问题。

欠平衡钻井主要适用于高渗（$1\times10^{-3}\mu m^2$）、固结良好的砂岩和碳酸盐岩地层，高渗、胶结差的地层，微裂缝地层，负压和枯竭地层，对水基钻井流体敏感地层，以及地层流体与钻井流体不相容和脱水地层。

在人工诱导的欠平衡钻井中，很难在整个钻井过程中完全保持连续的欠平衡。为保证全部钻井过程中无储层伤害，在选择钻井流体时应考虑钻井流体与地层产生流体的相容性；产出液对钻井流体的稀释问题；钻井流体的黏度；对流自吸作用；选择合适的钻井流体密度，以便在井筒内形成合理的负压差；安全和防腐。

欠平衡钻井的安全问题是至关重要的。除考虑设备的安全问题外，对注入气体的氧气含量也要严格控制。一般情况下，注入气的含氧量不能超过5%，否则就认为是不安全的。

欠平衡钻井的腐蚀问题要比近平衡和过平衡钻井严重得多，腐蚀可使钻井成本上升30%左右。世界上已经研究出非化学和化学两种欠平衡钻井的防腐方法。

中国新疆、长庆等油田成功应用欠平衡钻井控制储层伤害。长庆油田青1井首次在3205~3232m井段使用泡沫流体取心，但泡沫流体的使用受到许多条件的限制没有推广应用。

4.1.5 屏蔽暂堵钻井

在一定条件下，可将固相堵塞这一不利因素转化为有利因素，如当颗粒粒径与孔喉直径匹配较好、浓度适中，且有足够的压差时，固相颗粒仅在井筒附近很小范围形成严重堵塞（即低渗透的内滤饼），这样就限制了固相和液相的侵入量，降低伤害的深度。颗粒粒径不同，影响储层的渗透率程度不同，如图4.1所示。

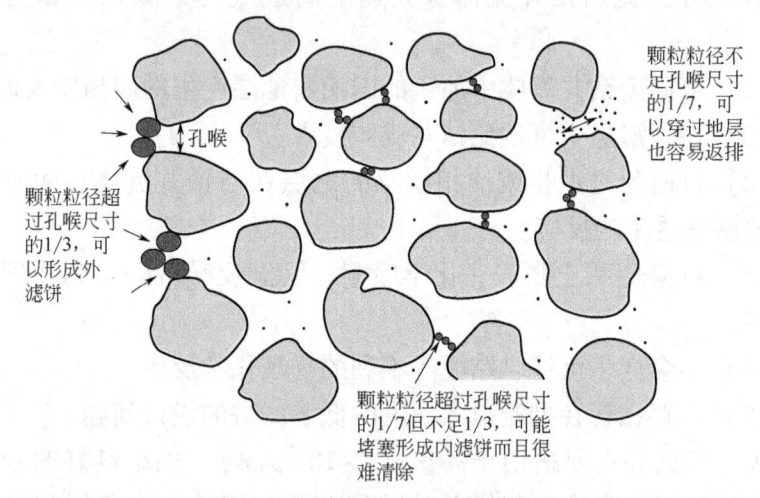

图 4.1　三类粒径大小与储层关系

长裸眼井段中常存在多套压力层系时，例如上部井段存在高孔隙压力或处于强地应力作用下的易坍塌泥岩层或易发生塑性变形的盐膏层和含盐膏泥岩层，下部为低压储层；多套低压储层之间高孔隙压力的易坍塌泥岩互层；老油区因采油或注水形成的过高压差储层。因为同在一个裸眼井段中，为了顺利钻井，钻井流体密度必须按裸眼井段中存在最高孔隙压力来确定，否则就会发生井塌等井下复杂情况，轻则增加钻井时间，重则报废井，这样做必然对低压储层形成过高压差。为了解决此技术难题，开发了屏蔽暂堵钻井流体技术。

屏蔽暂堵储层伤害控制钻井流体，简称屏蔽暂堵技术主要用来解决裸眼井段多压力层系地层储层伤害控制难题。即利用钻进储层过程中对储层发生伤害的两个不利因素——压差和钻井流体中固相颗粒，将其转变为储层伤害控制的有利因素，减少钻井流体、水泥浆、压差和浸泡时间伤害储层。

屏蔽暂堵技术的技术构思是利用储层被钻开时，钻井流体液柱压力与储层压力形成的压差，在极短时间内，迫使钻井流体中人为加入的不同类型和尺寸的固相粒子进入储层孔喉，在井壁附近形成渗透率接近于零的屏蔽暂堵带。此带能有效地阻止钻井流体、水泥浆中的固相和滤液继续侵入储层，其厚度必须大大小于射孔弹射入深度，以便在完井投产时，射孔解堵。

粒度分布合理的颗粒有可能在不同渗透率的储层中形成渗透率接近于零的屏蔽暂堵带。此带渗透率随压差增加而下降，其厚度小于30mm，小于射孔弹射入深度。切除岩心的屏蔽环带后，渗透率就可以恢复。形成渗透率接近零的薄屏蔽暂堵带的主要步骤如下。

（1）测定储层孔喉分布曲线及孔喉的平均直径。

（2）按孔喉直径选择架桥粒子，如超细碳酸钙、单向压力暂堵剂颗粒尺寸，使其在钻井流体中含量大于3%。

（3）按颗粒直径小于架桥粒子（即约孔喉直径），选用充填粒子，加量大于1.5%。

（4）加入可变形粒子，如磺化沥青、氧化沥青、石蜡、树脂等，加量一般为1%~2%。粒径与充填粒子相当。变形粒子的软化点应与储层温度相适应。

屏蔽暂堵技术已从常规的砂岩油藏延伸到特殊储层，以下简要介绍裂缝性储层屏蔽暂堵、致密储层屏蔽暂堵，以及气藏和稠油油藏屏蔽暂堵。

（1）裂缝性储层是一类不同于常规砂岩油藏的特殊储层，其特殊性在于这类储层油气渗流通道以裂缝为主，钻井流体储层伤害不仅表现为对裂缝渗流通道的堵塞，而且钻井流体与裂缝面基岩接触会对基岩造成伤害（这种伤害有可能延伸到地层深部，对产能的影响尤为严重）。针对这一伤害特点，暂堵必须满足近井壁要求，不进入裂缝更理想。要实现暂堵要求，用压汞资料显然难以揭示裂缝的特征。中国已有专门描述裂缝特征的成熟技术，构成该技术的一部分是裂缝暂堵的计算机模拟，还有一部分是裂缝的面形扫描。

裂缝暂堵的计算机模拟首先用二维模拟或三维模拟的方法在计算机中得到裂缝，即根据天然裂缝的特点，将裂缝的两个表面模拟成两个间距随机变化的曲线或曲面，并给出裂缝的统计裂缝宽度值，然后以不同的暂堵材料在计算机上测试暂堵模拟，再据此组配暂堵剂测试验证。模拟结果表明，对于裂缝表面，实现稳定暂堵所需要的颗粒状粒子的直径应该达到裂缝平均宽度的0.8倍以上，复配一定量的非规则粒子（片状、棒状、纤维状、椭球状、纺锤状等）可以进一步提高暂堵的效果（如缩短暂堵时间、提高暂堵强度、提高反排效果等）。

由于裂缝表面的特殊性，由计算机模拟得到的裂缝能否代表真实的裂缝，还需要有真实的带裂缝的地层岩心给予验证，裂缝的面形扫描技术可以满足这一需求。该技术是将实际的裂缝两个表面的对应区域用激光扫描，将扫描所得转化为三维图形，再将上述两个三维曲面重叠，得到无应力条件下的裂缝图形，再计算将其转化为地应力条件下的裂缝宽度。

（2）致密储层是另一类不同于常规砂岩油藏的特殊储层，这类储层特殊性在于基岩渗透率很低，滤液的侵入对这类储层产能有显著影响，同时，滤液的侵入是借助毛细管力的作用，是一种自发过程，即滤液与亲水的储层岩石一接触就会自动侵入储层形成阻止储层流体进入井筒的流体屏障，伤害储层。因此，降低这类储层伤害的主要途径为借助钻井流体的内外滤饼控制滤失量，并且提高滤液黏度和降低钻井流体滤液的表面张力，减少钻井流体滤液的侵入量。

（3）砂岩、石灰岩气藏与常规砂岩油藏的不同点在于储层流体是气体，由于气体的流动黏滞系数远小于流体的黏滞系数，一旦液相在近井壁周围形成阻止储层流体进入井筒的流体屏障即水锁效应，又称液相圈闭，储层伤害将很快消除，对这类储层伤害控制重点是降低水锁效应、减少钻井流体滤液的侵入，即使用屏蔽暂堵的同时，用表面活性剂降低气—液—固界面的表面张力，通常亲水型表面活性剂可以将表面张力降到 30×10^{-3} mN/m，优选和复配后可以降得更低。

（4）疏松砂岩稠油油藏的储层封堵特殊性在于储层岩石胶结性差，存在比较显著的应力敏感性，在实施屏蔽暂堵技术时，不仅要将钻井流体的分散相粒度分布调整到与储层孔喉分布相匹配，而且所使用的压差应尽量避免引起疏松储层砂岩应力敏感。在暂堵颗粒的选择上，由于疏松砂岩的孔喉尺寸比较大，按架桥原理设计的钻井流体固相粒度难以控制储层钻开时大量钻井流体的侵入（现场表现为进入储层时会有少量的渗漏），即使架桥时间同样为 10~30s，高渗地层将使侵入流体的总量增加，因此架桥粒子的尺寸应该大于暂堵要求尺寸。我国渤海湾地区的油藏是比较典型的疏松砂岩油藏，常规钻井流体的粒度最大 50~60μm，不能满足储层孔喉大于 100μm 的暂堵要求，将钻井流体的粒度最大尺寸调节到 100μm 左右，并使粒度分布图形呈现双峰。经现场测试，达到了预期效果。高渗透疏松砂岩储层，钻井流体的粒度分布呈双峰型是一种较理想的分布，其中的大尺寸部分用于快速架桥，小尺寸部分用于逐级填充。

4.2 完井过程中储层伤害控制

完井，是指油气井的完成，抽象地讲是根据储层地质特性和开发开采的技术要求，在井底建立储层与油气井井筒的合理连通渠道或连通方式。所以，完井方式选择是完井工程的重要环节之一。

完井是油、气井钻井工程最后的环节，主要包括钻开生产层、确定井底完成方法、固井，安装井底及井口装置和试油。油气田采用的完井方式有多种类型，先期裸眼完井是先下油层套管到产层顶部固井，然后再钻开生产层，裸眼开采的完井方法；后期裸眼完井是钻开产层后，只将套管下到产层顶部，注水泥封固套管后，再裸眼开采的完井方法；射孔完井是将套管下至产层底部固井，然后射孔开采的完井方法；无油管完井是井内不下油管，利用套管直接开采的完井方法；贯眼完井是把带孔眼套管下入产层部位，在产层顶部注水泥返至环空的完井方法；衬管完井是将套管下至生产层顶部固井，然后钻开产层，再下入带孔或割缝套管的完井方法；筛管完井是产层下有筛管的完井方法；砾石充填完井是在衬管与井壁或管内充填一定规格砾石的完井方法；无套管完井是小井眼用油管代替套管，油气流直接经油管产出的完井方法；人工井底是固井或井下作业结束后，留在套管内的水泥塞或桥塞顶面。但都有其各自的适用条件和局限性。最普遍适宜的完井方式是注水泥完井。

只有根据油气藏类型和储层特性并考虑开发开采的技术要求去选择最合适的完井方式，才能有效地开发油气田，延长油气井寿命和提高油气田开发的经济效益。因此，合理的完井方式应该力求满足 8 项要求。

(1) 储层和井筒应保持最佳的连通条件，储层所受的伤害最小；

(2) 储层和井筒应具有尽可能大的渗流面积，油气入井的阻力最小；

(3) 能有效地封隔油气水层，预防气窜或水窜，预防层间的相互干扰；

(4) 能有效地控制储层出砂，预防井壁垮塌，确保油井长期生产；

(5) 具备进行分层注水、注气、分层压裂、酸化等分层措施以及便于人工举升和井下作业等条件；

（6）稠油开采能达到注蒸汽热采的要求；

（7）油田开发后期具备侧钻定向井及水平井的条件；

（8）施工工艺简便，成本较低。

选择完井方式时，应考虑油气藏类型、储层特性和工程技术及措施要求三方面的因素。

（1）油气藏类型。

① 选择完井方式时，应区分块状、层状、断块和透镜体等不同的油藏几何类型。层状油藏和断块油藏通常都存在层间差异，一般采用分层注水开发，因而多数选择射孔完井方式。块状油藏不存在层间差异问题，主要考虑是否钻遇气顶及底水、边水，选择不同的完井方式。

② 选择完井方式时，也应区分孔隙型油气藏、裂缝型油气藏等不同的储层渗流特性。易于发生气窜、水窜的裂缝型气藏不宜采用裸眼完井方式。

③ 选择完井方式时，还应区分稀油油藏、稠油油藏等不同的原油性质，稠油油藏通常胶结疏松，大多采用砾石充填完井、注蒸汽热采。

（2）储层特性。

油气藏类型并不是选择完井的唯一依据，还必须综合考虑储层特性，包括储层是否出砂（储层岩石坚固程度）、储层稳定性、储层渗透率及层间原油性质的差异等。这些都是选择完井方式的重要依据，据此作出定量判断和定量划分。

（3）工程技术及措施要求。

选择完井方式时，除了需要考虑油气藏类型和储层特性以外，还应根据开采方式和油气田开发全过程的工艺技术及措施要求综合确定。包括是否采用分层注水开发、是否采用压裂等改造储层措施、是否采用蒸汽吞吐开采方式等。

由此可见，选择完井方式需要考虑地质、开发和工程多方面的因素。综合这些因素才能选择出既能适应储层地质条件，又能满足在长期生产过程中对油气井的工程措施要求的完井方式作为储层伤害控制工艺。

主要完井方式有射孔完井、裸眼完井、砾石充填完井等。由于完井方式都有其各自的适用条件和局限性，因此应根据所在地区油气藏的特性慎重地加以选择。

（1）射孔完井。射孔完井能有效地封隔含水夹层、易塌夹层、气顶和底水；能完全分隔和选择性地射开不同压力、不同物性的储层，避免层间干扰；具备实施分层注、采及选择性增产措施的条件，此外也可预防井壁垮塌。

由于中国主要是陆相沉积的层状油气藏，其特点是层系多、薄互层多、层间差异大，加之储层压力普遍偏低，大多采用早期分层注水开发和多套层系同井开采。因此，一般都采用射孔完井方式。

需要注意的是，采用射孔完井方式时，储层除了受钻井过程中的钻井流体和水泥浆伤害以外，还受射孔作业本身伤害。因此，应采用储层伤害控制的射孔完井技术以提高油气井的产能。

（2）裸眼完井。裸眼完井最主要的特点是储层完全裸露，因而具有最大的渗流面积，油气井的产能较高，但这种完井方式不能阻挡储层出砂、不能避免层间干扰，也不能有效地实施分层注水和分层措施等作业。因此，主要是在岩性坚硬、井壁稳定、无气顶或底水、无含水夹层的块状碳酸盐岩或硬质砂岩油藏，以及层间差异不大的层状油藏中使用。

采用裸眼完井方式时，储层主要受钻井过程中钻井流体的伤害，故应采用储层伤害控制的钻井及钻井流体技术。

（3）砾石充填完井。砾石充填完井是早期最有效的防砂完井方式，主要用于胶结疏松、易出砂的砂岩油藏，特别是稠油砂岩油藏。砾石充填完井有裸眼砾石充填完井和套管砾石充填完井之分，各自的适用条件除了岩性胶结疏松以外，分别与裸眼完井和射孔完井相同。

采用套管砾石充填完井方式时，储层除了受到钻井过程中的钻井流体和水泥浆伤害、射孔作业伤害以外，还将受砾石充填过程中伤害。因此，应采用保护储层砾石充填完井技术（例如，压裂砾石充填），做到既预防地层出砂，又不降低油井产能。

欠平衡钻井打开产层时，井下钻井流体产生的液柱压力小于地层压力，其主要优点是可以避免钻井流体储层伤害，但由于欠平衡钻井打开产层适用的地质条件有限（主要有裂缝性碳酸盐岩地层、裂缝性变质岩地层、火山喷发岩地层、低渗致密砂岩等），所以能采用的完井方式主要有裸眼完井、割缝衬管完井、带 ECP 的割缝衬管完井、贯眼套管完井等。

完井一般指固井和射孔。固井的主要目的是在套管与井壁形成均匀完整、封固良好的水泥环。储层套管固井是为了封隔各油气水层及夹层，预防油气水上窜，为各层组储层分别投产或各项井下作业创造条件。

射孔过程一方面是为油气流建立若干沟通储层和井筒的流动通道，另一方面又会对储层造成一定伤害。因此，射孔完井工艺对油气井产能的高低有很大影响。如果射孔工艺和射孔参数选择恰当，可以使射孔储层伤害减到最小，而且可以在一定程度上缓解钻井储层伤害，使油井产能恢复甚至达到天然生产能力。如果射孔工艺和射孔参数选择不当，射孔本身就会对储层造成极大的伤害，甚至超过钻井伤害，使油井产能很低。这种情况下，井的产能只能达到天然生产能力的20%~30%，甚至完全丧失产能。

地应力是决定岩石应力状态及其变形破坏的主要因素。钻井前，储层岩石在垂向和侧向地应力作用下处于应力平衡状态。钻井后，井壁岩石的原始应力平衡状态遭到破坏，井壁岩石将承受最大的切向地应力。因此，井壁岩石将首先发生变形和破坏，显然，储层埋藏越深，井壁岩石所承受的切向地应力越大，越易发生变形和破坏，造成出砂或者应力敏感加剧。

油井出砂是砂岩储层开采过程中常见的问题。胶结疏松的砂岩储层，松散的砂粒有可能随油气一起流入井筒。如果油气的流速不足以将砂粒带至地面，砂粒就会逐渐在井筒内堆积，砂面上升至掩埋射孔层段，阻碍油气流入井筒甚至使油井停产。出砂严重时，也有可能引起井眼坍塌、套管毁坏。

油井出砂后，随着储层孔隙压力逐步降低，上覆地层重量逐渐传递到承载骨架砂岩上最终引起上覆地层下沉，致使套管变形和毁坏。油井出砂也将增加井下工具和地面设备的磨损，因而需要经常更换，增加生产成本。许多油气井在生产过程中会出砂，为了保证生产的顺利，必须实施防砂完井。

4.2.1 固井过程中储层伤害控制

固井是钻井工程各项作业中最为重要的作业之一，此项作业中的各项技术措施与储层是否受到伤害及伤害严重程度紧密相关。

油井水泥是由一定比例矿物组成的硅酸盐水泥熟料、适量石膏和混合材料等磨细制成的，适用于一定温度压力条件下油、气、水井固井的水泥。

按美国石油学会标准（API）生产的，用于油气井固井及其他井下作业的水泥，可分为A、B、C、D、E、F、G、H八个等级。

水泥浆是由水泥或掺有外加剂、外掺料的水泥和水按一定比例混合所形成的浆体。水泥净浆是仅由水泥和清水配成的浆体。超高密度水泥浆是密度高于2.40g/cm^3的水泥浆。高密度水泥浆是密度为2.00~2.40g/cm^3的水泥浆。常规密度水泥浆是密度为1.75~2.00g/cm^3的水泥浆。低密度水泥浆是密度为 1.30~1.75g/cm³ 的水泥浆。超低密度水泥浆是密度低于 1.30g/cm³ 的水泥浆。泡沫水泥浆是通过机械混入氮气或空气与表面活性剂配制成的水泥浆或用化学发泡配制成的含泡沫水泥浆。

注水泥，是用注水泥设备将干水泥配制成水泥浆，并将水泥浆自井口泵入井内，送到设计位置。常规注水泥是全井下套管，水泥浆从套管内注入井底返至环空预定井段的固井作业。分级注水泥是借助分级箍将固井注水泥作业分成两级或多级的注水泥方法。

内插法注水泥也称内管法注水泥，是在大直径套管内，以钻杆或油管作内管，水泥浆通过内管注入并从套管鞋处返至套管外环形空间的注水泥方法。外插法注水泥也称外管法注水泥，通过环空插入管向环空内注水泥充填的方法。双塞法注水泥是在水泥浆的前后分别投入下胶塞和上胶塞的注水泥作业。反循环注水泥是将水泥浆从环形空间注入，钻井流体从套管内返出使水泥浆到达环空设计位置的方法。延迟固井是先在井筒内注入缓凝水泥浆，再下入套管的固井方法。

挤水泥是将水泥浆挤入环空或地层的注水泥作业。分段挤水泥是将挤水泥段分为多段，分别挤水泥的作业。井口挤水泥是通过钻杆或油管将水泥浆替至预定位置，通过密封井口，然后向预定地层挤水泥的方法。井下密封挤水泥是通过井下封隔工具向预定层挤水泥的方法。高压挤水泥是用高于地层破裂压力的压力将地层压裂，并把水泥浆挤入地层，直到最后压力稳定在一定值而不放压的挤水泥法。低压挤水泥是挤水泥时所施加压力不需将地层压裂的挤水泥方法。间歇挤水泥是反复多次不连续挤水泥的方法。

窜槽是水泥浆顶替钻井流体不完善，或地层流体侵入，造成水泥环的不完整性。第一界面是套管与水泥环的胶结面。第二界面是水泥环与地层（或外层套管）的胶结面。

固井作业中，在钻井流体和水泥浆有效液柱压力与储层孔隙压力产生的压差作用下，水泥浆通过破坏的井壁滤饼进入储层，产生储层伤害。水泥浆储层伤害的原因可归纳为水泥浆中固相颗粒堵塞储层、水泥浆滤液与储层岩石和流体作用引起的伤害、固井质量不好带来的储层伤害等三个方面。

4.2.1.1 水泥浆中固相颗粒堵塞储层

水泥浆中固相颗粒直径较大，但粒径为 5~30μm 的仍占 15% 左右，多数砂岩孔喉直径大于此值，因此在压差的作用下，这些颗粒仍能进入储层孔喉中，堵塞储层孔道。由于井壁有滤饼的存在，水泥浆固相颗粒仍可侵入约2cm。但如果固井中发生井漏，则水泥浆中固相颗粒就有可能进入储层深部，造成严重伤害。

4.2.1.2　水泥浆滤液与储层岩石和流体作用伤害储层

水泥浆失水量通常均高于钻井流体滤失量，没有加入降滤失剂的水泥浆API失水量可高达1500mL以上。尽管在实际渗透性地层中，水泥浆失水量比按API标准测得的失水量小得多，但室内试验结果表明，水泥浆滤液依然伤害储层，因为水泥与水发生水化反应时在滤液中形成大量钙离子、铁离子、镁离子、氢氧根离子、碳酸根离子和硫酸根离子等多种离子，氢氧根离子会诱发碱敏矿物分散运移，上述离子还可能与地层流体作用形成无机垢，滤液还会发生水锁作用与乳化堵塞，滤液中所含表面活性物质可能使岩石发生润湿反转等，上述这些作用都会产生储层伤害。

水泥浆在水化过程中游离和溶解出大量无机离子，在静止状态下，由于水泥浆液相pH值高，这些离子以过饱和状态存在于液相中。但在固井过程中，液相中无机离子随滤液进入储层，由于条件的变化，这些无机离子将以结晶析出或沉淀出碳酸钙、硫酸钙等堵塞孔喉，降低储层渗透率。

水泥浆伤害储层程度与水泥浆组分、失水量大小、钻井流体滤饼质量及外滤饼消除情况、压差大小和固井过程在储层是否发生过漏失等因素有关。室内试验结果表明，在有滤饼情况下，水泥浆可能使储层渗透率下降10%~20%。水泥浆储层伤害程度随钻井流体滤饼质量变差加剧，随井漏的发生趋于恶化。

4.2.1.3　固井质量不好引起储层伤害

固井质量的主要技术指标是环空封固质量。环空的封固质量直接影响储层伤害程度，主要原因有四点。

（1）环空封固质量不好，不同压力系统的油气水层相互干扰和窜流，易诱发储层中潜在伤害因素，如形成有机垢、无机垢、发生水锁作用、乳化堵塞、细菌堵塞、微粒运移、相渗透率变化等，伤害投产储层，影响产量。

（2）环空封固质量不好，增产作业如注水、热采等时，工作流体就会在井下各层中窜流，伤害储层。如酸化压裂流体窜入未投产储层，没能及时返排，就会产生储层伤害，注入水窜入未投产的水敏储层，就会使该层中岩石产生水化膨胀分散，影响有效渗透率，水的进入也改变了该层相渗透率等。

(3) 环空封固质量不好，会使油气上窜至非产层，引起油气资源损失。

(4) 固井质量不好易发生套管损坏和腐蚀，引起油气水互窜，伤害储层。

4.2.1.4 储层伤害控制措施

固井质量不好是对储层最大伤害，而且还会影响到油气井生产全过程。提高固井质量是固井作业中控制储层伤害的主要措施。

固井作业施工时间短、工序内容多、材料消耗大、技术性强、未知影响因素复杂。因此要优质地固好一口井，必须精心设计、精心施工、严服组织、严格质量控制，在施工后形成一个完整的水泥环，使水泥与套管、水泥与井壁固结好，水泥胶结强度高，油气水层封隔好，不窜不漏，确保固井质量。

(1) 改善水泥浆性能。推广使用 API 标准水泥和优质外加剂。根据产层特性和施工情况，采用减阻、降失水、调凝、增强、抗腐蚀、预防强度衰退等外加剂，合理调配水泥浆各项性能指标，以满足安全泵注、替净、早强、防伤害、耐腐蚀及稳定性的要求。

(2) 合理压差固井。严格按照地层压力和破裂压力设计水泥浆密度及浆柱结构，并采用密度调节材料满足设计要求。保证注水泥过程中不发生水泥浆漏失。漏失严重的井，必须先堵漏，后固井。

(3) 提高顶替效率。注水泥前，必须处理好钻井流体性能，使钻井流体具备流动性好、触变性合理、失水造壁性好的特点。并采用优质冲洗液和隔离液，合理安放旋流扶正器位置，主封固段紊流接触时间不低于 7~10min 等方法，让滞留在井壁处的死钻井流体区尽量顶替干净。

(4) 预防水泥浆失重引起环空窜流。水泥浆候凝过程中地层油气水窜入环空，是水泥浆失重引起浆柱有效压力与地层压力不平衡的结果。如果高压盐水窜入水泥柱，水泥浆长期不凝固。预防环空窜流，除确保良好顶替效率外，主要采用特殊外加剂改变水泥浆自身物理、化学特性以弥补失重造成的压力降低。最有效的方法是采用可压缩水泥、不渗透水泥、触变化水泥、直角稠化水泥及多凝水泥等。此外还可采用分级注水泥、缩短封固段长度及井口加回压等工艺措施。

(5) 推广应用注水泥计算机辅助设计软件。提高设计速度及科学化水平，又可人机联作预测施工情况来选择最优方案，还可在施工结束后进行作业评价，并将全部结果存储在库中以便统计、查询、分析。人工智能技术将大大有利于促进固井质量的提高。

(6) 降低水泥浆失水量。为了减少水泥浆固相颗粒及滤液伤害储层，需在水泥浆中加入降失水剂，控制失水量小于250mL（尾管固井时，控制失水量小于50mL）。控制水泥浆失水量不仅有利于控制储层伤害，而且是保证安全固井，提高环空层间封隔质量及顶替效率的关键因素。

(7) 采用屏蔽暂堵提高地层承压能力。钻开储层时采用屏蔽暂堵钻井流体技术，在井壁附近形成屏蔽环，此环带也可在固井作业中阻止水泥浆固相颗粒和滤液进入储层。然后结合射孔工艺，可以使原先的报废井、干层获得工业油流，扩大探明储量。

4.2.2 射孔过程中储层伤害控制

固井完成后，射孔过程也影响油井产能分布，可归纳为成孔压实过程、储层打开不完善、射孔压差不当和射孔工作流体等都可能伤害储层。

(1) 成孔压实储层伤害。聚能射孔弹成形药柱爆炸后，产生2000~5000℃高温、上千兆帕高压冲击波，使凹槽内的紫铜金属罩受到来自四面八方的、向药柱轴心的挤压作用。在高温、高压下，金属罩的部分质量变为速度达1000m/s的微粒金属流。高速的金属流遇到障碍物时，产生约30000MPa的压力，击穿套管、水泥环及储层岩石，形成一个孔眼。但金属射流所遇到的障碍物并不会消失，套管、水泥环及岩石受到高压的聚能射流冲击后，将变形、崩溃破碎，有一部分成为碎片。

为了研究成孔过程中孔眼周围岩石的状况，1978年R. J. Sanucier发表了用贝雷砂岩靶射孔，然后沿孔眼轴线方向剖开岩心靶，观察孔眼周围岩石受伤害的文章。观察表明：在靠近孔眼约2.54mm厚的严重破碎带处，产生大量裂缝，有较高的渗透率。向外约2.54~5.08mm厚为破碎压实带，渗透率降低。再向外约5.08~10.16mm厚为压实带，此处渗透率大大降低。Sanucier指出，在孔眼周围大约12.70mm厚的破碎压实带处，其渗透率约为原始渗透率的10%。这个渗透率极低的压实带将极大地降低射孔井的产能，射孔工艺技术尚无法消除其影响。

射孔岩心靶利用一种特殊的溶液向射孔后的岩心驱替，然后用某种试剂滴定，可明显观察到孔眼周围存在一圈颜色变异的压实带，且在孔入口处压实带较厚，约为15~17mm，在孔眼底部压实带较薄，约为7~10mm。

此外，若射孔位的性能不良，也会形成堵塞。聚能射孔弹的紫铜罩约有30%的金属质量能转变为金属微粒射流，其余部分是碎片以较低的速度跟在射流后移动，且与套管、水泥环、岩石等碎屑一起堵塞已经射开的孔眼。这种堵塞非常牢固，酸化及生产流体的冲刷都难以将其清除。

（2）射孔参数不合理或储层打开程度不完善储层伤害。射孔参数是指孔密、孔深、孔径、布孔相位角、布孔方式等。若射孔参数选择不当，将引起射孔效率的大幅降低。离井筒较远处是径向流。从水平面内观察，流体是径向流入井筒；从垂直面内观察，流线平行于储层顶部和底部。但从井筒附近的某处开始，出现流线的汇集变为非径向流。此时，尽管在水平面内已不再是径向的，但在垂直面内流线仍然平行于储层顶部与底部，此时已产生了部分附加压降。再靠近井筒的某一位置，流线开始汇集流向孔眼，因套管、水泥环的封闭成为流动障碍，故在垂直面内的流线也不再平行于储层顶部和底部了，在水平面和垂直面内流线都汇集于孔眼，附加压降急剧增加。

射孔参数越不合理（孔密过低、孔穿透浅、布孔相位角不当等），产生的附加压降就越大，油气井的产能也就越低。

储层有气顶和底水，储层段仅射开中间1/3。由于可供流通的孔眼集中在1/3的储层段内，使得井底附近的流速更高、附加阻力更大，这种情况称为打开程度和打开性质双重不完善井。

（3）射孔压差不当储层伤害。射孔压差是指射孔工作流体柱的回压与储层孔隙压力之差。若采用正压差射孔（射孔工作流体柱回压高于储层孔隙压力），在射开储层瞬间，井筒中的射孔工作流体就会进入射孔孔道，并经孔眼壁面侵入储层。与此同时，由于正压差射孔的压持效应将促使已被射开的孔眼被射孔工作流体中的固相颗粒、破碎岩屑、子弹残渣所堵塞。有人认为钻井流体正压差射孔时，在已经形成的孔眼中，大约有1/3的孔眼被完全堵死，呈永久性堵塞。正压差射孔还将造成更严重的压实伤害带，特别是气层。这可能是由于孔隙中的气相比原油更易压缩，不易支撑孔隙。

负压差射孔（射孔工作流体柱回压低于储层孔隙压力），在成孔瞬间由于储层流体向井筒中冲刷，对孔眼具有清洗作用。合理的射孔负压差值可确保孔眼安全清洁、畅通。

由于射孔压差不当诱发储层伤害，油井产能受到损失是比较常见的。油田射孔时，清水基本都灌满至井口，射孔工作流体柱的回压皆大于储层压力。多数油田已改用负压差射孔工艺。但其负压差值的大小，必须科学合理地制订，否则同样不能充分体现负压差射孔的优越性。正压差射孔必然会造成射孔工作流体储层伤害。即使是负压差射孔，射孔作业后有时由于种种原因需要起下更换管柱，射孔工作流体也就成为压井工作流体了。

（4）射孔工作流体储层伤害。射孔工作流体储层伤害包括固相颗粒侵入和液相侵入两个方面。侵入将降低储层绝对渗透率和油气相对渗透率。如果射孔弹已经穿透钻井伤害区，此时射孔工作流体不但使井底附近的地层在受到钻井流体伤害以后，再进一步受到射孔工作流体的伤害，而且将使钻井伤害区以外未受钻井流体伤害的地层也受射孔工作流体的伤害。因此，射孔工作流体的不利影响有时比钻井流体更为严重。

采用有固相的射孔工作流体或将钻井流体作为射孔工作流体时，固相颗粒将进入射孔孔眼，填塞孔眼。较小的颗粒还会穿过孔眼壁面进入储层引起孔隙喉道的堵塞。射孔工作流体液相进入储层将产生多种机制的伤害。

射孔完井的产能效果取决于射孔工艺和射孔参数的优化配合。射孔工艺包括射孔方法、射孔压差和射孔工作流体其储层伤害控制措施如下。

4.2.2.1 负压差射孔

负压差射孔可以使射孔孔眼得到瞬时冲洗，形成完全清洁畅通的孔道；可以避免射孔工作流体储层伤害。负压差射孔可以免去诱导油流工序，甚至免去解堵酸化投产工序。因此，负压差射孔是储层伤害控制、提高产能、降低成本的完井方式。

负压差射孔的储层伤害控制，也可分为两个方面。一是和正压差射孔一样，也应筛选采用与储层相兼容的无固相射孔工作流体；二是应科学合理地制订负压差值。

负压差射孔时，首先应考虑确保孔眼完全清洁所必须满足的负压差值。若负压差值偏低，便不能保证孔眼完全清洁畅通，降低了孔眼的流动效率。但负压差值过高，可能引起地层出砂或套管被挤毁。因此，必须科学合理地确定所需的负压差值。合理负压值可根据室内射孔岩心靶负压试验、经验统计准则或经验公式确定。

4.2.2.2 正压差射孔

负压差射孔具有显著的优越性，但并不是说在任何油气井条件下都可以实施负压差射孔。在某些油气井条件下，仍然需要采用正压差射孔工艺。正压差射孔的储层伤害控制，主要有两个方面，一是筛选与储层相匹配的无固相射孔工作流体；二是应控制正压差不超过2.0MPa。

4.2.2.3 射孔工作流体选择

根据储层物性进行室内筛选，选择既能与储层兼容，又能满足射孔施工要求的射孔工作流体。

首先应根据储层特性和现场所能提供的条件确定最适宜的射孔工作流体。然后根据储层岩心矿物成分资料、孔隙特征资料、油水组成资料及五敏试验资料，进行射孔工作流体的兼容性试验。

射孔工作流体是射孔作业过程中使用的井筒工作流体，有时它也作为射孔作业结束后的生产测试、下泵等压井工作流体。要求射孔工作流体保证与储层岩石和流体相兼容，预防射孔作业过程中和射孔后的后继作业过程中，对储层造成伤害。同时应满足射孔及后继作业的要求，即应具有一定的密度，具备压井的条件，并应具有适当的流变性以满足循环清洗孔眼的需要。

4.2.2.4 射孔参数优化

要想获得理想的射孔效果，使油气井的产能最高，除了需要合理选择射孔方法、射孔压差和射孔工作流体以外，还需要射孔参数的优化设计。

（1）根据射孔弹穿透贝雷砂岩靶的有效深度和孔眼直径，折算为穿透实际储层孔深和孔径，校正井下温度、套管钢级、枪套间隙等因素影响下的孔深、孔径。

（2）根据裸眼中途测试、电测井或理论分析计算等方法，求取钻井流体伤害深度和伤害程度数据。

（3）根据岩心分析，求取储层垂直渗透率和水平渗透率的比值作为各向异性系数。

获得上述资料后，将储层钻井参数、储层物性参数、套管参数，以及现场所有可供选择或准备采购的射孔枪弹型号输入射孔参数优化设计软件。软件将根据射孔井产能与诸影响因素的定量关系，从中优选出使油气井产能最高、受伤害最小（即总表皮系数最低）、对套管抗挤强度影响最小的射孔参数优化组合。

4.2.3 防砂过程中储层伤害控制

储层出砂是井底地带岩石结构被破坏所引起的，与岩石的胶结强度、应力状态和开采条件有关。岩石的胶结强度主要取决于胶结物的种类、含量和胶结方式。砂岩的胶结物主要包括黏土、碳酸盐和硅质胶结物三类,以硅质胶结物的强度最大,碳酸盐次之,黏土最差。对于同一类型的胶结物,其数量越多,胶结强度越大。胶结方式不同,岩石的胶结强度也不同。砂岩的胶结方式可分为三种,是储层出砂的内在因素。

(1) 基底胶结。当胶结物的数量大于岩石颗粒数量时,颗粒被完全浸没在胶结物中,彼此互不接触或很少接触。这种砂岩的胶结强度最大,但孔隙度和渗透率均很低。

(2) 接触胶结。胶结物数量不多,仅存在于颗粒接触的地方。这种砂岩的胶结强度最低。

(3) 孔隙胶结。胶结物数量介于基底胶结和接触胶结之间。胶结物不仅在颗粒接触处,还充填于部分孔隙之中。其胶结强度也介于上述两种方式之间。

易出砂的储层大多以接触胶结为主,其胶结物数量少,且含有黏土胶结物。此外也有胶质沥青胶结的疏松储层。

开采过程中生产压差的大小及建立压差的方式,是储层出砂的外在原因。生产压差越大,渗流速度越快,井壁处液流对岩石的冲刷力就越大。再加上最大应力也在井壁附近,所以井壁将成为岩层中的最大应力区,当岩石承受的剪切应力超过岩石抗剪切强度时,岩石即发生变形和破坏,造成油井出砂。

所谓建立生产压差的方式,是指缓慢地建立生产压差还是突然急剧地建立生产压差。因为在相同的压差下,二者在井壁附近储层中所造成的压力梯度不同。突然建立压差时,压力波尚未传播出去,压力分布曲线很陡,井壁处的压力梯度很大,易破坏岩石结构引起出砂;缓慢建立压差时,压力波可以逐渐传播出去,井壁处压力分布曲线比较平缓,压力梯度小,不至影响岩石结构。有些井强烈抽汲或气举之后引起出砂,就是压差过大或建立压差过猛之故。

按岩石力学观点,地层出砂是由于井壁岩石结构被破坏引起的。井壁岩石的应力状态和岩石的抗张强度,是地层出砂与否的内因,主要受岩石的胶结强度也就是压实程度低、胶结疏松的影响。开采过程中生产压差的大小及地层流体压力的变化是地层出砂与否的外因。如果井壁岩石所受的最大张应力超过岩石的抗张强度,则会发生张性断裂或张性破坏,其具体表现在井壁岩石不坚固,在开发开采过程中将造成地层出骨架砂。

判断生产过程中地层是否出砂是要解决油井是否需要采用防砂完

井的问题。其判断方法主要有现场观测法、经验法及力学计算方法等。现场观测法包括岩心观察、钻杆地层测试、邻井状态观察；经验法包括声波时差法、声速及密度测井组合模量法和力学计算法。以此为基础，形成储层伤害控制防砂技术。

4.2.3.1 割缝衬管防砂

割缝衬管防砂是在衬管壁上，沿着轴线的平行方向割成多条缝眼。一方面允许一定数量和大小的、能被原油携带至地面的细砂通过；另一方面能把较大颗粒的砂砾阻挡在衬管外面。这样，大砂粒就在衬管外形成砂桥或砂拱。

砂桥中没有小砂粒，因为此处流速很高，把小砂粒都带入井内了。砂桥的自然分选，使它具有良好的通过能力，同时起到控制井壁的作用。为了促使砂桥形成，必须根据储层岩石的颗粒组成，选择缝眼的尺寸和形状、缝口宽度、缝眼数量。

4.2.3.2 砾石充填防砂

充填在井底的砾石层起着滤砂器的作用，只允许储层流体通过，不允许储层砂粒通过。防砂的关键是选择与储层岩石颗粒组成相匹配的砾石尺寸。既要能阻挡储层出砂，又要使砾石充填层具有较高的渗透性能。因此，砾石的尺寸、砾石的质量、充填液的性能是砾石充填防砂的技术关键。

砾石充填流体也称为携砂流体，是将砾石携带到筛管和井壁或筛管和套管环形空间的流体。又因为在砾石充填过程中部分充填液将进入储层，因此对充填液性能的要求很严格。

从携带砾石的角度考虑，要求它的携砂能力强，即含砂比高。并希望砾石在充填液中不会沉降，使之形成紧密的砾石充填层，避免在砾石层内产生洞穴，以至在生产过程中发生砾石的再沉降，使筛管失去防砂作用。还要求充填液在井底温度的影响下，或在某些添加剂的影响下，能自动降黏稀释与砾石分离，以免在砾石表面包裹一层较厚的胶液，使砾石堆积不实影响填砂质量。

从储层伤害控制的角度考虑。要求充填液无固相颗粒，并尽可能预防液相侵入后诱发储层黏土的水化膨胀，或收缩剥落。因此，理想的充填液应具备7种性能：黏度适当（约500~700mPa·s），有较强的携砂能力；有较强的悬浮能力，使砾石在其中的沉降速度小；某些添加剂或受井底温度的影响自动降黏稀释；无固相颗粒，储层伤害程度小；与储层岩石相兼容，不诱发水敏、盐敏、碱敏；与储层中流体相兼容，不发生结垢、乳化堵塞；来源广泛，配制方便，可回收重复使用。

砾石充填使用的携砂流体主要有5种。

（1）清洁盐水或过滤海水，其中加入适当的黏土稳定剂及其他添加剂，施工时的携砂比为50~100kg/m³。

（2）低黏度携砂流体，黏度为50~100mPa·s，由清洁盐水或过滤海水中加入适当的水基聚合物和黏土稳定剂及其他添加剂组成。施工时的携砂比为200~400kg/m³。

（3）中黏度携砂流体，黏度为300~400mPa·s，由清洁盐水或过滤海水中加入适当的水基聚合物和黏土稳定剂及其他添加剂组成。施工时的携砂比为400~500kg/m³。

（4）高黏度携砂流体，黏度为500~700mPa·s，由清洁盐水或过滤海水中加入适当的水基聚合物和黏土稳定剂及其他添加剂组成。施工时的携砂比可达1000~1800kg/m³。所采用的水基聚合物如甲酸基聚丙烯酰胺凝胶，羟乙基纤维和锆金属离子交联凝胶等。

（5）泡沫流体，泡沫携砂流体可用于低压井。泡沫液中气相积分数占80%~95%，含液量少，不存在低压漏失问题。泡沫液的携砂能力强，充填后砾石沉降少，筛缝不容易被堵塞，对储层造成的伤害小。

4.2.3.3 压裂砾石充填防砂

在砾石充填工艺上的突破主要是将砾石充填与水力压裂结合起来，称为压裂砾石充填技术，包括清水压裂充填、端部脱砂压裂充填、胶液压裂充填等三种。其原理就是在射孔井上进行砾石充填之前，利用水力压裂在地层中造出短裂缝，在裂缝中填满砾石，最后再在筛管与套管环空中充填砾石，压裂充填后，产能大大增加。为了搞好压裂砾石充填防砂储层伤害控制，需按四个要点实施。

（1）在可以压裂充填的层段，压裂充填的效果很好，与常规砾石充填相比，虽然成本增加，但增产作用明显，形成了裂缝，改善了渗流方式，消除或部分消除了钻井、固井作业造成的伤害，也破坏了射孔所形成的压实带。同时，压裂砾石充填的防砂效果优于常规砾石充填的防砂效果。

（2）清水压裂充填、端部脱砂压裂充填、胶液压裂充填这三种方式对比，清水压裂充填、端部脱砂压裂充填的增产效果相当，这是因为两者形成的裂缝较短；胶液压裂充填的增产效果最为明显，主要原因是胶液压裂充填能形成三者之中最长的裂缝，但成本最高。

（3）在采用了屏蔽式暂堵技术的井中，由于钻井储层伤害深度浅，建议采用清水压裂充填或端部脱砂压裂充填来解堵和增产；在未采用屏蔽式暂堵技术的井中，特别是表皮系数较高的井，由于钻井储层伤害深度深，建议采用胶液压裂充填来解堵和增产。

（4）从增产效果、施工成本、施工难易程度多方面来看，凡是已证明能用清水将地层压开的井，应尽量使用清水压裂充填或端部脱砂压裂充填来解堵和增产；否则，采用胶液压裂充填来解堵和增产。

4.3 采油过程中储层伤害控制

对于采油过程，虽然没有外来流体进入储层，但是，仍存在储层被伤害的可能性。造成伤害最直接的原因是工作制度不合理。采油工作制度不合理是指生产压差过大或开采速率过高，其伤害可归纳为应力敏感、生产压差不合理造成见水过早、结垢和脱气等四个方面。

4.3.1 生产压差不合理造成的储层伤害

由于生产压差过大或开采速率过高，使近井壁区井底带岩层结构破坏，胶结强度破坏，出砂。采油速度过快，油流在临界流速以上时，增加了产层流体对砂粒的摩擦力、黏滞力和剪切力，加剧砂粒运动。同时，岩石骨架和胶结物的强度受到破坏，微粒开始运移，例如，高岭土、伊利石、微晶石英、微晶长石很容易发生速敏反应。砂和固相微粒被油携带并不断地堵塞储渗空间，伤害地层。

由于生产压差过大或开采速率过高，发生底水锥进，边水指进，造成生产井过早出水。从渗流的角度考虑，原来的单相流（油）变为两相流（油、水）。油和水由于界面张力以及与岩石润湿性的差异可能形成乳化水滴，增加油流黏度，降低油气的有效流动能力。当它们的尺寸大于孔喉大小时，就会堵塞孔隙，降低油气的储渗空间，降低油相渗透率。从盐垢生成的机制角度考虑，当注入水突破时，由于注入水与地层水在近井地带充分混合产生盐垢，地层压力系统的压力降低更加速了这种盐垢的生成，致使储层伤害。

4.3.2 结垢造成的储层伤害

油气田一旦投入生产，就有油气从储层中采出。原有的热动力学和化学平衡被打破，发生两种后果。一是储层温度、压力和流体成分的变化会产生无机垢。二是温度、压力、pH 值变化使沥青、石蜡从原油中析出，即有机垢产生。结垢堵塞孔喉是发生在储层深部的难以消除的伤害类型之一。

4.3.3 脱气造成的储层伤害

储层压力降到低于饱和压力时，气体不断地从油中析出，储层储渗空间的流体由单相流动变为油气两相流动，必然造成油的相对渗透率下降，影响最终采收率。

4.3.4 储层伤害控制措施

为保证合理的工作制度，要采用优化设计的方法初步确定生产压差和采油速率，并用室内和现场测试对优化方案评价，然后推广应用。根据储层储量大小、集中程度、地层能量、压力高低、渗透性、孔隙度、疏松程度、流体黏度、含气区与含水区的范围，以及生产中的垂向、水平向距离，对比试井和试采及数据方案，优化采油工作制度。然后作室内和室外矿场评价，最终确定应采用的工作制度。

特别注意，新区投产，所采用的基础数据是投产前取得的数据；老区改造，其数据为改造前再认识储层数据。要充分重视采油过程中伤害的动态特点。

每个储层岩性和流体都有自身的特点，应采取的预防伤害措施也各有不同，因此不能一概而论。例如当储层为低渗或特低渗时，预防采油过程中的伤害更为重要。因此，要尽可能地保持储层压力，开采时避免出现多相流，预防气锁和乳化油滴的封堵伤害。当储层为中、高渗的疏松砂岩时，应正确地选择完井方法、防砂措施、合理的生产压差，以减少储层伤害。对于碳酸盐岩地层，要尽量避免在采油过程中产生碳酸钙沉淀，堵塞孔道。除了采用合理的生产压差和采油速度外，有时可适当地投放添加剂，例如乙胺四醋酸，破坏产生碳酸钙沉淀的平衡条件，预防产生碳酸钙沉淀。对于中、低渗的稠油储层，要尽可能地预防有机垢，如沥青、胶质、蜡从稠油中析出，保持储层压力,若技术条件允许,使用热油开采更为有效。

保持储层在饱和压力以上开采,可使达到同一产量的油井维持较高的井底压力,充分延长自喷期,降低生产成本。同时,保持地层压力可以延缓或减少原油中溶解气在采油生产中的逸出时间,以及减缓储层出砂趋势,提高采收率。保持地层压力开采,可避免气相的出现和压力降低引起有机垢及无机垢等伤害发生。我国多数油田采用早期注水开发以保持储层压力,有利于储层伤害控制。

4.4 修井过程中储层伤害控制

修井作业包括很多内容。调整改变油井的生产方式、储层位置,油气井、水井的解堵、清蜡、防砂,打捞井下落物,修补套管等。在修井过程中,若采用不适当的修井工艺和修井工作流体,必然会伤害储层,有时甚至会造成油气井产量在修井后显著下降,因此,在保证修井作业成功的情况下,应充分认识、分析修井过程中储层伤害机制、原因和程度。在此基础上,采取适当的储层伤害控制措施,尤其采用适当的修井工作流体,这实际是保证修井作业成功的根本。

由于修井作业内容、方式种类繁多,因此造成的储层伤害原因相应比较复杂,概括而言,修井作业中储层伤害主要是不适当的修井工作流体和不适当的修井工艺造成的。

4.4.1 修井工作流体

修井作业中的储层伤害主要是种类繁多的修井工作流体入井后与地层岩石及地层流体相互作用造成的。修井作业过程中,修井工作流体滤液侵入储层,滤液的侵入量和侵入深度与储层特征、修井工作流体类型与特性、修井作业工艺等有关。针对不适宜的工作流体对储层的伤害,应采取相应的控制措施。

4.4.1.1 修井工作流体与地层矿物不兼容造成的伤害

伤害主要表现在修井工作流体滤液与地层中水敏黏土矿物不兼容和水锁效应的伤害两个方面。

修井工作流体滤液与地层中水敏黏土矿物不兼容。修井工作流体滤液侵入地层,破坏了黏土矿物与地层流体的平衡,使岩石结构、表面性质发生变化，黏土矿物水化膨胀，颗粒分散运移形成堵塞，水敏性强的蒙脱石遇水膨胀体积可达几十倍。

水锁效应的伤害。修井工作流体不断侵入地层，使地层中的含油饱和度发生变化，地层中岩石的表面润湿性发生变化，甚至反转，降低油相的相对渗透率，造成水锁堵塞。对低孔、低渗储层，水锁或液锁效应往往是伤害储层的最主要原因。研究表明，在低孔、低渗储层，尤其是低孔、低渗气层，水锁效应常常使储层有效渗透率下降到原来渗透率的10%左右。

4.4.1.2 修井工作流体与地层流体不兼容造成的伤害

修井工作流体与地层流体不兼容造成的储层伤害主要包括结垢堵塞伤害储层、乳化堵塞伤害储层、细菌堵塞等三类。

（1）结垢堵塞伤害储层。当修井工作流体与地层水不兼容时将生成硫酸钙、硫酸钡、硫酸锶、硫酸镁、氢氧化铁等无机盐垢，有机盐垢和细菌团，堵塞孔道，伤害储层。在井眼附近，由于地层温度下降，可形成石蜡、沥青、胶质等有机垢，堵塞地层。

（2）乳化堵塞伤害储层。水基修井工作流体的滤液侵入到地层，由于与地层原油不兼容，油水乳化后形成稳定的油水乳化液，乳化液黏度一般都高，油包水乳化液黏度尤其高，流动性能差，致使储层近井地带的渗透率下降，伤害储层。

（3）细菌堵塞伤害储层。近井地带具有良好的细菌繁衍发育的环境，细菌堵塞地层成为修井作业中不可忽视的一种储层伤害现象。由于修井工作流体中往往含有氧气，为腐生菌创造了良好的繁衍条件，加之修井工作流体中含有的有机和无机添加剂，为细菌提供了良好的营养。腐生菌产生的黏液又为硫酸盐还原菌提供了良好的隔氧覆盖层，硫酸盐还原菌产生的硫化氢会加剧腐蚀。各类微生物间产生的协调作用还会产生二氧化硫腐生菌、铁细菌、硫细菌等，混合在一起形成的堵塞物很难处理，严重伤害地层。

4.4.1.3 选择优质修井工作流体

选择优质修井工作流体是修井作业储层伤害控制的关键。从储层伤害控制的角度，修井工作流体既可以完成修井作业工作任务，又要与地层岩石和流体兼容，对储层伤害最小或不伤害储层，具体要求如下。

（1）不造成储层水敏、盐敏、速敏等敏感性伤害。解决此问题的常用技术是在修井工作流体中添加适合于储层的黏土稳定剂或防膨剂。

（2）优选化学添加剂。选择化学添加剂如防腐剂、杀菌剂、黏土稳定剂、铁离子稳定剂、破乳剂等加到修井工作流体中，满足化学效用要求下，与地层岩石和地层流体兼容。

（3）控制滤失量。任何一种修井作业，都需要避免水基滤液大量侵入地层，将滤失量控制到最小，降滤失剂可形成暂时的滤饼降低滤失。作业投产后，在地层温度下，溶于油或地层水一起产出，因此应选择性能良好的降滤失剂和修井流体基液。

（4）控制流体密度。修井工作流体密度应保证对储层造成所需的回压，但也不能过高，避免因工作流体密度过大造成大量滤液侵入储层。

（5）特殊储层如裂缝性储层、低孔低渗或特低渗储层、高压储层，选择的修井工作流体必须满足修井工作流体要求。

（6）成本低，配制、维护简单，施工方便。修井作业前，研究储层特性、地层流体特性及修井作业工艺，提出适当的储层伤害控制工作流体，测试按配方配制的流体性能，确保流体配方储层伤害控制性能良好。

4.4.2 修井作业施工

4.4.2.1 修井作业施工不当伤害储层

常规修井作业向井内注入压井工作流体。只要有外来入井流体进入地层，就不可避免地对地层造成一定程度的伤害。不压井修井作业技术则避免了外来压井工作流体入井，有效地预防修井工作流体堵塞，预防了井下形成稳定乳化液所造成的储层堵塞。不压井修井作业的技术特点是在承受油井压力情况下，密闭井下作业，即在井筒内带有压力条件下，不用压井工作流体直接起下油管及特种工具的技术。但不压井修井作业安全性难以保证，所以以常规作业为主。修井作业施工不当伤害储层主要表现在6个方面。

（1）打捞、切割、套管刮削等作业时间长，造成修井工作流体对储层浸泡时间长。

（2）在钻、磨、洗等修井作业中，修井工作流体或洗井工作流体上返速度低或流体黏度低、造成大量碎屑堵塞井眼或炮眼。

（3）修井作业施工参数选择不当，作业压差过大，排量过大，造成大量滤液侵入储层，或无控制地放喷，诱发储层产生速敏伤害特别是使低渗或裂缝性储层造成应力敏感。

（4）解除储层堵塞的修井作业过程中措施不当、施工工艺不当或作业液配方不当也会伤害储层。

（5）频繁地修井作业，会造成伤害叠加效应，严重伤害储层。

（6）修井作业过程中因作业工具或井筒不清洁造成的储层伤害。

4.4.2.2 修井作业程序优化

修井作业想保证储层不受伤害或尽量减少储层伤害，主要是解决液柱压力较大、作业时间长等难题。

（1）优化修井作业程序，缩短修井作业时间，提高修井作业一次成功率，避免多次重复作业。

（2）采用适当完井、生产工艺，减少修井作业次数。

（3）优选施工参数。采用适当起下管柱速度，避免因压力激动或抽吸伤害储层；采用适当的修井工作流体上返速度和修井工作流体黏度，避免修井作业中碎屑堵塞储层；采用适当的放喷压差，避免造成储层应力敏感伤害、储层脱气伤害等。

4.5 酸化过程中储层伤害控制

酸化作业中的储层伤害原因可归纳为两个主要方面。一方面是酸与储层岩石和流体不兼容造成的；另一方面是施工中管线、设备锈蚀物带入储层造成堵塞。

酸与储层岩石和流体不兼容造成的伤害，是在储层注入酸液，使之与岩石和胶结物的某些成分以及堵塞物质发生化学溶解反应，并尽可能地将其反应物排出到地面，以此达到沟通储层原有的孔隙和裂缝，扩大油气储渗空间的目的。因此，酸渣沉淀堵塞孔道是主要的伤害方式。若酸与储层岩石和流体不兼容，必然加剧堵塞伤害。

（1）酸液与储层岩石不兼容造成的伤害，主要是酸液的冲刷及溶解作用造成的微粒运移和酸液与岩石矿物反应产生二次沉淀。

酸化过程中，酸溶液在溶解胶结物和堵塞物质时，会不同程度地使储层岩石的颗粒或微粒松散、脱落、并运移造成堵塞。例如，高岭石类黏土在储层中大多松散地附着在砂粒表面，随着酸液的冲刷，剥落下来的微粒将发生运移，造成孔隙喉道堵塞。伊利石类黏土在砂岩中可以形成蜂窝状的大微孔，这类微孔可束缚酸中的水，有时发育为毛状的晶体，增加了孔隙的弯曲度，引起渗透性降低，更严重的是，它们在酸化过程中或酸化后，发生破碎运移，造成孔喉堵塞，伤害储层。

酸化是用酸溶解岩石矿物或胶结物和堵塞物质，达到扩大孔隙、裂隙空间的目的。若溶解后的产物再次沉淀，就会重新堵塞孔道，反而减少储渗空间。酸化后的再次沉淀物一般有铁质沉淀、氢氟酸反应产物沉淀，例如氟硅酸盐和氟铝酸盐牢牢黏附在岩石表面上，造成伤害。显然，这种伤害会造成酸化失效。因此，控制酸液与储层岩石反应不产生二次沉淀，是酸化中控制酸液与岩石兼容性的重要技术之一。

（2）酸液与储层流体不兼容造成的伤害，主要有酸液与储层原油不兼容和酸液与地层水不兼容。

当酸液与储层中沥青原油相接触，就会产生酸渣。酸渣是堵塞孔道的主要物质。酸渣由沥青、树脂、石蜡和其他高分子碳氢化合物组成，是一种胶状的不溶性产物。在沥青原油中，沥青物质以胶态分散相形式存在，它是以高相对分子质量的聚芳香烃分子为核心的。此核心被较低相对分子质量的中性树脂和石蜡包围，周围吸附着较轻的和芳香族特性较少的组分。在与酸液接触前，这种胶态分散相相当稳定，一旦与酸接触，酸与原油在界面上开始反应，并形成了不溶的薄层，该薄层凝聚形成酸渣颗粒。酸渣一旦产生，很难消除，将对储层造成永久性伤害。

储层中的水与酸液不兼容，主要表现为反应生成沉淀。当储层中的水本身富含钠离子、钾离子、镁离子、二价铁离子、三价铁离子、铝离子等，或酸化过程中不断生成上述离子时，会产生有害沉淀，尤其当氢氟酸与它们相遇时，会生成氟化物沉淀。如反应生成的这类氟硅酸盐沉淀，会堵塞孔喉通道，伤害储层。

不合理施工造成的伤害，如施工管线设备锈蚀物带入储层生成铁盐沉淀。由于酸具有强的腐蚀作用，尤其对于设备、管线、管柱造成的锈蚀更为突出。配制酸液过程中会有轧屑、磷屑等铁盐溶于酸液中，这类杂物与酸作用产生沉淀物。

外来溶于酸液中的铁大多为二价铁离子，在储层中当残酸 pH 值降到一定程度时，就会产生沉淀，例如氢氧化铁絮状沉淀物、氢氧化硅沉淀。储层中生成的这类沉淀，引起堵塞，造成储渗空间缩小，伤害储层。

4.5.1 选用兼容的酸液和添加剂

针对具体储层，采用与之相适应的伤害控制技术，是储层伤害控制系列技术的特点之一。针对不同储层的酸化作业，酸液和添加剂的选择建议如下。

碳酸盐岩储层，不宜用土酸，避免生成氟化钙沉淀。伊/蒙间层矿物含量高，必须加防膨剂，抑制黏土膨胀、运移。绿泥石含量高，适当加入铁离子稳定剂，预防产生氢氧化铁沉淀。原油含胶质、沥青质较高，采用互溶土酸（砂岩），消除或减少酸渣生成。砂岩储层，不宜用阳离子表面活性剂破乳，避免储层转为油润湿，降低油的相对渗透率。高温储层，耐高温缓蚀剂，避免缓蚀剂在高温下失效。

实际储层类型繁多，在选择使用与之相兼容的添加剂和酸液时，必须考虑酸液、添加剂、地层水、岩石、储层原油兼容性，达到不沉淀、不堵塞、不降低储层储渗空间，有利于油气采出的目的。同时应尽可能降低成本。

4.5.2 使用前置液

前置液有四个方面的作用：隔开地层水、溶解含钙含铁胶结物、保持润湿性和预防胶体沉淀等。

（1）隔开地层水。一般前置液使用15%左右浓度的盐酸，它可以预防氢氟酸与地层水接触生成不溶的氟化钙沉淀，在砂岩储层中，它可以预防氢氟酸与之反应生成氟硅酸，然后氟硅酸与地层水中的钾离子、钠离子等离子反应生成氟硅酸钾、氟硅酸钠等沉淀。

（2）溶解含钙、含铁胶结物，避免浪费昂贵的氢氟酸，减少氟化钙沉淀的形成。

（3）使黏土和砂粒表面为水润湿，减少废氢氟酸乳化的可能性。

（4）保持酸度（低值），预防生成氢氧化铁、氢氧化硅沉淀。

4.5.3 使用合适的酸液浓度

由于酸化作业本身的工作原理限制，选择合适的酸液浓度是储层伤害控制的重要技术指标之一。

当酸液浓度过高时，会溶解过量的胶结物和岩石的骨架，破坏岩石结构，造成岩石颗粒剥落，引起堵塞。如土酸中氢氟酸浓度过高，在岩石表面形成沉淀，并且大量溶解砂岩的胶结物，使砂粒脱落，破坏其结构，造成储层出砂，严重者诱发储层坍塌造成砂堵。

当酸液浓度过低时，不仅达不到酸化的目的，还会产生二次沉淀，因此，应当选用与岩石及流体兼容的酸液类型，并选用合适的酸液浓度。

4.5.4 及时排液

酸化后不及时排液，残酸会在储层中停留过长时间。这样，酸化产生的过剩含钙胶结物与储层中的二氧化碳生成碳酸钙，再次沉淀结垢，这类垢与砂和重油一起堵塞储层。此外，当残酸浓度降低到很低时，还会产生氢氧化铁、氢氧化硅等沉淀，堵塞孔喉，造成储层伤害。

因此，必须及时排除残酸。排液采用的方法很多，常用的有抽吸排液、下泵排液、气举排液、液氮排液等。

总而言之，酸化的伤害控制措施贯穿于酸化作业每一个环节，技术关键是选择兼容的酸液、添加剂和及时排液。

4.6 压裂过程中储层伤害控制

压裂过程中的储层伤害控制，也是从材料、流体及工艺方面做好工作。压裂过程中，机械杂质堵塞孔隙和裂缝通道、缩小储渗空间、降低相对渗透率是主要的伤害产生原因。压裂流体基液携带的不溶物、成胶物质携带的固相微粒、降滤失剂或支撑剂携带的固相微粒，是主要机械杂质的来源。

压裂流体与储层岩石和流体不兼容会产生储层伤害，如原油与水基压裂流体相遇，发生乳化伤害。被压裂的储层中的原油常含有天然乳化剂如胶质、沥青、蜡等，压裂时压裂流体的流动具有搅拌作用，在储层孔隙中形成油水乳化液。原油中的天然乳化剂附着在水滴上形成防护膜，使乳化液滴具有一定的稳定性。这些乳化液滴在毛细管、喉道中产生贾敏效应，增加了流体流动阻力，贾敏效应有时会叠加产生，聚集造成更严重的液堵。

不良压裂流体添加剂、支撑剂会对支撑裂缝导流能力产生伤害。黏土矿物与水基压裂流体接触，立即膨胀，使得储渗空间减小。松散黏附于孔道壁面的黏土颗粒与压裂流体接触时分散、剥落、随压裂滤液进入储层或沿裂缝运动，在孔喉处被卡住，形成桥堵，引起伤害。使用以水为基液的压裂流体时，水敏、速敏反应是常常发生的伤害类型。

一般地，支撑剂要满足密度低、粒径均匀、强度高、圆球度好几点要求。若支撑剂选择不当，必然造成伤害。支撑剂粒径分布过大，造成小颗粒支撑剂运移堵塞裂缝。若强度过高，支撑剂的硬度大于岩石硬度时，支撑剂颗粒将嵌入到岩石中；反之若支撑剂强度过低，会被压碎，形成许多微粒、杂质，它们运移堵塞孔隙、缝隙，却不能支撑裂缝，造成裂缝失去导流能力。

由于压裂储层的岩性和流体所固有的特性，一旦压裂流体进入储层，就会诱发这些伤害发生，选择与储层岩石、流体兼容的、优良的压裂流体，合理的添加剂和支撑剂，避免支撑剂层导流能力伤害，是可以人为控制的。

4.6.1 选择与储层岩石和流体兼容的压裂流体

根据被压裂储层的特点，有针对性地选用压裂流体。水敏性储层，采用油基压裂流体、泡沫压裂流体加防膨剂。

低孔低渗储层、返排差的储层，采用无残渣或低残渣压裂流体、滤失量低的压裂流体、返排能力强的压裂流体加表面活性剂辅助返排。高温储层，采用耐高温抗剪压裂流体、密度大、摩阻低压裂流体，满足经济成本要求即可。

4.6.2 选择合理的添加剂

对不同的压裂要求，采用适当的添加剂。在使用添加剂时，应考虑添加剂之间不发生沉淀反应，以避免生成新的沉淀堵塞孔喉和裂缝，还要考虑成本经济性。

（1）pH 值调节剂，pH 值为 1.5~14，控制增稠剂水解速度、交联速度，控制细菌生长。

（2）降滤失剂，控制压裂流体滤失量，提高砂比，预防水敏性储层、泥岩、页岩黏土的膨胀和迁移。

（3）降阻剂，水基压裂流体用聚丙烯酰胺、瓜尔胶，油基压裂流体用脂肪酸皂、线粒高分子聚合物。

（4）黏土稳定剂，氯化钾、氯化铵为无永久防膨性不耐碱水，建议采用具有永久防膨性的聚季铵盐。

（5）冻胶稳定剂，建议采用5%甲醇、硫代硫酸钠、调高 pH 值。

（6）破胶剂，建议采用淀粉酶、过硫酸铵。

（7）防乳剂、破乳剂，建议采用油包水型表面活性剂，用乙烯胺作引发剂。

(8) 抑泡剂及消泡剂，建议采用异戊醇、二硬脂酰乙二胺、磷酸三丁酯、烷基硅油。

(9) 杀菌剂，建议采用甲醛、硫酸铜等。

4.6.3 合理选择支撑剂

支撑剂的要求为粒径均匀、强度高、杂质含量少、圆球度好。对于浅层，因闭合压力不大，使用砂子作支撑剂是行之有效的。在储层条件下用测试方法确定满足压裂效果的粒径及浓度。在深度增加时闭合压力也随之增加，砂子强度逐渐不能适应。研究表明，在高闭合压力下，粒径小的比粒径大的砂子导流能力高，单位面积上浓度高比浓度低的导流能力高。因此，可采用较小粒径的砂子，多层排列以适应较高闭合压力的储层压裂。对于更高闭合压力的储层，只有采用高强度支撑剂，例如使用陶粒。近年发展的超级砂，是在砂子或其他固体颗粒外涂上或包上一层塑料热固性材料，在储层温度下固化。这种支撑剂虽在高闭合压力下会破碎，但能预防破碎后所产生的微粒的移动，仍能保持一定的导流能力。

陶粒作为支撑剂无论几何形状（圆度、球度）还是强度都比较理想，耐高温（可达200℃）抗化学作用性能好，用于储层压裂措施可大大减少由于支撑剂性能不好所带来的储层及支撑裂缝的伤害。

4.7 提高采收率过程中储层伤害控制

提高采收率的方法很多，有物理的，也有化学的：物理提采主要是注蒸汽和注入气体；化学驱可以粗略地分为聚合物驱、表面活性剂驱和碱驱三大类，近年来又发展成为碱—聚合物驱、碱—表面活性剂—聚合物复合驱。

4.7.1 注聚合物提高采收率

化学驱中所用聚合物主要有两种，一种是部分水解聚丙烯酰胺，另一种为黄原胶生物聚合物。从产品形状来看，前者有干粉、乳状液、胶板和水溶液；后者为干粉和发酵液。干粉易于运输，但如果分散溶解得不好，易于形成鱼眼堵塞储层。特别是聚合物干粉颗粒极不均匀，微颗粒太多，更易形成鱼眼。为预防形成鱼眼，在配制聚合物溶液时要让颗粒均匀分散。一旦形成鱼眼，需使用过滤器除去。黄原胶产品中存在的细菌噬体和微凝胶也会堵塞储层，成为该产品注入性能不好的主要原因。世界上多用酶分解的办法除去，为预防储层伤害，在注入前需严格质量监督，过滤比超过 1.2~1.5 的产品不能使用。

储层中存在的三价铁离子容易和聚合物发生交联反应形成微凝胶堵塞储层。测试表明，若水中三价铁离子含量小于 1.0mg/L 就有堵塞的可能，若三价铁离子大于 1.0mg/L，就可产生明显堵塞使注入压力上升。因此，注入管线及油管应采用内防腐，一方面预防二价铁离子起催化作用，使聚合物化学降解造成黏度损失，另一方面预防三价铁离子产生微凝胶伤害储层。在注入水中加入适量的螯合剂，也可以预防微凝胶的形成。

同样浓度下聚合物相对分子质量大，黏度更高，因此希望采用相对分子质量尽可能高的聚合物，以获得最大的黏度，聚合物相对分子质量与岩石的渗透率间存在一定的兼容性。若相对分子质量过高，通过孔隙介质时发生严重的剪切降解，不仅得不到相应的黏度，反而使注入压力上升造成不应有的能量消耗和储层伤害。尽量增大炮眼直径、扩大渗滤面积、选择适宜的聚合物相对分子质量和注入速度是聚合物驱设计中应该注意的问题。

聚丙烯酰胺聚合物会发生盐敏，水含盐量越高，聚合物溶液的黏度越低。为了增加聚合物溶液的有效黏度，往往采用淡水配制聚合物溶液，把有无淡水来源作为能否采用聚丙烯酰胺聚合物驱的重要因素之一。注入淡水可能会加剧地层水中水敏矿物所造成的储层伤害，这也是聚合物驱设计中应该注意的问题。

为预防储层伤害，在正式注入聚合物之前，应该进行单井试注试验，考察注入能力。也可以单井吞吐，根据降解选择适宜相对分子质量的聚合物。聚合物储罐应由塑料衬里或不锈钢制成，所有注入管线和油管内防腐，以减少微凝胶含量；或注入 100mg/L 柠檬酸，使形成微凝胶的堵塞减至最小。聚合物溶液要通过 5μm 过滤器，除掉鱼眼和微凝胶。聚丙烯酰胺为阴离子型聚合物，因此预防微生物降解时不能采用阳离子杀菌剂，预防相互作用伤害储层。

如果发现聚合物堵塞伤害储层，可以引入次氯酸钠溶液解堵。

4.7.2 碱剂驱油

碱水驱和复合驱中都使用碱性化学剂，一方面与原油中有机酸反应生成天然表面活性剂降低界面张力，另一方面降低岩石表面对注入的表面活性剂造成的吸附。化学驱中常用的碱剂为碳酸钠、硅酸钠和氢氧化钠。

在注水过程中由于界面扰动会形成油水的自发乳化或剪切乳化。注入碱剂使 pH 值升高，改变了岩石表面原有的双电层，由于静电排斥作用，更易使黏土颗粒从岩石表面释出和运移，加剧了微粒运移的储层伤害。pH 值升高，黏土矿物的膨胀加剧，使水敏性增强。因此，在设计碱水驱时必须首先进行碱敏性试验，以确定该储层是否适合碱水驱。在高 pH 值下，储层内更易结垢。碱剂引起的结垢主要为两种：

（1）碳酸盐垢，特别是注碳酸钠时。碳酸钠可以与地层水的钙离子形成碳酸钙沉淀，为此，应分析储层岩石离子交换容量，分析沉淀的可能性。最好用结垢预测模型，预测结垢可能性和潜在的数量，预先采取防垢措施。

（2）结垢可能是碱使矿物溶解造成的，特别是注入碱性较强的氢氧化钠时更为严重。碱与石英、长石和黏土矿物都可以反应，使碱耗损，降低了碱的有利作用。碱溶解矿物后形成的硅、铝等物质会形成新的矿物如沸石又沉积下来，堵塞喉道降低渗透率。碱与石英等反应还会形成高水合的非晶态硅酸盐沉淀，或与碳酸盐反应形成混合垢堵塞储层。非晶态硅酸盐即使不沉淀，在以后水驱时，由于碱耗在驱替前沿碱浓度降低，pH 值下降还会形成无定形的硅凝胶。注入原硅酸钠碱剂时此类伤害就特别明显，美国威明顿油田碱水驱时由于这种原因使油井产量骤减，甚至不能开井生产。

为提高碱驱效果和减少结垢的可能性，注入水最好软化处理。特别是在设计中要充分评价碱敏，以选择合适的碱型。若黏土膨胀，可以用钾碱代替钠碱。

4.7.3 表面活性剂

化学驱油使用的表面活性剂，大多数为石油磺酸盐，这是一种阴离子型表面活性剂，与阳离子表面活性剂和聚合物不兼容。使用它不仅损失了阳离子表面活性剂，形成的沉淀物还会诱发储层伤害。石油磺酸盐与地层水及黏土的可交换多价阳离子也会形成磺酸钙沉淀。对黏土矿物来讲，无论是注入表面活性剂还是碱剂，由于钠离子交换钙离子，会使黏土的水敏反应增强。

油水乳状液伤害储层是化学驱储层伤害的主要形式之一。1985

年，Shah 提出微乳状液为两种互不相溶的流体在表面活性剂分子界面膜的作用下生成的、热力学稳定的、各向同性的、透明的分散流体。微乳状液是油、水、表面活性剂、辅助活性剂及电解质在适当条件下自发形成的、透明或半透明的稳定流体，其本质是胶束溶液。微乳与水和油没有界面，不存在界面张力，也就是说不存在毛细管阻力，因而波及系数高；微乳能与油完全混溶，因而洗油效率高。实际上，微乳驱油的机制很复杂，这与微乳在驱油过程中的变化有关。微乳进入储层对油增溶至饱和时，会产生界面，随着油进一步增加，微乳向乳状液过渡，当油进一步增加，乳状液破坏，类似于活性水驱油。

表面活性剂的存在，或储层中微粒的存在使乳状液稳定难以聚集。无论是水包油乳状液还是油包水乳状液，都会使流体黏度增加，流动阻力增大（碱驱开采重油例外，它足以使重油乳化，使乳状液黏度低于重油黏度提高采收率）。乳状液在孔隙介质中移动会引起孔道内压力不规则瞬时波动，其结果可促进储层内微粒移动，产生储层伤害。油水乳化有时也是提高采收率的机制之一。如乳化捕集机制就是为了让原油乳化后堵塞高渗透层大孔道，扩大水的波及体积，不应属于储层伤害，正如注入聚合物让其地下交联产生凝胶调剖一样，变储层伤害不利为有利。

复合驱中表面活性剂和聚合物，在一定矿化度下（特别是有碱存在时）会产生相分离，形成十分黏稠的表面活性剂富集相。不仅使原来配制的驱油流体失效，同时也会降低渗透率，伤害储层。设计配方时应加长相态研究时间（相分离速度很慢，有时需数月才发现相分离），采取必要措施预防相分离。

微生物提高采收率法是利用微生物在储层中产生的生物化学剂，如溶剂、二氧化碳和生物表活剂等达到提高采收率的目的，是以表面活性剂流体作驱油剂的提高采收率方法。

表面活性剂驱会用到表面活性剂流体，所以种类很多，如胶束溶液驱、肿胀胶束驱、微乳驱、混相微乳驱、非混相微乳驱、低张力水驱、溶性驱等。泡沫驱、乳状液驱时用表面活性剂稳定驱油用的泡沫和乳状液，故也包括在表面活性剂驱之中。以泡沫作驱油剂提高采收率，加入水、气、起泡剂，也可加入聚合物作稳定剂，通过气阻效应，增加泡沫黏度和起泡剂本身活性；降低油、水界面张力，改变岩石润湿性以利于岩石表面残余油膜的剥离，使油滴或油珠被水带走，起到提高采收率的作用。

活性水驱油是溶有表面活性剂的水溶液，其表面活性剂浓度低于临界胶束浓度。表面活性剂驱在20世纪40年代开始应用，可提高采收率5%~15%，一般为7%左右。表面活性剂降低岩石与原油的黏附力，提高洗油效率；减少亲油储层毛细管阻力，表面张力下降或润湿角增大后可能使毛细管阻力减少，使活性水进入半径更小、原先进不去的毛细管，提高波及系数，增加采收率。表面活性剂可使油乳化，配活性水所用的表面活性剂都属水溶性表面活性剂，亲憎平衡值大于7，可使洗下来的油乳化成水包油乳状液。一方面乳化后的油不易再黏附岩石表面，有利于提高洗油效率；另一方面乳化的油可在高渗透层段产生叠加的液阻效应，迫使注入水进入中、低渗透层段，有利于提高波及系数。

适宜配活性水的表面活性剂有较强的降低界面张力的能力；有较强的润湿反转能力；有较强的乳化能力，亲憎平衡值为7~18；受地层离子影响较小。表面活性剂浓度一般选在0.001%~0.1%范围内，工艺简单、价格便宜，有一定的驱油效果；但吸附及流度难以控制，效果不显著，具体要求如下：

（1）表面活性剂驱油要求表面活性剂能使原油与水间达到低于5×10^{-3} mN/m的超低界面张力，这成为筛选化学驱油流体配方的必要条件。

（2）驱油用的表面活性剂还应满足水溶性好、固体表面吸附量低、形成的胶束增加溶油量大、与地层流体兼容、耐温、耐盐、来源广、成本低等条件。

（3）一般使用亲憎平衡值为7~18的表面活性剂作为化学驱所用的表面活性剂，其非极性基团应有支链和环状结构，以保证有高增溶参数并在固体表面吸附量不太大，在地层中吸附损耗较慢，作用距离较长。例如，聚氧乙烯异辛基苯酚醚-10、聚氧乙烯烷基醇醚硫酸酯钠盐、重烷基苯磺酸盐等，测试证明，表面活性剂的单剂常常达不到降低界面张力的要求。

重烷基苯磺酸盐本身就是一种混合物，烷基可以是十四个碳至二十个碳的，可以是正构或异构的，广泛应用于驱油用表面活性剂。石油磺酸盐也是一种常用的驱油用表面活性剂，由芳香烃含量较高、馏程适当的石油减压馏分油磺化、碱中和制得。性质耐温，在适当条件下能达到超低界面张力，磺化工艺成熟，原料来源广，成本低，因此常作为首选驱油用表面活性剂。

石油磺酸盐的弱点在于耐盐能力不强，在较高的钙、镁离子浓度下可能发生沉淀。摩尔质量较大的石油磺酸盐水溶性较差，降低界面张力的能力较强，在油相中分配得多，吸附损失量大。

适当的石油馏分油氧化制得的石油羧酸盐也可获得超低界面张力，其优点是成本更低，但其抗盐和抗高价离子的能力更差。一般驱油用表面活性剂所用的浓度在2%（质量分数）以下（在其临界胶束浓度，$10^{-3} \sim 10^{-2}$ mol/L）。

驱油用表面活性剂常用两种或多种表面活性剂复配而成，其界面性质、兼容性等良好，成本较低，但有时在地层孔隙介质中可能发生色谱分离，使流体性能恶化。在驱油用的表面活性剂中常常添加某些辅助表面活性剂，主要用醇类化合物（如异丙醇、二乙二醇丁醚等）。加入醇类有利于改善水溶性，也有利于降低油水界面张力，提高油在水相中的增溶量，调节表面活性剂的黏度。

4.7.4 注蒸汽开采稠油

大多数采用注蒸汽开采的油藏是重质油藏，其储层为胶结疏松或非固结的松散砂层，通常敏感性黏土矿物的含量较高，因此极易在蒸汽注入储层后，发生黏土膨胀、微粒分散运移、岩石矿物溶解等储层伤害现象。如果锅炉排出蒸汽中带有固相颗粒，就会加剧储层伤害。

（1）微粒运移引起的储层伤害。在高温高压条件下，黏土和其他微粒矿物，随着流体流动发生运移。以高岭石为例，因其为片状、书面状集合体，聚集松散，在颗粒上附着力差，易于松脱转入流动流体中，被迁移到孔隙喉道处停留，阻碍流动通道，使渗透率减小。蒙脱石、伊利石及微粒石英、长石等也易发生微粒运移。

（2）黏土矿物膨胀引起的储层伤害。由于黏土遇蒸汽（热水）发生膨胀，并产生微粒运移，使孔喉变小甚至堵塞。黏土的膨胀取决于黏土本身的结构、分布、产状等，同时也受到环境条件的影响，如含盐量、pH值、温度等。

（3）水热反应引起的储层伤害。高温高压和强碱条件下，黏土及其他微粒矿物，通过物理化学作用及水热反应，形成许多新的矿物相，非膨胀性黏土转化为膨胀性黏土。测试表明，在不同介质、温度、pH值条件下，黏土及其他微粒矿物生成蒙脱石、伊利石、方沸石和水铝石等新矿物。由于蒸汽注入储层时，储层矿物明显地溶解并使其活性增加，产生两种结果。

① 在高温度和高pH值条件下井壁附近发生激烈反应，直接伤害井眼附近的储层。例如砾石充填层会因化学反应急剧变坏或迅速失效，储层松散甚至垮塌。

② 溶解了硅质的热流体穿越储层时，随着温度和pH值降低，二

氧化硅量减少，为生成新矿物提供了硅质。硅质反应物将新沉淀以胶凝状物质析出，堵塞孔隙，伤害储层。

（4）形成乳化引起的储层伤害。一般来讲，低密度淡水与原油之间比高密度盐水与原油之间更易发生乳化。由于乳化的产生通常与低密度原油和淡水及汽的凝析液有关，所以利用热水和蒸汽增产对乳化问题尤其敏感。储层乳化后形成高黏度不动相圈闭，严重阻碍了运移相（油）的流动。

（5）凝析液与地层水不兼容引起的储层伤害。与注入水的水质不合格引起的储层伤害相同，注入蒸汽的凝析液与地层水不兼容时，也会发生化学反应，生成沉淀，堵塞孔喉。

矿物溶解、膨胀及矿物转化均能伤害储层，尤其是发生了物化作用与水热反应之后。为了减少伤害储层，需调整和控制注入蒸汽的质量与参数。

（1）蒸汽注入速度的控制。由于黏土矿物具有水敏性，蒸汽凝析液的作用与此相似，故应控制其临界注入速度。

（2）注入蒸汽 pH 值的控制。应将 pH 值控制在某一临界值（pH 值以 9 为宜），在此临界值时，蒙脱石膨胀率最小，矿物溶解量最小，没有析出新的硅质矿物。

（3）采用合理的防砂措施。

（4）提高蒸汽的干度。

（5）对锅炉排出蒸汽进行处理，清除机械杂质。

（6）添加硝酸铵、氯化铵等铵盐，降低 pH 值和硅盐的溶解性，添加量与碳酸氢钠的量成正比。

总之，在注蒸汽开采稠油过程中，储层伤害是极其复杂的，往往同时出现几种伤害机制的综合作用，因而在储层伤害控制方面应综合考虑多种方案，将储层伤害降低到最低程度。

4.7.5 气体混相和非混相驱

气体混相和非混相驱包括二氧化碳、烃（注干气、湿气）、惰性气体（烟道气和氮气）的混相和非混相过程，通过抽提或凝析过程发生相态变化达到混相。即使不混相，也会通过传质和组分变化使原油膨胀和黏度降低，达到提高采收率的目的。

原油中存在着沥青质，通过胶质成为胶溶状态，在地层条件下达到热力学平衡，沥青质分散溶解于原油中。当储层压力、温度改变，特别是当注入其他气体时破坏了原有的热力学平衡，沥青质和其他有机物就会沉积出来，即在相图上有第四相（因相）产生，堵塞储层伤害储层。这个过程在一次采油降压开采时就会发生，但是在注气过程中更加严重。当前，在储层伤害研究中，沥青质及其他有机物沉积是研究的一个热点，出现了热力学模型和数值模拟预测软件。

在注气过程中由于温度和压力的骤然变化，烃类气体与水发生水化作用，形成烃类水化物固体。烃类水化物多在地面管线形成，但如果开采不适当，一旦在储层内形成，也会诱发储层伤害。

二氧化碳吞吐是指将二氧化碳注入生产井，经关井与井筒附近原油作用后，再开井生产的增产工艺。刺激比是二氧化碳吞吐后最高月产油量与增油量（要校正浸泡期的产量）与吞吐前 13 个月内的最高月产油量之比。利用系数是吞吐时注入的二氧化碳量与增油量之比。注入二氧化碳后，储层中碳酸根离子、碳酸氢根离子的浓度增加，更易形成碳酸钙垢，使结垢加剧。二氧化碳和烟道气中的硫化氢气体使管线腐蚀严重，金属腐蚀物进入储层，以及防腐涂层剥落等也会形成储层伤害。

在注烃或注二氧化碳混相或非混相驱时，要充分研究相态，预防由于温度、压力、组分的改变出现固相，同时预防水化物出现。

【思政内容】

每个人都想拥有自律的习惯，但前提是要学会原谅自己，后续保持乐观、知足常乐、正能量、和睦亲邻、不忘初心、兴趣广泛、积极行动。生活中难免遇到不如意的事情，要尽快恢复状态。恢复正常生活工作有很多方法，可以通过放空自己、预习一下、好好休息、与好友聚会、增强仪式感、制订计划、从小事做起、自我肯定等方式，稳稳地进入状态。

思考题

1. 钻井过程中储层伤害类型及控制措施有哪些？
2. 射孔完井可能造成的储层伤害及控制方法有哪些？
3. 酸化、压裂过程中可能发生的储层伤害类型有哪些？
4. 修井过程中主要的储层伤害类型及控制方式有哪些？
5. 提高采收率过程中储层伤害控制有哪些？

参 考 文 献

[1] 郑力会，陶秀娟，魏攀峰，等. 多储层产量伤害物理模拟系统及其在煤系气合采中的应用［J］. 煤炭学报，2021，46（8）：2501-2509.

[2] 郑力会，魏攀峰，谢彬强，等. 天然气储层多层合采产能模拟实验方法：CN106640060B［P］. 2020-03-17.

[3] 郑力会，魏攀峰，孙昊，等. 天然气储层多层合采产能模拟实验装置：CN106481338A［P］. 2017-03-08.

[4] 郑力会，魏攀峰，楼宣庆，等. 氯化钾溶液浓度影响页岩气储层解吸能力室内实验［J］. 钻井液与完井液，2016，33（3）：117-122.

[5] 王相春，刘皓，王超，等. 大数据方法评价绒囊钻井流体储层伤害程度［J］. 油气藏评价与开发，2021，11（4）：605-612.

[6] 唐海军，钱家煌，昊春，等. 江苏油田低渗透敏感性油藏压裂工艺技术［J］. 钻采工艺，2004（4）：39-40，52.

[7] 吴晓红，卢淑芹，朱宽亮. 致密天然气储层与油层伤害程度评价［C］//2016年全国天然气学术年会论文集. 成都：中国石油学会天然气专业委员会，2016：5.

[8] 陈元千. 确定油井流动效率的两点法［J］. 油气井测试，1990，(4)：7-11.